家庭新能源发电系统
设计实例

周志敏　纪爱华　等　编著

JIATING XINNENGYUAN FADIANXITONG
SHEJI SHILI

中国电力出版社
CHINA ELECTRIC POWER PRESS

内 容 提 要

本书结合我国能源规划的方针政策和国内新能源发电技术的发展现状,以家庭新能源发电实用技术为核心内容,全面、系统地阐述了新能源发电最新应用技术。全书共 6 章,内容包括新能源发电基础知识、风力发电机组与太阳能电池、新能源发电蓄能技术及工程设计、家庭太阳能光伏发电系统工程设计实例、家庭风力发电系统工程设计实例、家庭风光互补发电系统配置方案与安装调试。

本书新颖实用,内容丰富,深入浅出,文字通俗,具有很高的实用价值,可供从事家庭新能源发电系统设计、开发、应用的工程技术人员及相关院校师生阅读参考。

图书在版编目(CIP)数据

家庭新能源发电系统设计实例/周志敏等编著. —北京:中国电力出版社,2017.3
ISBN 978-7-5198-0296-7

Ⅰ.①家… Ⅱ.①周… Ⅲ.①新能源-发电-系统设计-案例-中国 Ⅳ.①TM61

中国版本图书馆 CIP 数据核字(2017)第 009510 号

出版发行:中国电力出版社
地　　址:北京市东城区北京站西街 19 号(邮政编码 100005)
网　　址:http://www.cepp.sgcc.com.cn
责任编辑:畅舒 (010-63412312)
责任校对:常燕昆
装帧设计:张俊霞　左　铭
责任印制:蔺义舟

印　　刷:北京天宇星印刷厂
版　　次:2017 年 3 月第一版
印　　次:2017 年 3 月北京第一次印刷
开　　本:787 毫米×1092 毫米　16 开本
印　　张:11.75
字　　数:281 千字
印　　数:0001—2000 册
定　　价:**38.00 元**

前　言

　　能源与环境问题已成为世界可持续发展面临的主要问题，日益引起国际社会的广泛关注。太阳能、风能作为一种重要的可再生能源，其具有清洁、无污染、安全、储量丰富的特点，受到世界各国的普遍重视。自《中华人民共和国可再生能源法》颁布实施以来，包括太阳能、风能、生物质能等在内的可再生能源利用事业进入了新的历史发展时期。《中华人民共和国可再生能源法》中明确规定："国家扶持在电网未覆盖的地区建设可再生能源独立电力系统，为当地生产和生活提供电力服务"等，这为我国可再生能源利用事业的进一步发展指明了方向。

　　家庭新能源发电技术在我国发展时间不长，尤其是并网发电技术，从设计到应用还有许多亟须解决的技术问题。为此，本书将新能源发电技术的基础知识、新能源发电系统设备集成、设计方法和工程设计实例有机结合，在保证科学性的同时，尽量做到有针对性和实用性，并注重通俗性，以便于读者掌握家庭新能源发电系统的设计方法及最新工程应用技术。本书是从事家庭新能源发电系统设计、开发和应用工程技术人员的必备参考书，读者可结合书中设计实例的思路和方法，灵活地将其应用到家庭新能源发电系统的实际设计工作中去。

　　参加本书编写工作的有周志敏、纪爱华、周纪海、纪达奇、刘建秀、顾发娥、纪达安、纪和平、刘淑芬、陈爱华等。本书在写作过程中，无论从资料的收集和技术信息交流上都得到了国内外专业学者和同行的大力支持，在此表示衷心的感谢。

　　由于时间短，编者水平有限，难免有不当之处，敬请广大读者批评指正。

编　者

目 录

第1章

新能源发电基础知识

1.1 风力发电系统

1.1.1 我国风能资源

1. 风的形成

风是一种自然现象，人们把地球表面的空气水平运动称之为风，风是地球外表大气层因太阳的热辐射而引起的空气流动。太阳辐射对地球表面不均匀性加热是形成风的主要成因，太阳对地球的辐射透过厚厚的大气层到达地球表面，地球表面各处（海洋和陆地、高山岩石和平原土壤、沙漠、荒原和植被、森林地区）吸收热量不同及因地球自转、公转、季节、气候的变化和昼夜温差的影响，使地表各处散热情况也各不相同，散热多的地区，靠近地表的空气受热膨胀，压力减少，形成低气压区，这时空气从高气压区向低气压区流动，这就产生了风，也就是说风能是来自太阳能。地形、地貌的差异，地球自转、公转的影响，更加剧了空气流动的力量和流动方向的多变性，使风速和风向的变化更加复杂。简单的说，太阳的辐射造成地球表面受热不均，引起大气层中压力分布不均，空气沿水平方向运动形成风，风的形成就是空气流动的结果。

大气压差是风产生的根本原因，由于大气层中的压力分布不均，从而使空气沿水平方向运动，空气流动所形成的动能称为风能。据估计在到达地球的太阳能中虽然只有大约 2% 转化为风能，但其总量仍是十分可观的。地球上全部风能估计约为 $2 \times 10^{17}\,kW$，其中，可利用的约为 $2 \times 10^{10}\,kW$，这个能量是相当大的，是地球水能的十倍，因此也可以说风能是一种取之不尽、用之不竭的可再生能源。

2. 风的特性

风作为一种自然现象，有它本身的特性，通常采用风速、风频等基本指标来表述。

（1）风速。风的大小常用风的速度来衡量，风速是单位时间内空气在水平方向上移动的距离。专门测量风速的仪器有旋转式风速计、散热式风速计和声学风速计等。风速的单位常以 m/s、km/h、mile/h 等来表示。例如空气在 1s 内运动了 3m，那么风速就是 3m/s。由于风是不断变化的，通常所说的风速是指一段时间内各瞬时风速的算术平均值，即平均风速。

（2）风频。风频分为风速频率和风向频率。

1）风速频率：各种速度的风出现的频繁程度，对于风力发电的风能利用而言，为了有利于风力发电机平稳运行，便于控制，希望平均风速高、风速变化小。

2）风向频率：各种风向出现的频繁程度，对于风力发电的风能利用而言，总是希望某一风向的频率尽可能的大。

3. 风能

风能就是空气的动能，是指风所负载的能量，风能的大小决定于风速和空气的密度。风的能量是由太阳辐射能转化来的，太阳每小时辐射地球的能量是 1.74×10^{17} W。风能大约占太阳提供总能量的 $1\% \sim 2\%$，太阳辐射能量中的一部分被地球上的植物转换成生物能，而被转化的风能总量大约是生物能的 $50 \sim 100$ 倍。风能公式如下

$$E = 1/2(\rho \times t \times S \times v^3) \tag{1-1}$$

式中：ρ 为空气密度，kg/m^2；v 为风速，m/s；t 为时间，s；S 为截面面积，m^2。

由风能公式可以看出，风能主要与风速、风所流经的面积、空气密度三个因素有关，其关系如下：

（1）风能（E）的大小与风速的立方（v^3）成正比，也就是说，影响风能的最大因素是风速。

（2）风能（E）的大小与风所流经的面积（S）成正比，对于风力发电机来说，就是风能与风力发电机的风轮旋转时扫过的面积成正比。由于通常用风轮直径作为风力发电机的主要参数，所以风能大小与风轮直径的平方成正比。

（3）风能（E）的大小与空气密度（ρ）成正比，空气密度是指单位体积所容纳空气的质量。因此，计算风能时，必须要知道空气密度 ρ 值。空气密度 ρ 值与空气的湿度、温度和海拔高度有关，可以从相关的资料中查到。

空气运动具有动能，如果风力机风轮叶片旋转一圈所扫过的面积为 A，风速为 v 的空气在单位时间内流经风轮时，该空气传递给风轮的风能功率（一般称为风能）为

$$P = \frac{1}{2}\rho v^2 \cdot Av = \frac{1}{2}\rho A v^3 \tag{1-2}$$

式中：ρ 为空气密度，kg/m^3；A 为风力机叶片旋转一圈所扫过的面积，m^2；v 为风速，m/s；P 为每秒钟空气流过风力机风轮断面积的风能，即风能功率，W。

如果风力机的风轮直径为 D，则

$$A = \frac{\pi}{4}D^2 \tag{1-3}$$

则

$$P = \frac{1}{2}\rho v^3 \times \frac{\pi}{4}D^2 = \frac{\pi}{8}\rho D^2 v^3 \tag{1-4}$$

若有效风速时间为 t，则在时间 t 内的风能为

$$E = P \cdot t = \frac{\pi}{8}\rho D^2 v^3 t \tag{1-5}$$

由上式可知，风能与空气密度 ρ、风轮直径的平方 D^2、风速的立方 v^3 和风持续时间 t 成正比。一般说来，一定高度范围内的空气密度可以认为是一个常数。因此，当风力机的风轮越大，有效风速时间越长，特别是风速越大，则风力机所能获得的风能就越大。

表征一个地点的风能资源，要视该地区常年平均风能密度的大小。风能密度是单位面积上的风能，对于风力机来说，风能密度是指风轮扫过单位面积的风能，即

$$W = \rho/A = 0.5\rho v^3 \tag{1-6}$$

式中：W 为风能密度，W/m^2；ρ 为空气密度，kg/m^3；v 为风速，m/s。

常年平均风能密度为

$$\overline{W} = \frac{1}{T}\int_0^T \frac{1}{2}\rho v^3 \mathrm{d}t \tag{1-7}$$

式中：$\overline{W}$ 为平均风能密度，W/m^2；T 为总的时间，h。

在实际应用时，常用下式来计算某地年（月）风能密度，即

$$W_{年(月)} = \frac{W_1 t_1 + W_2 t_2 + \cdots + W_n t_n}{t_1 + t_2 + \cdots + t_n} \qquad (1-8)$$

式中：$W_{年(月)}$ 为年（月）风能密度，W/m^2；W_i（$1 \leqslant i \leqslant n$）为各等级风速下的风速密度，$W/m^2$；$T_i$（$1 \leqslant i \leqslant n$）为各等级风速在每年（月）出现的时间，h。

不考虑风力机械的利用系数，单位面积获得的风功率称为风能密度（W/m^2），并以此表征某地风能的大小

$$W = 0.5\rho v^3 \qquad (1-9)$$

推动风力机械运转的风能功率（W）是

$$P_1 = 0.5\rho v^3 A \qquad (1-10)$$

式中：ρ 为空气质量密度，kg/m^3；v 为风速，m/s；A 为风力机械叶轮扫过的面积，m^2。

由于风力机不可能将桨叶旋转的风能全部转变为轴的机械能，因而风轮的实际功率（W）为

$$P = 0.5\rho v^3 A C_P \qquad (1-11)$$

式中：C_P 为风能利用系数，即风轮所接受风的动能与通过风轮扫掠面积 A 全部风的动能比值。

以水平轴风力机为例，理论上最大风能利用系数为 0.593 左右，但再考虑到风速变化和桨叶空气动力损失等因素，风能利用系数能达到 0.4 就相当高了。风能密度有直接计算和概率计算两种方法。近年来在各国的风能计算中，大多采用概率计算中的韦泊尔（Weibull）分布来拟合风速频率分布方法计算风能密度。

风力机要根据当地的风况确定一个风速来设计，该风速称为"设计风速"或"额定风速"，它与"额定功率"相对应。由于风的随机性，风力机不可能始终在额定风速下运行。因此风力机就有一个工作风速范围，即从切入风速到切出速度，称为工作风速，即有效风速，依此计算的风能密度称为有效风能密度。

4. 风力等级

根据理论计算和实践结果，把具有一定风速的风，通常是指 3～20m/s 的风作为一种能量资源加以开发，用来做功（如发电），把这一范围的风称为有效风能或风能资源。因为风速低于 3m/s 时，它的能量太小，没有利用的价值，而风速大于 20m/s 时，它对风力发电机的破坏性很大，很难利用。世界气象组织将风力分为 17 个等级，在没有风速计的时候，可以根据它来粗略估计风速。风力等级见表 1-1 和表 1-2。

表 1-1 　　　　　　　　　　　　　　　0～12 级

风级	名称	风速（m/s）	风速（km/h）	陆地地面物象	海面波浪	浪高（m）	最高（m）
0	无风	0.0～0.2	<1	静，烟直上	平静	0.0	0.0
1	软风	0.3～1.5	1～5	烟示风向	微波峰无飞沫	0.1	0.1
2	轻风	1.6～3.3	6～11	感觉有风	小波峰未破碎	0.2	0.3
3	微风	3.4～5.4	12～19	旌旗展开	小波峰顶破裂	0.6	1.0
4	和风	5.5～7.9	20～28	吹起尘土	小浪白沫波峰	1.0	1.5
5	劲风	8.0～10.7	29～38	小树摇摆	中浪折沫峰群	2.0	2.5
6	强风	10.8～13.8	39～49	电线有声	大浪白沫离峰	3.0	4.0

续表

风级	名称	风速（m/s）	风速（km/h）	陆地地面物象	海面波浪	浪高（m）	最高（m）
7	疾风	13.9～17.1	50～61	步行困难	破峰白沫成条	4.0	5.5
8	大风	17.2～20.7	62～74	折毁树枝	浪长高有浪花	5.5	7.5
9	烈风	20.8～24.4	75～88	小损房屋	浪峰倒卷	7.0	10.0
10	狂风	24.5～28.4	89～102	拔起树木	海浪翻滚咆哮	9.0	12.5
11	暴风	28.5～32.6	103～117	损毁重大	波峰全呈飞沫	11.5	16.0
12	飓风	＞32.6	＞117	摧毁极大	海浪滔天	14.0	—

表 1-2　　　　　　　　　　　　　13～17 级

风 级	风速（m/s）	风速（km/h）
13	37.0～41.4	134～149
14	41.5～46.1	150～166
15	46.2～50.9	167～183
16	51.0～56.0	184～201
17	56.1～61.2	202～220

风所具有的能量是很大的，风速为 9～10m/s 的 5 级风，吹到物体表面上的力约为 10kg/m²；风速为 20m/s 的 9 级风，吹到物体表面上的力约为 50kg/m²；风所含的能量比人类迄今为止所能控制的能量要大得多。

5. 我国风能资源区划

我国的风力资源十分丰富，仅次于俄罗斯和美国，居世界第三位，根据国家气象局气象研究院的估算，我国 10m 高度层的风能资源总储量为 32.26 亿 kW，其中陆地实际可开发利用的风能资源储量为 2.53 亿 kW。据估计，我国近海风能资源约为陆地的 3 倍，所以，我国可开发的风能资源总量约为 10 亿 kW，其中，陆地上风能储量约 2.53 亿 kW（陆地上离地 10m 高度层计算），海上可开发和利用的风能储量约 7.5 亿 kW。

在我国的不同地区，风能资源是不同的，我国风能资源可划分为 4 种类型：

（1）风能资源丰富区。这一区域的有效风能功率密度在 200W/m² 以上，风速不低于 3.5m/s 的时间全年为 7000～8000h。

（2）风能资源较丰富区。这一区域的有效风能功率密度为 150W/m² 以上，风速不低于 3.5m/s 的时间全年为 4000h 以上。

（3）风能资源可利用区。这一区域的有效风能功率密度为 50W/m² 以上，风速不低于 3.5m/s 的时间全年为 2000h 以上。

（4）风能资源欠缺区。这一区域的有效风能功率密度 50W/m² 以下，风速不低于 3.5m/s 的时间全年为 2000h 以下。

6. 可利用的风能

风虽然随处可见，但是也有可利用和不可利用之分，它与风速有直接关系。根据上面风能资源区划，年平均风速小于 2m/s 的地区，目前是没有利用价值区。年平均风速在 2～4m/s 的地区，是风能可利用区，在这一区域内，年平均风速在 3～4m/s 的地区，利用价值较高，有一定的利用前景，但从总体考虑，该地区的风力资源仍是不高。年平均风速在 4～4.5m/s 的地区基本相当于风能较丰富区；年平均风速大于 4.5m/s 的地区，属于风能丰富区。

由此可见，除去一些破坏性极大的风（如台风、龙卷风等），绝大多数风速在 2m/s 以上的风能都是对人类有用的风能。目前，国内外一般选择年平均风速为 6m/s 或以上的高风速区（即风能资源丰富区）安装并网型风力发电机组，即大型风力发电机组。在这些机组中，我国一般选用单机容量 600kW 以上的机组建设风电场。这样才能保证机组多发电，经济效益才能显著。独立运行的小型风力发电机组启动风速较低，一般为 3m/s 以上就能发电，这些地区分布区域广，我国有相当部分农耕区、山区和牧区属于这种地区。

7. 风能资源开发判断依据

从风能公式可以看到，影响风能资源的主要因素是风速，风能欠缺区由于平均风速很低，没有开发价值。另一方面还要考虑，因功率不同的风力发电机对风速的要求是不同的，因此判断某一地区的风能资源是否值得开发，还要考虑采用的风力发电机的功率大小和机型。

（1）大型风力发电机（100kW 以上）可能发展的地区，其年平均风速大约为 6m/s 以上，在全国范围内，仅局限于几个地带，就陆地而言，大约占全国总面积的 1/100。

（2）中型风力发电机（10kW 级及以上）可能发展的地区，其年平均风速大约为 4.5m/s 以上，在全国范围内，可以发展中型风力发电机的地区，大约占全国陆地总面积的 1/10。

（3）小型风力发电机（10kW 级及以下）可能发展的地区，其年平均风速大约为 3m/s 以上，在全国范围内，可以发展小型风力发电机的地区范围较大，大约占全国陆地总面积的 40%以上。

8. 我国风力资源区划

我国地域辽阔、海岸线长，风能资源比较丰富。据国家气象局估算，除少数省份年平均风速比较小以外，大部分省、市、自治区，尤其是西南边疆、沿海和三北（东北、西北、华北）地区，都有着极有利用价值的风能资源。风能分布具有明显的地域性规律，这种规律反映了大型天气系统的活动和地形作用的综合影响。而划分风能区的目的是为了了解各地风能资源的差异，以便合理地开发利用。根据全国有效风能密度、有效风力出现时间百分率，以及大于等于 3m/s 和 6m/s 风速的全年累积小时数，将全国风能资源划分为 4 个大区（30 个小区），见表 1-3。

表 1-3　　　　　　　　　　　　风能区划标准

区 指标	丰富区	较丰富区	可利用区	贫乏区
年有效风能密度（W/m）	≥200	200～150	150～50	≤50
风速≥3m/s 的年小时数(h)	≥5000	5000～4000	4000～2000	≤2000
占全国面积（%）	8	18	50	24
包括的小区	A34a—东南沿海及台湾岛屿和南海群岛秋冬特强压型；A21b—海南岛南部夏春强压型；A14b—山东、辽宁沿海春冬强压型；B12b—内蒙古北部西端和锡盟春夏强压型；B14b—内蒙古阴山到大兴安岭以北春冬强压型；C13b—c—松花江下游春秋强中压型；东南沿海及其岛屿，为我国最大风能资源区	D34b—东南沿海（离海岸 20～50km）秋冬强压型；D14b—海南岛东部春冬特强压型；D14b—渤海沿海春冬强压型；D34a—台湾东部秋冬特强压型；E13b—东北平原春秋强压型；E14b—内蒙古南部春冬强压型；E12b—河西走廊及其邻近春夏强压型；E21b—新疆北部夏春强压型；F12b—青藏高原春夏强压型；内蒙古和甘肃北部，为我国次大风能资源区；黑龙江和吉林东部以及辽东半岛沿海，风能也较大	G43b—福建沿海（离海岸 50～100km）和广东沿海冬秋强压型；G14a—广西沿海及雷州半岛春冬特强压型；H13b—大小兴安岭山地春秋强压型；I12c—辽河流域和苏北春夏中压型；I14c—黄河、长江中下游春冬中压型；I31c—湖南、湖北和江西春秋中压型；I12c—西北五省的一部分以及青藏的东部和南部春夏中压型；I14c—川西南和云贵的北部春冬中压型；青藏高原、三北地区的北部和沿海，为风能较大区	J12d—四川、甘南、陕西、鄂西、湘西和贵北春夏弱压型；J14d—南岭山地以北冬春弱压型；J43d—南岭山地以南冬秋弱压型；J14d—云贵南部春冬弱压型；K14d—雅鲁藏布江河谷春冬弱压型；K12d—昌都地区春夏中压型；L12c—塔里木盆地西部春夏弱压型；云贵川、甘肃、陕西南部、河南、湖南西部、福建、广东、广西的山区

9. 我国风能资源的特点

我国风能资源分布有以下特点。

（1）季节性的变化。我国位于亚洲大陆东部，濒临太平洋，季风强盛，内陆还有许多山系，地形复杂，加之青藏高原耸立我国西部，改变了海陆影响所引起的气压分布和大气环流，增加了我国季风的复杂性。冬季风来自西伯利亚和蒙古等中高纬度的内陆，那里空气十分严寒干燥，冷空气积累到一定程度，在有利高空环流引导下，就会爆发南下，俗称寒潮，在此南下的强冷空气的影响下，形成寒冷干燥的西北风侵袭我国北方各省（直辖市、自治区）。每年冬季总有多次大幅度降温的强冷空气南下，主要影响我国西北、东北和华北，直到次年春夏之交才会消失。

夏季风是来自太平洋的东南风、印度洋和南海的西南风，东南季风影响遍及我国东半部，西南季风则影响西南各省和南部沿海，但风速远不及东南季风大。热带风暴是指在太平洋西部和南海上形成的空气涡旋，是破坏力极大的海洋风暴，每年夏秋两季频繁侵袭我国，登陆我国南海之滨和东南沿海，热带风暴也能在上海以北登陆，但次数很少。

（2）地域性的变化。我国地域辽阔，风能资源比较丰富。特别是东南沿海及其附近岛屿，不仅风能密度大，年平均风速也高，发展风能利用的潜力很大。在内陆地区，从东北、内蒙古到甘肃走廊及新疆一带的广阔地区，风能资源也很好。华北和青藏高原有些地方也有能利用的风能。

东南沿海的风能密度一般在200W/m^2，有些岛屿达300W/m^2以上，年平均风速7m/s左右，全年有效风时超过6000h。内蒙古和西北地区的风能密度在150～200W/m^2，年平均风速6m/s左右，全年有效风时5000～6000h。青藏高原的北部和中部，风能密度也在150W/m^2，全年3m/s以上风速出现时间5000h以上，有的可达6500h。

青藏高原地势高亢开阔，冬季东南部盛行偏南风，东北部多为东北风，其他地区一般为偏西风，冬季大约以唐古拉山为界，以南盛行东南风，以北为东至东南风。

10. 影响中国风能资源的因素

（1）大气环流对中国风能分布的影响。东南沿海及东海、南海诸岛，因受台风的影响，最大年平均风速在5m/s以上。东南沿海有效风能密度≥200W/m^2，有效风能出现时间百分率可达80%～90%。风速≥3m/s的风全年出现累积小时数为7000～8000h；风速≥6m/s的风全年出现累积小时数为4000h。福建的台山、东山，台湾的澎湖湾等，有效风能密度都在500W/m^2左右，风速≥3m/s的风全年出现累积小时数为8000h，换言之，平均每天有21h以上时间的风速≥3m/s。但在一些大岛，如台湾和海南，又具有独特的风能分布特点。台湾风能南北两端大，中间小；海南西部大于东部。

内蒙古和甘肃北部地区，高空终年在西风带的控制下。冬半年地面在蒙古高原东南部的冷空气南下，因此，总有5～6级以上的风速出现在春夏和夏秋之交。气旋活动频繁，当每一气旋过境时，风速也较大，年平均风速在4m/s以上，有效风能密度为200～300W/m^2，风速≥3m/s的风全年累积小时数在5000h以上，是中国风能连成一片的最大地区。

云南、贵州、四川、甘南、陕南、豫西、鄂西和湘西风能较小，这一地区因受西藏高原的影响，冬半年高空在西风带的死水区，冷空气沿东亚南下很少影响这里。夏半年海洋气候也很难影响到这里，所以风速较弱，年平均风速约在2.0m/s以下，有效风能密度在50W/m^2以下，有效风力出现时间仅为20%左右。风速≥3m/s的风全年出现累积小时数在2000h以下，风速≥6m/s的风全年出现累积小时数在150h以下。在四川盆地和西双版纳最小，年平均风速<1m/s。

这里全年静风频率在60％以上，有效风能密度仅30W/m² 左右。风速≥6m/s的风全年出现累积小时数仅20多h。换句话说，这里平均每18天以上才有一次10min的风速≥6m/s的风，是没有利用价值的区域。

（2）海陆和水体对风能分布的影响。中国沿海风能都比内陆大，湖泊都比周围湖滨大。这是由于气流流经海面或湖面摩擦力较小，风速较大。由沿海向内陆或由湖面向湖滨，动能很快消耗，风速急剧减小。故有效风能密度、风速≥3m/s和风速≥6m/s的风全年累积小时数的等值线不但平行于海岸线和湖岸线，而且数值相差很大。若台风登陆时在海岸上的风速为100％，而在离海岸50km处，台风风速为海岸风速的68％左右。

（3）地形对风能分布的影响。地形对风能的影响可分为山脉、海拔高度和中小地形等几个方面：

1）山脉对风能的影响。气流在运行中遇到地形的阻碍，不但会改变风速，还会改变方向。其变化的特点与地形形状有密切关系。一般范围较大的地形，对气流有屏障作用，使气流出现爬绕运动。所以在天山、祁连山、秦岭、大小兴安岭、太行山和武夷山等的风能密度线和可利用小时数曲线大都平行于这些山脉。特别明显的是东南沿海的几条东北—西南走向的山脉，如武夷山等地。山的迎风面风能是丰富的，风能密度为200W/m²，风速≥3m/s的风出现的小时数约为7000～8000h。而在山区及其背风面风能密度在50W/m²以下，风速≥3m/s的风出现的小时数约为1000～2000h，风能是不能利用的。四川盆地和塔里木盆地由于天山和秦岭山脉的阻挡是风能不能利用区。雅鲁藏布江河谷也是由于喜马拉雅山脉和冈底斯山的屏障，风能很小，是没有利用价值的区域。

2）海拔高度对风能的影响。由于地面摩擦消耗运动气流的能量，在山地风速是随着海拔高度增加而增加的。事实上，在复杂山地，很难分清地形和海拔高度的影响，二者往往交织在一起，如在北京市城区和在八达岭同时观测的平均风速分别2.8m/s和5.8m/s，相差3.0m/s。后者风大，一是由于它位于燕山山脉的一个南北向的低地；二是由于它海拔比北京高500多米，风速改变是二者共同作用的结果。

青藏高原海拔在4000m以上，所以这里的风速比周围大，但其有效风能密度却较小，在150W/m²左右。这是由于青藏高原海拔高，但空气密度较小，因此风能也小，如在4000m高空的空气密度大致为地面的67％。也就是说，同样是8m/s的风速，在平地海拔500m以下风能密度为313.6W/m²，而在4000m风能密度只有209.9W/m²。

3）中小地形的影响。蔽风地形风速减小，狭管地形风速增大，即使在平原上的河谷，风能也较周围地区大。海峡也是一种狭管地形，与盛行风方向一致时，风速较大，如台湾海峡中的澎湖列岛，年平均风速为6.5m/s。

局部地形对风能的影响是不可低估的。在一个小山丘前，气流受阻强迫抬升，所以在山顶流线密集，风速加强。山的背风面，由于流线辐散，风速减小。有时气流流过一个障碍，如小山包等，其产生的影响在下方5～10km的范围。有些地层风是由于地面粗糙度的变化形成的。

1.1.2 风力发电技术

风力发电技术是一项高新技术，它涉及到气象学、空气动力学、结构力学、计算机技术、电子控制技术、材料学、化学、机电工程、电气工程、环境科学等十几个学科和专业，因此是一项系统技术。

1. 风力发电技术的划分

利用风力发电的尝试，早在 20 世纪初就已经开始了。20 世纪 30 年代，丹麦、瑞典、前苏联和美国应用航空工业的旋翼技术，成功地研制了一些小型风力发电装置。这种小型风力发电机，广泛在多风的海岛和偏僻的乡村使用，它所获得的电力成本比小型内燃机的发电成本低得多。不过，当时的发电量较低，大都在 5kW 以下。

一般说来，3 级风就有利用的价值，但从经济合理的角度出发，风速大于 4m/s 才适宜于发电。据测定，一台 55kW 的风力发电机组，当风速为 9.5m/s 时，机组的输出功率为 55kW；当风速为 8m/s 时，功率为 38kW；风速为 6m/s 时，只有 16kW；而风速为 5m/s 时，仅为 9.5kW。可见风力愈大，经济效益也愈大。

风电技术分为大型风电技术和中小型风电技术，虽然都属于风电技术，工作原理也相同，但是却属于完全不同的两个行业，具体表现在政策导向不同、市场不同、应用领域不同、应用技术更是不同，完全属于同种产业中的两个行业。因此，在中国风力机械行业会议上把大型风电和中小型风电区分出来分别对待。

（1）大型风电技术。大型风电技术起源于丹麦、荷兰等一些欧洲国家，由于当地风能资源丰富，风电产业受到政府的助推，大型风电技术和设备的发展在国际上遥遥领先。目前我国政府也开始助推大型风电技术的发展，并出台一系列政策引导产业发展。大型风力发电机组应用区域对环境的要求十分严格，都是应用在风能资源丰富的资源有限的风场上，常年接受各种各样恶劣的环境考量，环境的复杂多变性，对技术的高度要求就直线上升。目前国内大型风电技术普遍还不成熟，大型风电的核心技术仍然依靠国外，此外，大型风电技术中发电并网的技术还在完善，一系列的问题还在制约大型风电技术的发展。

（2）中小型风电技术。在 20 世纪 70 年代，中小型风电技术在我国风况资源较好的内蒙古、新疆一带就已经得到了发展，最初中小型风电技术被广泛应用在送电到乡的项目中，为一家一户的农牧民家用供电，随着技术的更新不断的完善与发展，已被广泛应用于分布式独立供电。这些年来随着我国中小型风电设备出口的稳步提升，在国际上，我国的中小型风电技术已跃居国际领先地位。

中小型风电技术成熟，受自然资源限制相对较小，作为分布式独立发电效果显著，不仅可以并网，而且还能结合光电构成更稳定可靠的风光互补技术，况且技术完全自主国产化，无论技术还是价格在国际上都十分具有竞争优势。

目前在国内中小型风电技术中，低风速启动、低风速发电、变桨矩、多重保护等一系列技术得到国际市场的瞩目和国际客户的一致认可，已处于国际领先地位。况且中小型风电技术最终是为满足分布式独立供电的终端市场，而非如大型风电技术是满足发电并网的国内垄断性市场，技术的更新速度必须适应广阔而快速发展的市场需求。

小型风力发电机多用于无市电的偏远地区。一般小型风力发电机使用蓄电池储能，先用整流器将发电机的交流电变成直流电向蓄电池充电，然后用逆变器将蓄电池的直流电变换成交流电，供给负载。整流器和逆变器可以做成两个装置，也可以合为一体。

多年的风力发电机运行表明，风力发电机的逆变器所要着重解决的是可靠性及寿命，而不是技术性能指标。风力发电机用的逆变器所面临的负载不像一般通信和计算机设备，它必须能保证常年不断的使用，又要承受风速、负载变化的冲击。目前小型风力发电机用逆变器虽已比较完善，但是在实际应用中仍然存在一些技术难题。

目前最好的小型风力发电机只保留了三个运动部件（运动部件越少越可靠已是大家的共

识），一是风轮驱动发电机主轴旋转；二是尾翼驱动风机的机头偏航，三是为大风限速保护而设的运动部件。前两个运动部件是不可缺少的，这也是风力发电机的基础，实践中这两个运动部件故障率并不高，主要是限速保护机构损坏的情况多。要彻底解决小型风力发电机的可靠性问题必须在限速方式上有较好的解决方法。

2. 风力发电的优势

风能是没有公害的能源之一，而且它取之不尽，用之不竭。对于缺水、缺燃料和交通不便的沿海岛屿、草原牧区、山区和高原地带，可因地制宜地利用风力发电。风能作为一种清洁的可再生能源，越来越受到世界各国的重视。每装一台单机容量为 1MW 的风能发电机，每年可以减排 2000t 二氧化碳、10t 二氧化硫、6t 二氧化氮。风能产生 1MWh 的电量可以减少 $0.8 \sim 0.9t$ 的温室气体，而且风机不会危害鸟类和其他野生动物。在常规能源告急和全球生态环境恶化的双重压力下，风能作为一种高效清洁的新能源有着巨大的发展潜力。

风力发电是面向未来最清洁的能源之一，风力发电不消耗资源、不污染环境，具有广阔的发展前景，建设周期短。中小型风电技术在发电方式上还有多样化的特点，既可联网运行，也可和柴油发电机等组成互补系统或独立运行，这对于解决边远无电地区的用电问题提供了现实可能性。

风电技术日趋成熟，产品质量可靠，可用率已达 95% 以上，已是一种安全可靠的能源，风力发电的经济性日益提高，发电成本已接近煤电，低于油电与核电，若计及煤电的环境保护与交通运输的间接投资，则风电经济性将优于煤电。对沿海岛屿、交通不便的边远山区、地广人稀的草原牧场，以及远离电网和近期内电网还难以达到的农村、边疆来说，中小型风电技术可作为解决生产和生活能源的一种有效途径。

1.1.3　风力发电系统构成

把风的动能转变成机械能，再把机械能转化为电能，这就是风力发电。风力发电技术是一项多学科的、可持续发展的、绿色环保的综合技术。风力发电所需要的装置称作风力发电机组。风力发电机组主要由两大部分组成：风力机部分将风能转换为机械能；发电机部分将机械能转换为电能。根据风力发电机这两大部分采用的不同结构类型、采用技术的不同特征，以及它们的不同组合，风力发电机组可以有多种多样的分类。风力发电机组主要由风轮、传动与变速机构、发电机、塔架、迎风及限速机构组成。大型风力发电机组发出的电能直接并到电网，向电网馈电；小型风力发电机一般将风力发电机组发出的电能用储能设备储存起来（一般用蓄电池），需要时再提供给负载（可直流供电，亦可用逆变器变换为交流供给用户）。

(1) 风轮。风轮是把风的动能转变为机械能的重要部件，它由两只（或更多只）螺旋桨形的叶轮组成。当风吹向桨叶时，在桨叶上产生气动力驱动风轮转动。桨叶的材料要求强度高、质量轻，目前多用玻璃钢或其他复合材料（如碳纤维）来制造。

风轮是集风装置，它的作用是把流动空气具有的动能转变为风轮旋转的机械能。一般风力发电机的风轮由 2 个或 3 个叶片构成。在风的吹动下，风轮转动起来，使空气动力能转变成了机械能（转速＋扭矩）。风轮的轮毂固定在发电机轴上，风轮的转动驱动了发电机轴旋转，带动三相发电机发出三相交流电。

(2) 调向机构。调向机构是用来调整风力机的风轮叶片与空气流动方向相对位置的机构，其功能是使风力发电机的风轮随时都迎着风向，从而能最大限度地获取风能。因为当风轮叶片旋转平面与气流方向垂直时，也即是迎着风向时，风力机从流动的空气中获取的能量最大，因而风力机的输出功率最大，所以调向机构又称为迎风机构（国外通称偏航系统）。小型水平轴风力机常用的调向机构有尾舵和尾车。

（3）发电机。在风力发电机中，已采用的发电机有3种，即直流发电机、同步交流发电机和异步交流发电机。风力发电机的工作原理比较简单，风轮在风力的作用下旋转，它把风的动能转变为风轮轴的机械能。发电机在风轮轴的带动下旋转发电。容量在10kW以下的小型风力发电机组，采用永磁式或自励式交流发电机，经整流后向负载供电及向蓄电池充电。

（4）升速齿轮箱。由于风轮的转速比较低，而且风力的大小和方向经常变化着，这又使转速不稳定；所以，在带动发电机之前，还必须附加一个把转速提高到发电机额定转速的变速齿轮箱，再加一个调速机构使转速保持稳定，然后再连接到发电机上。升速齿轮箱作用是将风力机轴上的低速旋转输入转变为高速旋转输出，以便与发电机运转所需要的转速相匹配。

（5）塔架。塔架是支承风轮、尾舵和发电机的构架，它一般比较高，以捕捉更多的风能，以获得较大的和较均匀的风力，又要有足够的强度。塔架的高度视地面障碍物对风速影响的情况，以及风轮的直径大小而定，一般在6~20m范围内。

（6）控制系统。风力发电机组皆配有控制系统来实现控制、自检和显示等功能。控制系统主要功能如下：

1）按预先设定的风速值（一般为3~4m/s）自动启动风力发电机组，并通过软启动装置将异步发电机并入电网。

2）借助各种传感器自动检测风力发电机组的运行参数及状态，包括风速、风向、风力机风轮转速、发电机转速、发电机温升、发电机输出功率、功率因数、电压、电流、齿轮箱轴承的油温、液压系统的油压等。

3）当风速大于最大运行速度（一般设定为25m/s）时实现自动停机。

4）故障保护。

5）通过调制解调器与上位机连接。

风力发电系统还设计有电磁制动、变桨距等多种转速控制技术以及手动刹车系统，机械制动与电磁停车共同作用可以保障系统安全运行。

1.2　太阳能光伏发电系统

1.2.1　我国太阳能资源

1. 太阳能

太阳的基本结构是一个炽热气体构成的球体，主要由氢和氦组成，其中氢占80%，氦占19%。太阳能是太阳内部连续不断的核聚变反应过程产生的能量。地球轨道上的平均太阳辐射强度为1367kW/m²。地球赤道的周长为40 000km，从而可计算出，地球获得的能量可达173 000TW。在海平面上的标准峰值强度为1kW/m²，地球表面某一点24h的年平均辐射强度为0.20kW/m²，相当于有102 000TW的能量，人类依赖这些能量维持生存，其中包括所有其他形式的可再生能源（地热能资源除外）。虽然太阳能资源总量相当于现在人类所利用能源的一万多倍，但太阳能的能量密度低，而且它因地而异，因时而变，这是开发利用太阳能面临的主要问题。太阳能的这些特点会使它在整个综合能源体系中的作用受到一定的限制。

地球上的风能、水能、海洋温差能、波浪能和生物质能以及部分潮汐能都是来源于太阳，即使是地球上的化石燃料（如煤、石油、天然气等）从根本上说也是远古以来贮存下来的太阳能，所以广义的太阳能所包括的范围非常大，狭义的太阳能则限于太阳辐射能的光热、光电和光化学的直接转换。我国太阳能资源十分丰富，全国有 2/3 以上的地区，年辐照总量大于 502 万 kJ/m^2，年日照时数在 2000h 以上。

太阳能既是一次能源，又是可再生能源，它资源丰富，既可免费使用，又无需运输，对环境无任何污染。太阳能的总量很大，我国陆地表面每年接受的太阳能就相当于 1700 亿 t 标准煤，但十分分散，能流密度较低，到达地面的太阳能每平方米只有 1000W 左右。同时，地面上太阳能还受季节、昼夜、气候等影响，时阴时晴，时强时弱，具有不稳定性，限制了太阳能的有效利用。

人类对太阳能的利用有着悠久的历史，我国早在两千多年前的战国时期就知道利用钢制四面镜聚焦太阳光来点火，利用太阳能来干燥农副产品。发展到现代，太阳能的利用已日益广泛，它包括太阳能的光热利用，太阳能的光电利用和太阳能的光化学利用等。太阳能作为一种新能源，它与常规能源相比有三大优点：

（1）它是人类可以利用的最丰富的能源，据估计，在过去漫长的 11 亿年中，太阳消耗了它本身能量的 2%，可以说是取之不尽，用之不竭。

（2）地球上，无论何处都有太阳能，可以就地开发利用，不存在运输问题，尤其对交通不发达的农村、海岛和边远地区更具有利用价值。

（3）太阳能是一种洁净的能源，在开发和利用时，不会产生废渣、废水、废气，也没有噪声，更不会影响生态平衡。

2. 我国各地区太阳能资源分类

我国西藏、青海、新疆、甘肃、宁夏、内蒙古的太阳能总辐射量和日照时数均为全国最高，属世界太阳能资源丰富地区之一；四川盆地、两湖地区、秦巴山地是太阳能资源低值区；我国东部、南部、东北为资源中等区。各地区资源分类见表 1-4。

表 1-4　　　　　　　　　　　各地区资源分类

类型	地区	年照时间数（h）	年辐射总量 [kcal/(cm²·年)]
1	西藏西部、新疆东南部、青海西部、甘肃西部	2800～3300	160～200
2	西藏东南部、新疆南部、青海东部、宁夏南部、甘肃中部、内蒙古、山西北部、河北西北部	3000～3200	140～160
3	新疆北部、甘肃东南部、山西南部、山西北部、河北东南部、山东、河南、吉林、辽宁、云南、广东南部、福建南部、江苏北部、安徽北部	2200～3000	120～140
4	湖南、广西、江西、浙江、湖北、福建北部、广东北部、山西南部、江苏南部、安徽南部、黑龙江	1400～2200	100～120
5	四川、贵州	1000～1400	80～100

注　1kcal＝4.184kJ。

3. 全国各大城市标准日照时数

全国各大城市标准日照时数见表 1-5。

表 1-5 全国各大城市标准日照时数

城市	纬度	斜面日均辐射量（kJ/m²）	日辐射量 Ht（kJ/m²）	最佳倾角
哈尔滨	45.68	15838	12703	$\phi+3$
长春	43.90	17127	13572	$\phi+1$
沈阳	41.77	16563	13793	$\phi+1$
北京	39.80	18035	15261	$\phi+4$
天津	39.10	16722	14356	$\phi+5$
呼和浩特	40.78	20075	16574	$\phi+3$
太原	37.78	17394	15061	$\phi+5$
乌鲁木齐	43.78	6594	14464	$\phi+12$
西宁	36.75	19617	16777	$\phi+1$
兰州	36.05	15842	14966	$\phi+8$
银川	38.48	19615	16553	$\phi+2$
西安	34.30	12952	12781	$\phi+14$
上海	31.17	13691	12760	$\phi+3$
南京	32.00	14207	13099	$\phi+5$
合肥	31.85	13299	12525	$\phi+9$
杭州	30.23	12372	11668	$\phi+3$
南昌	28.67	13714	13094	$\phi+2$
福州	26.08	12451	12001	$\phi+4$
济南	36.68	15994	14043	$\phi+6$
郑州	34.72	14558	13332	$\phi+7$
武汉	30.63	13707	13201	$\phi+7$
长沙	28.20	11589	11377	$\phi+6$
广州	23.13	12702	12110	$\phi+0$
海口	20.03	13510	13835	$\phi+12$
南宁	22.82	12734	12515	$\phi+5$
成都	30.67	10304	10392	$\phi+2$
贵阳	26.58	10235	10327	$\phi+8$
昆明	25.02	15333	14194	$\phi+0$
拉萨	29.70	24151	21301	$\phi+6$

4. 太阳能光照时间对照表

在计算太阳能电池的工作时间时，不应把日照时间看作每天有太阳光的时间，若选择计算时间为 8h 左右。会给整个光伏发电系统造成不稳定的因数。设计中应根据不同的地区的光照条件，要分别区分太阳能电池的有效工作时间，根据太阳光照时间对照表（见表 1-6）进行计算。

表 1-6	太阳光照时间对照表	
地区分类	年光幅照量（kW/m²）	平均峰值时间（h）
丰富地区	≥586	5.10～5.42
比较丰富地区	502～586	4.46～4.78
可以利用地区	419～502	3.82～4.14
贫乏地区	<419	3.19～3.50

只有根据这些参数才能准确计算各地区的光照时间，准确计算光伏发电部分所用的太阳能电池组件的数量和可靠系数。

1.2.2　太阳能光伏发电技术

1. 太阳能发电方式

在太阳能的有效利用中，太阳能发电系统是近些年来发展最快，也是最具活力的研究领域，也是最受瞩目的项目之一。太阳能是一种辐射能，利用太阳能发电时必须借助于能量转换器才能将太阳光转换成电能。太阳能发电有两种方式，一种是光—热—电转换方式，另一种是光—电直接转换方式。为此，人们研制和开发了太阳能电池，设计和建设独立和并网的光—电直接转换太阳能发电系统，有专家认为太阳能发电量最终将在电力供应中占 20%。

（1）光—热—电转换方式是通过利用太阳辐射产生的热能发电，一般是由太阳能集热器将所吸收的热能转换成工质蒸汽，再驱动汽轮发电机发电。前一个过程是光—热转换过程，后一个过程是热—电转换过程，其发电工艺流程与普通的火力发电一样。太阳能热能发电的缺点是效率很低而成本很高，估计它的投资至少要比普通火电站高 5～10 倍，一座 1000MW 的太阳能热电站需要投资 20 亿～25 亿美元，平均 1kW 的投资为 2000～2500 美元。因此，目前只能小规模地应用于特殊的场合，而大规模利用在经济上很不合算，为此，太阳能热能发电还不能与普通的火电站或核电站相竞争。

（2）光—电直接转换方式是利用光电效应，将太阳辐射能直接转换成电能，光—电转换的基本装置就是太阳能电池。太阳能电池是一种基于光生伏特效应将太阳光能直接转化为电能的器件，是一种半导体光电二极管，当太阳光照到光电二极管上时，光电二极管就会把太阳的光能变成电能，在外电路上产生电流。当许多个太阳能电池串联或并联起来就可构成比较大输出功率的太阳能电池方阵。太阳能电池是一种大有前途的新型电源，具有永久性、清洁性和灵活性三大优点。太阳能电池寿命长，只要太阳存在，太阳能电池就可以一次投资而长期使用。

太阳能光伏发电与火力发电、核能发电相比，太阳能电池不会引起环境污染。太阳能光伏发电系统可以大中小并举，大到百万千瓦的中型电站，小到只供一户用电的独立太阳能发电系统，这些特点是其他电源无法比拟的。

太阳能电池是由半导体材料构成的，它的主要材料是硅，也有一些其他合金材料。用于制造太阳能电池的高纯硅要经过特殊的提纯及处理。太阳能电池的工作原理是基于半导体 PN 结的光生伏特效应，所谓光生伏特效应就是当物体受光照时，物体内的电荷分布状态发生变化而产生电动势和电流的一种效应。当太阳光或其他光照射到半导体的 PN 结时，产生光生电子—空穴对，在太阳能电池内建电场作用下，光生电子和空穴分离，太阳能电池两端出现异号电荷的积累，即产生"光生电压"，这就是"光生伏特效应"。若在内建电场的两侧引出电极并接上负载，则负载就有了"光生电流"流过，从而获得电功率输出。

太阳能电池只要受到阳光或灯光的照射，就能够把光能转变为电能，太阳能电池可发出相当于所接收光能的 10%～20% 的电。一般来说，光线越强，发出的电能就越多。为了使太阳能电池板最大限度地减少光反射，将光能转变为电能，一般在太阳能电池板的上面都蒙上一层可防止光反射的膜，使太阳能电池板的表面呈紫色。

2. 太阳能光伏发电原理

光生伏特效应在液体和固体物质中都会发生，但是，只有固体，尤其是半导体 PN 结器件在太阳光照射下的光电转换效率较高。利用光生伏特效应原理制成晶体硅太阳能电池，可将太阳的光能直接转换成为电能。太阳能光伏发电系统的能量转换器是太阳能电池，又称光伏电池，是太阳能光伏发电系统的基础和核心器件。太阳能转换成为电能的过程主要包括以下三个步骤：

（1）太阳能电池吸收一定能量的光子后，半导体内产生电子—空穴对，称为"光生载流子"，两者的电极性相反，电子带负电，空穴带正电。

（2）电极性相反的光生载流子被半导体 PN 结所产生的静电场分离开。

（3）光生载流电子和空穴分别被太阳能电池的正、负极收集，并在外电路中产生电流，从而获得电能。

太阳能光伏发电原理如图 1-1 所示，当光线照射到太阳能电池表面时，一部分光子被硅材料吸收，光子的能量传递给了硅原子，使电子发生了越迁，成为自由电子在 P-N 结两侧集聚形成了电位差，当外部接通电路时，在该电压的作用下，将会有电流流过外部电路产生一定的输出功率。这个过程的实质是：光子能量转换成电能的过程。

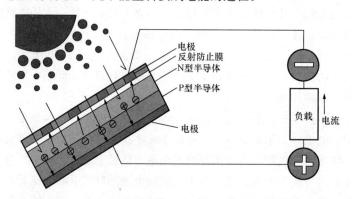

图 1-1　太阳能光伏发电原理

在太阳能光伏发电系统中，系统的总效率 η 由太阳能电池组件的光电转换率、控制器效率、蓄电池效率、逆变器效率及负载效率等构成。目前太阳能电池的光电转换率只有 17% 左右。因此提高太阳能电池组件的光电转换率，降低太阳能光伏发电系统的单位功率造价是太阳能光伏发电产业化的重点和难点。自太阳能电池问世以来，晶体硅作为主要材料保持着统治地位。目前对硅电池转换率的研究，主要围绕着加大吸收面，如双面电池，减小反射；运用吸杂技术和钝化工艺提高硅太阳能电池的转化效率；电池超薄型化等。目前，太阳能光伏发电系统主要应用于三大方面：

（1）为无电场合提供电源，主要为广大无电地区居民的生活生产提供电力，还有为微波中继站和移动电话基站提供电源等。

（2）太阳能日用电子产品，如各类太阳能充电器、太阳能路灯和太阳能草坪灯等。

（3）并网发电，在发达国家已经大面积推广实施，我国太阳能光伏并网发电系统正在起步阶段。

3．太阳能发电的优势

通过对生物质能、水能、风能和太阳能等几种常见新能源的对比分析，可以清晰地得出太阳能发电具有以下独特优势：

（1）光伏发电具有经济优势。可以从两个方面看太阳能利用的经济性：

1）太阳能取之不尽，用之不竭，而且在接收太阳能时不征收任何"税"，可以随地取用。

2）在目前的技术发展水平下，有些太阳能利用已具经济性。

随着科技的发展以及人类开发利用太阳能的技术突破，太阳能利用的经济性将会更加明显。如果说 20 世纪是石油世纪的话，那么 21 世纪则是可再生能源的世纪（太阳能的世纪）。

从太阳能光伏发电站建设成本来看，随着太阳能光伏发电的大规模应用和推广，尤其是上游晶体硅产业和光伏发电技术的日趋成熟，建筑房顶、外墙等平台的复合开发利用，每千瓦太阳能光伏发电的建设成本在 2015 年达到 5000 元～1 万元，相比其他可再生能源已具有同样的经济优势。

（2）太阳能是取之不尽的可再生能源，可利用量巨大。太阳每秒钟放射的能量大约是 $1.6\times10^{23}kW$，其中到达地球的能量高达 $8\times10^{13}kW$，相当于 6×10^9 t 标准煤。按此计算，一年内到达地球表面的太阳能总量折合标准煤共约 1.892×10^{13} 千亿 t，是目前世界主要能源探明储量的一万倍。太阳的寿命至少尚有 40 亿年，相对于人类历史来说，太阳能可源源不断供给地球的时间可以说是无限的，这就决定了开发利用太阳能将是人类解决常规能源匮乏、枯竭的最有效途径。从我国可开发的资源蕴含量来看，学者和专家比较公认的数字是：生物质能 1 亿 kW，水电 3.78 亿 kW，风电 2.53 亿 kW，而太阳能是 2.1 万亿 kW，只需开发太阳能资源的 1％即达到 210 亿 kW；从其比例看，生物质能仅占 0.46％，风电占 1.74％，水电 1.16％，而光电为 96.64％。

（3）对环境没有污染。太阳能像风能、潮汐能等洁净能源一样，其开发利用时几乎不产生任何污染，加之其储量的无限性，是人类理想的替代能源。由于传统化石燃料（煤、石油和天然气）在使用过程中排出大量的有毒有害物质，会对水、土壤和大气造成严重污染，形成温室效应和酸雨，严重危害到人类的生存环境和身体健康，因此急需开发出新的比较清洁的替代能源，而太阳能作为一种比较理想的清洁能源，正受到世界各国的日益重视。

从目前各种发电方式的碳排放来看，不计算其上游环节：煤电为 275g，油发电为 204g，天然气发电为 181g，风力发电为 20g，而太阳能光伏发电则接近零排放。并且，在发电过程中没有废渣、废料、废水、废气排出，没有噪声，不产生对人体有害物质，不会污染环境。

（4）转换环节最少最直接。从能量转换环节来看，太阳能光伏发电是直接将太阳辐射能转换为电能，在所有可再生能源利用中太阳能光伏发电的转换环节最少、利用最直接。一般来说，在整个生态环境的能量流动中，随着转换环节的增加，转换链条的拉长，能量的损失将呈几何级增加，并同时大大增加整个系统的建设和运行成本和不稳定性。目前，晶体硅太阳能电池的转换效率实用水平在 15％～20％，实验室水平最高目前已达 35％。

（5）最经济、最清洁、最环保。从资源条件尤其是土地占用来看，生物能、风能是较为苛刻的，而太阳能则是很灵活和广泛的。如果说太阳能光伏发电要占用土地面积为 1 的话，风力则是太阳能的 8～10 倍，生物能则达到 100 倍。而水电，一个大型水坝的建成往往需要淹没数十到上百平方公里的土地。相比而言，太阳能发电不需要占用更多的土地，屋顶、墙面都可成为太阳能光伏发电利用的场所，还可利用我国广阔的沙漠，通过在沙漠上建造太阳能光伏发电基地，直接降低沙漠地带直射到地表的太阳辐射，有效降低地表温度，减少蒸发量，进而使植物的存活和生长在相当程度上成为可能，稳固并减少了沙丘，又向自然索取了需要的清洁可再生能源。

（6）可免费使用，且无需运输。人类可以通过专门的技术和设备将光能转化为热能或电能，就地加以利用，无需运输，为人类造福。而且人类利用这一取之不尽的能源也是免费的。虽然由于纬度的不同、气候条件的差异造成了太阳能辐射的不均匀，但相对于其他能源来说，太阳能对于地球上绝大多数地区具有存在的普遍性，可就地取用，这就为常规能源缺乏的国家和地区解决能源问题提供了美好前景。

1.2.3　太阳能光伏发电系统构成

太阳能光伏发电系统是利用太阳能电池组件和其他辅助设备将太阳能转换成电能的系统，一般将太阳能光伏发电系统分为独立系统、并网系统和混合系统。如果根据太阳能光伏发电系统的应用形式、应用规模和负载的类型，对太阳能光伏发电系统进行比较细致的划分，可将太阳能光伏发电系统分为如下六种类型：小型太阳能光伏发电系统，太阳能光伏发电直流供电系统，大型太阳能光伏发电系统，太阳能光伏发电交流、直流供电系统，并网太阳能光伏发电系统，混合供电太阳能光伏发电系统，并网混合太阳能光伏发电系统。

独立太阳能光伏发电系统在自己的闭路系统内部形成电路，是通过太阳能电池组将接收来的太阳辐射能量直接转换成电能供给负载，并将多余能量经过充电控制器后以化学能的形式储存在蓄电池中。并网发电系统通过太阳能电池组将接收来的太阳辐射能量转换为电能，再经过高频直流转换后变成高压直流电，经过逆变器逆变后向电网输出与电网电压同频、同相的正弦交流电流。

1. 独立太阳能光伏发电系统构成

太阳能光伏发电系统的规模和应用形式各异，系统规模跨度很大，小到 $0.3\sim2W$ 的太阳能庭院灯，大到兆瓦级的太阳能光伏发电站。其应用形式也多种多样，在家用、交通、通信、空间等诸多领域都能得到广泛的应用。尽管光伏发电系统规模大小不一，但其组成结构和工作原理基本相同。独立的太阳能发电光伏系统由太阳能电池方阵、蓄电池、控制器、DC/AC 变换器、用电负载构成。独立太阳能光伏发电系统构成如图 1-2 所示。

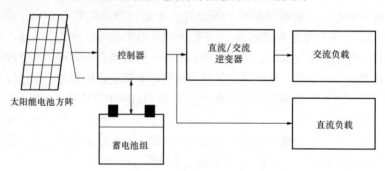

图 1-2　独立太阳能光伏发电系统示意图

（1）光伏组件方阵。在太阳能光伏发电系统中最重要的是太阳能电池，是收集太阳光的核心组件。大量的太阳能电池组合在一起构成太阳能电池光伏组件或太阳能电池光伏组件方阵。

太阳能电池主要划分为：晶体硅电池（包括单晶硅 Monoc-Si、多晶硅 Multi-Si、带状硅 Ribbon/Sheetc-Si）、非晶硅电池（a-Si）、非硅电池（包括硒化铜铟 CIS、碲化镉 CdTe）。太阳能电池的类型及特性见表 1-7。

表 1-7 太阳能电池的类型及特性

类型	单晶硅	多晶硅	非晶硅
转换效率	12%～17%	10%～15%	6%～8%
使用寿命	15～20 年	15～20 年	5～10 年
平均价格	昂贵	较贵	较便宜
稳定性	好	好	差（会衰减）
颜色	黑色	深蓝	棕
主要优点	转换效率高、工作稳定，体积小	工作稳定，成本低，使用广泛	价低，弱光性好，多数用于计算器，电子表等
主要缺点	成本高	转换效率较低	转换效率最低，会衰减，相同功率的面积比晶体硅大一倍以上

由于技术和材料原因，单一太阳能电池的发电量是十分有限的，实用中是将单一太阳能电池经串、并联组成的太阳能电池系统，称为太阳能电池组件。近年来，作为太阳能电池主流技术的晶体硅电池的原材料价格不断上涨，从而致使晶体硅电池的成本大幅攀升，这使得非晶硅电池成本优势更加明显。另外，薄膜电池（大大节约原材料使用，从而大幅降低成本）已成为太阳能电池的发展方向，但是其技术要求非常高，而非晶硅薄膜电池作为目前技术最成熟的薄膜电池，是目前薄膜电池中最富增长潜力的品种。

（2）蓄电池。蓄电池组是离网太阳能光伏发电系统中的贮能装置，蓄电池将太阳能电池方阵从太阳辐射能转换来的直流电转换为化学能储存起来，以供负载应用。由于太阳能光伏发电系统的输入能量极不稳定，所以一般需要配置蓄电池才能使负载正常工作。太阳能电池产生的电能以化学能的形式储存在蓄电池中，在负载需要供电时，蓄电池将化学能转换为电能供应给负载。蓄电池的特性直接影响太阳能光伏发电系统的工作效率、可靠性和价格。蓄电池容量的选择一般要遵循以下原则：首先在能够满足负载用电的前提下，把白天太阳能电池组件产生的电能尽量存储下来，同时还要能够存储预定的连续阴雨天时用电负载需要的电能。

蓄电池容量受到末端负载需用电量、日照时间（发电时间）的影响，因此蓄电池瓦时容量和安时容量由预定的负载需用电量和连续无日照时间决定，因此蓄电池的性能直接影响着太阳能光伏发电系统的工作特性。目前离网太阳能光伏发电系统常用的是阀控密封铅酸蓄电池、深放电吸液式铅酸蓄电池等。

（3）控制器。控制器的作用是使太阳能电池和蓄电池高效安全可靠地工作，以获得最高效率并延长蓄电池的使用寿命。控制器对蓄电池的充、放电进行控制，并按照负载的用电需求控制太阳能电池组件和蓄电池对负载输出电能，是整个太阳能光伏发电系统的核心部分。通过控制器对蓄电池充放电条件加以限制，防止蓄电池反充电、过充电及过放电。另外，还应具有电路短路保护、反接保护、雷电保护及温度补偿等功能。

控制器的主要功能是使太阳能光伏发电系统始终处于发电的最大功率点附近，以获得最高效率。充电控制通常采用脉冲宽度调制技术，即 PWM 控制方式，使整个系统始终运行于最大功率点 P_m 附近区域。放电控制主要是指当蓄电池缺电、系统故障，如蓄电池开路或接反时切断开关。目前研制出了既能跟踪调控点 P_m，又能跟踪太阳移动参数的"向日葵"式控制器，将固定太阳能电池组件的效率提高了50％左右。随着太阳能光伏产业的发展，控制器的功能越来越强大，有将传统的控制部分、变换器以及监测系统集成的趋势，如 AES 公司的 SPP 和 SMD 系列的控制器就集成了上述三种功能。

（4）DC/AC变换器。在太阳能光伏发电系统中，如果含有交流负载，那么就要使用 DC/AC 变换器，将太阳能电池组件产生的直流电或蓄电池释放的直流电转化为负载需要的交流电。太阳能电池组件产生的直流电或蓄电池释放的直流电经逆变主电路的调制、滤波、升压后，得到与交流负载额定频率、额定电压相同的正弦交流电提供给用电负载使用。逆变器按激励方式，可分为自励式振荡逆变和他励式振荡逆变。逆变器具有电路短路保护、欠压保护、过流保护、反接保护及雷电保护等功能。逆变器种类及特点见表1-8。

表1-8　　　　　　　　　　　　　逆变器种类及特点

种类	方波逆变器	修正波逆变器	正弦波逆变器
交流电压波形	方波	阶梯波	正弦波
优点	线路简单，价格便宜，维修方便	比方波有明显改善、高次谐波含量减少，当阶梯达到17个以上时输出波形可实现准正弦波，当采用无变压器输出时，整机效率很高	输出波形好、失真度很低，对收音机及通信设备干扰小、噪声低，此外还有保护功能齐全，整机性能高等优点
缺点	高次谐波多，损耗大，噪声大，对收音机及通信设备干扰大	线路比较复杂，对收音机和某些通信设备仍有一些高频干扰	线路相对复杂、对维修技术要求高、价格较昂贵

（5）用电负载。太阳能光伏发电系统按负载性质分为：直流负载系统和交流负载系统。其系统框图如图1-3所示。离网光伏发电系统目前面临以下两个问题：

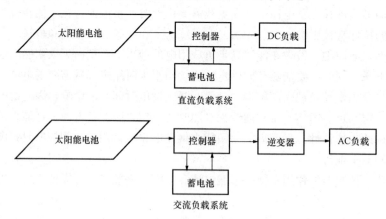

图1-3　太阳能光伏发电直流和交流负载系统框图

1）能量密度不高，整体的利用效率较低，前期的投资较大。

2）离网发电系统的储能装置一般以铅酸蓄电池为主，蓄电池成本占太阳能光伏发电系统初始设备成本的25％左右，若对于蓄电池的充放电控制比较简单，容易导致蓄电池提前失效，增加了系统的运行成本。蓄电池在20年的运行周期中占投资费用的43％，大多数蓄电池并不能达到设计的使用寿命，除了蓄电池本身的缺陷和管理维护不到位外，蓄电池运行管理不合理是导致蓄电池提前失效的重要原因。

因此对于离网太阳能光伏发电系统，提高能量利用率，研究科学的系统能量控制策略，可以降低离网光伏发电系统的投资费用。

2. 并网光伏发电系统

并网太阳能光伏发电系统由光伏电池方阵、控制器、并网逆变器组成，不经过蓄电池储能，通过并网逆变器直接将电能馈入公共电网。因直接将电能输入电网，免除配置蓄电池，省掉蓄电池储能和释放的过程，减少能量损耗，节省其占用的空间及系统投资，并降低了维护成本；另一方面，发电容量可以做得很大并可保障用电设备电源的可靠性。但由于逆变器输出与电网并联，必须保持两组电源电压、相位、频率等电气特性的一致性，否则会造成两组电源相互间的充放电，引起整个电源系统的内耗和不稳定。

太阳能并网光伏发电系统的主要组件是逆变器或电源调节器（PCU），PCU 把太阳能光伏发电系统产生的直流电转换为符合电力部门要求的标准交流电，当电力部门停止供电时或公共电网故障时，PCU 会自动切断电源。在并网光伏发电系统交流输出与公共电网的并网点设置并网屏，当并网光伏发电系统输出的电能超过系统负载实际所需的电量时，将多余的电能传输给公共电网。当太阳能光伏发电系统输出的电能小于系统负载实际所需的电量时，可通过公共电网补充系统负载所需要的电量。同时也要保证在公共电网故障或维修时，太阳能光伏发电系统不会将电能馈送到公共电网上，以使系统运行稳定可靠。太阳能并网发电是太阳能光伏发电的发展方向，代表 21 世纪极具潜力的能源利用技术。

并网运行的太阳能光伏发电系统，要求逆变器具有同电网连接功能，并网型光伏发电系统的优点是可以省去蓄电池，而将电网作为自己的储能单元，太阳能光伏发电并网系统如图 1-4 所示。由于太阳能电池板安装的多样性，为了使太阳能的转换效率最高，要求并网逆变器具有多种组合运行方式，以实现最佳方式的太阳能转换。现在世界上比较通行的太阳能逆变方式为：集中逆变器、组串逆变器、多组串逆变器和组件逆变。

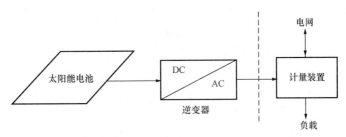

图 1-4　太阳能光伏发电并网系统

（1）集中逆变器。集中逆变器一般用于大型太阳能光伏发电站中（>10kW），很多并行的光伏组串被连到同一台集中逆变器的直流输入端，一般功率大的逆变器使用三相的 IGBT 功率模块，功率较小的逆变器使用场效应晶体管，同时使用具有 DSP 的控制器来控制逆变器输出电能的质量，使它非常接近于正弦波电流。集中逆变器的最大特点是系统的功率高，成本低。集中逆变式光伏发电系统受光伏组件的匹配和部分遮影的影响，使整个光伏发电系统的效率下降。同时整个光伏发电系统的可靠性也受某一光伏单元组工作状态不良的影响。最新的研究方向是运用空间矢量调制控制，以及开发新的逆变器拓扑连接，以获得集中逆变式光伏发电系统的高效率。

Solar Max（索瑞·麦克）集中逆变器可以附加一个光伏阵列的接口箱，对每一光伏组件进行监控，如光伏阵列中有一光伏组件工作不正常，系统将会把这一信息传到远程控制器上，同时可以通过远程控制将这一光伏组件停止工作，从而不会因为这一光伏组件故障而降低和影响整个光伏系统的功率输出。

（2）组串逆变器。组串逆变器已成为现在国际市场上最流行的逆变器，组串逆变器是基于模块化基础，每个光伏组串（1～5kW）通过一个逆变器，在直流端具有最大功率峰值跟踪，在交流端与公共电网并网。许多大型太阳能光伏发电厂使用组串逆变器。组串逆变器的优点是不受组串间模块差异和遮影的影响，同时减少了光伏组件最佳工作点与逆变器不匹配的情况，从而增加了发电量。技术上的这些优势不仅降低了系统成本，也增加了系统的可靠性。同时，在组串间引入"主—从"概念，使得系统在单组光伏组件不能满足单个逆变器工作的情况下，将几组光伏组件联在一起，让其中一个或几个组件工作，从而产出更多的电能。最新的概念为几个逆变器相互组成一个"团队"来代替"主—从"概念，使得系统的可靠性又进了一步。目前，无变压器式组串逆变器已在太阳能光伏发电系统中占了主导地位。

（3）多组串逆变器。多组串逆变器利用集中逆变和组串逆变的优点，避免了其缺点，可应用于几千瓦的光伏发电站。在多组串逆变器中，包含了不同功率峰值跟踪的 DC/DC 转换器，转换后的直流通过一个普通的直流到交流的逆变器转换成交流电与公共电网并网。光伏组串的不同额定值（如不同的额定功率、每组串不同的组件数、组件的不同的生产厂家等）、不同的尺寸或不同技术的光伏组件、不同方向的组串（如东、南和西）、不同的倾角或遮影光伏组件，都可以被连在一个共同的逆变器上，同时每一组串都工作在它们各自的最大功率峰值上。同时可减少直流电缆的长度、将组串间的遮影影响和由于组串间的差异而引起的损失减到最小。

（4）组件逆变器。组件逆变器是将每个光伏组件与一个逆变器相连，同时每个组件有一个单独的最大功率峰值跟踪，这样组件与逆变器的配合更好。通常用于 50～400W 的光伏发电站，总效率低于组串逆变器。由于是在交流处并联，这就增加了逆变器交流侧接线的复杂性，维护困难。另需要解决的是怎样更有效的与电网并网，简单的办法是直接通过普通的交流电接入点进行并网，这样就可以减少成本和设备的安装，但各地的电网的安全标准也许不允许这样做，电力公司有可能反对发电装置直接和普通家庭用户的交流接入点相连。另一和安全有关的因素是是否需要使用隔离变压器（高频或低频），或允许使用无变压器式的逆变器。

并网光伏发电系统的最大特点是：太阳能电池组件产生的直流电经过并网逆变器转换成符合市电电网要求的交流电之后直接并入公共电网，在并网光伏发电系统中，太阳能光伏电池方阵所产生电能除了供给系统内的交流负载外，多余的电力反馈给电网。在阴雨天或夜晚，太阳能电池组件没有产生电能或产生的电能不能满足负载需求时就由电网给系统内的负载供电。因为直接将电能输入电网，免除配置蓄电池，省掉了蓄电池储能和释放的过程，可以充分利用光伏电池方阵所发的电能，从而减小了能量的损耗，并降低了系统的成本。但是系统中需要专用的并网逆变器，以保证输出的电力满足电网对电压、频率等电性能指标的要求。因为逆变器效率的问题，还是会有部分的能量损失。这种系统通常能够并行使用市电和太阳能光伏发电系统作为本地交流负载的电源，降低了整个系统的负载缺电率。而且并网光伏发电系统可以对公用电网起到调峰作用。但并网光伏发电系统作为一种分布式发电系统，但对传统的集中供电系统的电网会产生一些不良的影响，如谐波污染、孤岛效应等。

第2章

风力发电机组与太阳能电池

2.1 风力机与风力发电机组

2.1.1 风力机

风力发电系统中的两个主要部件是风力机和发电机，空气流动的动能作用在风力机的叶轮上，将动能转换成机械能，从而推动风力机的叶轮旋转。如果将叶轮的转轴与发电机的转轴相连，就会带动发电机发出电来，由于风力是随机变化的，此类风力发电机发出的电会时有时无，电压和频率都不稳定，是没有实际应用价值的。一阵狂风吹来，风力机的风轮越转越快，系统就会被吹垮。为了解决这些问题，现代风力机增加了齿轮箱、偏航系统、液压系统、刹车系统和控制系统等。

风力机的叶轮一般由2～3个叶片和轮毂组成，其功能是将风能转换为机械能，除小型风力机的叶片部分采用木质材料外，中、大型风力机的叶片都采用玻璃纤维或高强度复合材料制成。风力机叶片都要装在轮毂上，轮毂是叶轮的枢纽，也是叶片根部与主轴的连接件。所有从叶片传来的力，都通过轮毂传递到传动系统，再传到风力机驱动的对象。同时轮毂也是控制叶片桨距（使叶片作俯仰转动）的部件，轮毂的作用是连接叶片和低速轴，要求能承受大的、复杂的载荷。中小型风力机常采用刚性连接，兆瓦级风力机常采用跷跷板连接方式。

水平轴风力机的风轮沿水平轴旋转，以便产生动力。变桨矩风力机风轮的叶片要围绕根部的中心轴旋转，以便适应不同的风况。在停机时，叶片尖部要甩出，以便形成阻尼。变桨矩风力机的液压系统用于调节叶片桨矩、阻尼、停机、刹车等状态。风力机齿轮箱可以将很低的风轮转速（600kW的风力机通常为27r/min）变为很高的发电机所需的转速（通常为1500r/min）。同时也使得发电机易于控制，实现稳定的频率和电压输出。风力机的偏航系统可以使风轮扫掠面积总是垂直于主风向。

1. 风力机分类

（1）按风力机功率分类。以风力机的容量分为微型（1kW以下）、小型（1～10kW）、中型（10～100kW）和大型（100kW以上）风力机。

（2）按风力机收集风能的结构形式分类。根据风力机收集风能的结构形式、在空间的布置、风力机旋转主轴的方向（即主轴与地面相对位置）可分为水平轴风力机和垂直轴风力机。

1）风轮轴线的安装位置与水平面夹角不大于15°的风力机称水平轴风力机，水平轴风力机的风轮围绕一个水平轴旋转，风轮轴与风向平行，风轮上的叶片是径向安置的，与旋转轴相垂直，并与风轮的旋转平面成一角度（称为安装角）。水平轴风力机叶片如图2-1所示。

水平轴风力机可分为采用升力装置（即升力驱动风轮）和阻力装置（阻力驱动风轮）的两

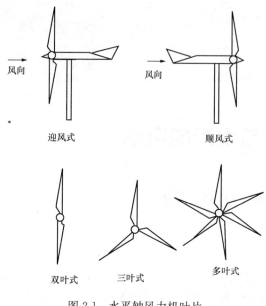

图 2-1　水平轴风力机叶片

大类。大多数水平轴风力发电机具有对风装置，对于小型风力发电机，一般采用尾舵；而对于大型风力发电机，则利用对风敏感元件。

水平轴风力发电机一般由风轮增速器、调速器、调向装置、发电机和塔架等部件组成，大中型风力机还有自动控制系统。这种风力机的功率从几十千瓦到数兆瓦，是目前最具有实际开发价值的风力机。水平轴力风力机有传统风车、低速风力机及高速风力机等 3 大类型。水平轴风力机的主要技术指标参数有：

a）风轮直径，通常风力机的功率越大，直径越大。

b）叶片数目，高速发电用风力机为 2～4 片，低速风力机大于 4 片。

c）叶片材料，现代风力机叶片采用高强度低密度的复合材料。

d）风能利用系数，一般为 0.15～0.5。

e）启动风速，一般为 3～5m/s。

f）停机风速，通常为 15～35m/s。

g）输出功率，现代风力机一般为几百千瓦到几兆瓦。

h）发电机，分为直流发电机和交流发电机。

i）塔架高度等。

水平轴风力机的式样很多，有的具有反转叶片的风轮，有的再一个塔架上安装多个风轮，以便在输出功率一定的条件下减少塔架的成本，还有的水平轴风力机在风轮周围产生漩涡，集中气流，以增加气流速度。

2）垂直轴风力机。垂直轴风力机的风轮不随风向改变而调整方向，垂直轴风力机的风轮围绕一个垂直轴旋转，风轮轴与风向垂直。其优点是可以接受来自任何方向的风，因而当风向改变时，无需对风。由于不需要调向装置，使它的结构设计简化。垂直轴风力机的另一个优点是齿轮箱和发电机可以安装在地面上，十分便于维修。

垂直轴风力机常见的结构有 S 型风轮、达里厄（Darrieus）式风轮和旋翼式风轮三种，如图 2-2 所示。虽然目前垂直轴风力机尚未大量商品化，但是它有许多特点，如不需大型塔架、发电机可安装在地面上、维修方便及叶片制造简便等，研究日趋增多，各种形式不断出现。

1）S 型风轮由两个轴线错开的半圆柱形叶片组成，其优点是启动转矩较大，缺点是由于围绕着风轮产生不对称气流，从而对它产生侧向推力。对于较大型的风力机，因为受偏转与安全极限应力的限制，采用这种结构形式是比较困难的。

2）达里厄（Darrieus）型风力机是利用翼型的升力作功，是水平轴风力机的主要竞争者。达里厄风力机有多种形式，基本上是直叶片和弯叶片两种。达里厄型风力机是一种圆弧形双叶片结构，由于其受风面积小，相应的启动风速较高，一直未得到大力发展，我国也在前几年做了一些尝试，但效果始终不理想。

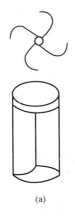
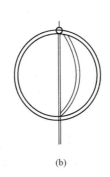
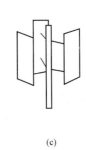

(a)　　　　　　　　　(b)　　　　　　　　(c)

图 2-2　垂直轴风力机

(a) S 型；(b) 达里厄式；(c) 旋翼式

3）旋翼式风力机从理论上讲，它可以不像水平轴风力机那样要求迎风装置，但它同样存在超过工作速度需要限速的问题。为了限速，其机构必然复杂，其结构简单的优越性就不复存在了。该风力机由于一些技术难题仍未得到解决，因此目前还没有进入实际应用阶段。

4）新型 H 型风力机。H 型结构的风力机与科技的发展特别是与计算机技术的发展密切相关，由于 H 型垂直轴风力机的设计需要非常大量的空气洞力学计算以及数字模拟计算，采用人工的方法计算一次至少需要几年的时间，而且不是一次计算就能得到正确的结果，所以在计算机还不是很发达的年代，人们根本无法完成这一设计构思。

H 型垂直轴风力发电机采用空气洞力学原理，针对垂直轴旋转的风洞模拟，叶片选用了飞机翼形形状，在风轮旋转时，它不会受到因变形而改变效率。H 型结构的风力机由垂直直线的 4～5 个叶片、4 角形或 5 角形形状的轮毂、连接叶片的连杆组成风轮。

根据 H 型风力机的原理，风轮的转速上升速度提高较快（力矩上升速度快），它驱动发电机的发电功率上升，速度也相应变快，发电曲线变得饱满。在同样功率下，垂直轴风力发电机的额定风速较现有水平轴风力发电机要小，并且它在低风速运转时发电量也较大。

由于此种设计结构采用了特殊空气洞力学原理、三角形向量法的连接方式以及直驱式结构，使得风轮的受力主要集中于轮毂上，因此抗风能力较强；此种设计的特性还体现在对周围环境的影响上，运转时无噪声以及电磁干扰小等特点，使得 H 型垂直轴风力机优越性非常明显。

目前，生产该类型垂直轴风力发电机产品最多的是日本，目前英国、加拿大等国也在研制中，这些国家的大部分产品在风轮设计当中采用平行连接杆，这种方式对发电机输出轴要求较高，并且结构相对复杂。另外，从力学方面分析，H 型垂直轴风力发电机功率越大、叶片越长、平行杆的中心点与发电机轴的中心点距离越长，抗风能力就越差，因此，采取三角形向量法的连接方式，可弥补了上述的一些缺点。

（3）按风轮转速分类。风力机按风轮转速分为高速风力机和低速风力机。

（4）按照风力机接受风的方向及塔架位置分类。按照风力机接受风的方向及塔架位置分为"上风向型"（叶轮正面迎着风向，即在塔架的前面迎风旋转）和"下风向型"（叶轮背顺着风向）两种类型。上风向风力机一般需要调向装置来保持叶轮迎风。而下风向风力机则能够自动对准风向，从而免除了调向装置。但对于下风向风力机，由于一部分空气通过塔架后再吹向叶轮，这样，塔架就干扰了流过叶片的气流而形成所谓塔影效应，使性能有所降低。

（5）按照桨叶数量分类。风力机按照桨叶数量可分为"单叶片"、"双叶片"、"三叶片"和"多叶片"型风力机；叶片的数目由很多因素决定，其中包括空气动力效率、复杂度、成本、噪声、美学要求等。大型风力机可由1、2片或者3片叶片构成。叶片较少的风力机通常需要更高的转速以提取风中的能量，因此噪声比较大。如果叶片太多，它们之间会相互作用而降低系统效率。目前3叶片风力机是主流。从美学角度上看，3叶片的风力机看上去较为平衡和美观。

（6）从桨叶和形式分类。风力机按桨叶和形式分为螺旋桨式、S型、H型等。

（7）按照桨叶受力方式和工作原理分类。风力机按照叶片受力方式和工作原理可分为升力型和阻力型两类，升力型风力机旋转速度快，阻力型旋转速度慢。对于风力发电，多采用升力型水平轴风力机。大多数水平轴风力机具有对风装置，能随风向改变而转动。对于小型风力机，这种对风装置采用尾舵，而对于大型的风力机，则利用风向传感元件以及伺服电机组成的传动机构。

（8）按照功率传递的机械连接方式分类。风力机按功率传递的机械连接方式分为"有齿轮箱型风力机"和无齿轮箱的"直驱型风力机"。有齿轮箱型风力机的风轮通过齿轮箱及其高速轴及万能弹性联轴器将转矩传递到发电机的传动轴，联轴器具有很好的吸收阻尼和震动的特性，可吸收适量的径向、轴向和一定角度的偏移，并且联轴器可阻止机械装置的过载。而直驱型风力机则另辟蹊径，配合采用了多项先进技术，风轮的转矩可以不通过齿轮箱增速而直接传递到发电机的传动轴，这样的设计简化了装置结构，减少了故障概率。

2. 风力机输出特性

具有固定桨距的水平轴风轮产生的扭矩随风速和转速变化，如果叶片的旋转速度太低，叶片将失速，风轮输出的扭矩下降，因此为了从气流中取得最大功率输出（当气流速度变化时）必须改变叶片的桨距角或叶片的转速。现在很多风力机风轮都设计成变桨距叶片。

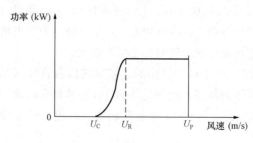

图 2-3　风力机输出功率曲线

风力机的风轮转速若随风速改变，可从空气中取得最大功率，但对于由风轮驱动的同步或异步交流发电机而言，这并不是最佳的。优化设计的解决的方法是准许风轮转速随风速变化，同时使用变速恒频发电系统，以得到所需频率的电能。风力机输出功率曲线如图 2-3 所示，其中 U_C 为启动风速，U_R 为额定风速，此时风力机输出额定功率，U_P 为截止风速。

当风速小于启动风速时，风力机不能转动。当风速达到启动风速后，风力机开始转动，带动发电机发电。发动机输出的电能供给负载以及给蓄电池充电。当蓄电池组端电压达到设定的最高值时，由电压检测得到信号电压通过控制电路进行开关切换，使系统进入稳压闭环控制，既保持对蓄电池充电，又不致使蓄电池过充。在风速超过截止风速时，风力机通过机械限速机构使风力机在一定转速下限速运行或停止运行，以保证风力机不致损坏。

普通风力发电机至少需要 3m/s 的风速才能启动，3.5m/s 的风速才能发电，这在一定程度上限制了小型风力发电在我国很多地区的运用。而采用全永磁悬浮风力发电机，由于使用微摩擦、启动力矩小的磁悬浮轴承，在 1.5m/s 的微弱风速下就能启动，2.5m/s 的风速就能发电，能效提高约 20%，能广泛应用于全国 80% 的地区。经中国机械工业风力机械产品质量监督检测中心检测，全永磁悬浮风力发电机组的启动力矩降至国家标准的 1/12 左右，启动风速降低了 57.14%，切入风速降低 23.81%，额定功率提高 20.57%。

3. 风力机的变桨距调节

风力机通过叶轮捕获风能，将风能转换为作用在轮毂上的机械转矩。变桨距调节方式是通过改变叶片迎风面与纵向旋转轴的夹角，从而影响叶片的受力和阻力，限制大风时风力机输出功率的增加，保持输出功率恒定。采用变桨距调节方式，风力机功率输出曲线平滑。在额定风速以下时，控制器将叶片攻角置于零度附近，不做变化，近似等同于定桨距调节。在额定风速以上时，变桨距控制结构发生作用，调节叶片攻角，将输出功率控制在额定值附近。变桨距风力机的启动速度较定桨距风力机低，停机时传递冲击应力相对缓和。在正常工作时，主要是采用功率控制，在实际应用中，功率与风速的立方成正比，较小的风速变化会造成较大的风能变化。

由于变桨距调节型风力机受到的冲击较其他风力机要小得多，可减少材料使用率，降低整体质量。且变桨距调节型风力机在低风速时，可使桨叶保持良好的攻角，比失速调节型风力机有更好的能量输出，因此比较适合于平均风速较低的地区。

变桨距调节型风力机的另外一个优点是，当风速达到一定值时，失速型风力机必须停机，而变桨距调节型风力机可以逐步变化到一个桨叶无负载的全翼展开模式位置，避免停机，增加风力发电机的发电量。变桨距调节型风力机的缺点是对阵风反应要求灵敏。失速调节型风力机由于风的振动引起的功率脉动比较小，变桨距调节型风力机则比较大，尤其对于采用变桨距调节型的恒速风力发电机，这种情况更明显，为此要求风力机的变桨距调节系统对阵风的响应速度要足够快，才可以减轻此现象。

4. 风力发电机组的保护功能

风力发电机组应具备的保护功能有：偏航、反向电磁制动、折翼保护、泄荷器。风力机的运行及保护需要一个全自动控制系统，它必须能控制自动启动，叶片桨距的调节（在变桨距风力机上）及在正常和非正常情况下停机。除了控制功能，还应具有监控功能，以提供运行状态、风速、风向等信息。自动控制系统具有的主要功能有：

（1）顺序控制启动、停机以及报警和运行信号的监测。

（2）偏航系统的低速闭环控制。

（3）桨距装置（如果是变桨距风力机）快速闭环控制。

（4）与风电场控制器或远程计算机的数据通信。

风力机的控制系统可在恶劣的条件下，根据风速、风向对风力发电系统加以控制，在稳定的电压和频率下运行，自动地并网和脱网。并监视齿轮箱、发电机的运行温度，液压系统的油压，对出现的任何异常进行报警，必要时自动停机。

2.1.2　风力发电机组

1. 风力发电机组分类

（1）按风力发电机组的桨叶接受风能的功率调节方式可分为：

1）定桨距（失速型）风力发电机组。定桨距（失速型）风力发电机组的桨叶与轮毂的连接是固定的，当风速变化时，桨叶的迎风角度不能随之变化。由于定桨距机组结构简单、性能可靠，在 20 年来的风能开发利用中一直占据主导地位。

2）变桨距风力发电机组。变桨距风力发电机组的叶片可以绕叶片中心轴旋转，使叶片攻角可在一定范围内（一般 0°～90°）调节变化，其性能比定桨距型提高许多，但结构也趋于复杂，多用于大型机组上。

（2）按风力发电机组的叶轮转速是否恒定可分为：

1）恒速风力发电机组。优点是设计简单可靠，造价低，维护量少。缺点是气动效率低，结构载荷高，并网运行给电网造成电网波动，从电网吸收无功功率。

2）变速风力发电机组。优点是气动效率高，机械应力小，功率波动小，成本效率高，支撑结构轻。缺点是功率对电压降敏感，电气设备的价格较高，维护量大。

（3）风力发电机组按发电机类型可分为两大类：异步发电机组和同步发电机组，只要选用适当的变流装置，它们都可以用于变速运行风力机。同步发电机运行的频率与其工频电网的频率完全相同，同步发电机也被称为交流发电机。异步发电机运行时的频率比工频电网频率稍高，异步发电机常被称为感应发电机。

感应发电机与同步发电机都有一个不旋转的部件被称为定子，这两种发电机的定子相似，两种发电机的定子叠片铁心上都绕三相绕组，通电后产生一个以恒定转速旋转的磁场。尽管两种发电机有相似的定子，但它们的转子是完全不同的。同步电机中的转子有一个通直流电的绕组，称为励磁绕组，励磁绕组建立一个恒定的磁场锁定定子绕组建立的旋转磁场。因此，转子始终能以一个恒定的与定子磁场和工频电网频率同步的恒定转速旋转。在某些设计中，转子磁场是由永磁机产生的，但这对大型发电机来说不常用。

感应发电机的转子是由一个两端都短接的鼠笼形绕组构成，转子与外界没有电的连接，转子电流由转子切割定子旋转磁场的相对运动而产生。如果转子速度完全等于定子转速磁场的速度（与同步发电机一样），这样就没有相对运动，也就没有转子感应电流。因此，感应发电机总的转速总是比定子旋转磁场速度稍高，其速度差叫滑差，在正常运行期间大概是 1%。

1）同步发电机。同步发电机应用非常广泛，在核电、水电、火电等常规发电厂中所使用的几乎都是同步发电机，在风力发电中同步发电机既可以独立供电又可以并网发电。然而同步发电机在并网时必须要有同期检测装置来比较发电机侧和系统侧的频率、电压、相位，对风力发电机进行调整，使发电机发出电能的频率与系统一致；操作自动电压调压器将发电机电压调整到与系统电压相一致；同时，微调风力机的转速（从周期检测盘上监视），使发电机的电压与系统的电压相位相吻合，就在频率、电压、相位相同时的瞬间，合上断路器将风力发电机并入系统。同期装置可采用手动同期并网和自动同期并网。但总体来说，由于同步发电机造价比较高，同时并网麻烦，故在并网风力发电机中很少采用。同步发电机型按其产生旋转磁场的磁极的类型可分为：

a）电励磁同步发电机。转子为线绕凸极式磁极，由外接直流电流励磁来产生磁场。

b）永磁同步发电机。转子为铁氧体材料制造的永磁体磁极，通常为低速多极式，不用外界励磁，简化了发电机结构，因而具有多种优势。永磁同步发电机是一种将普通同步发电机的转子改变成永磁结构的发电机，常用的永磁材料有铁氧体（BaFeO）、钐钴 5（SmCo）等，永磁同步发电机一般用于小型风力发电机组中。

2）异步发电机。异步发电机按其转子结构不同可分为：

a）笼型异步发电机。转子为笼型，由于结构简单可靠、廉价、易于接入电网，而在小、中型机组中得到大量的使用。

b）绕线式双馈异步发电机。转子为线绕型，定子与电网直接连接输送电能，同时绕线式转子也经过变频控制向电网输送有功功率或无功功率。

异步发电机按激励方式可分为电网电源励磁发电（他励）和并联电容自励发电（自励）两种：

a）电网电源励磁发电是将异步发电机接到电网上，发电机内的定子绕组产生以同步转速转动的旋转磁场，再用原动机拖动，使转子转速大于同步转速，电网提供的磁力矩的方向必定与转速方向相反，而机械力矩的方向则与转速方向相同，这时就将原动机的机械能转化为电能。在这种情况下，异步发电机发出的有功功率向电网输送；同时又消耗电网的无功功率用于励磁，定子和转子漏磁也消耗电网的无功功率，因此异步发电机并网发电时，一般要求加无功补偿装置，通常用并列电容器补偿的方式。

b）并联电容器自励发电。并联电容器的连接方式分为星形和三角形两种，在发电机利用本身的剩磁发电的过程中，异步发电机周期性地向电容器充电；同时，电容器也周期性地通过异步发电机的定子绕组放电。电容器与异步发电机的定子绕组进行交替的充放电过程，不断地起到励磁的作用，从而使异步发电机正常发电。励磁电容分为主励磁电容和辅助励磁电容，主励磁电容是保证空载情况下建立电压所需要的电容，辅助电容则是为了保证接入负载后电压的恒定，防止电压崩溃而设置的。

（4）按发电机组的输出端电压高低分类。按发电机组的输出端电压高低一般可分为：

1）高压风力发电机。高压风力发电机输出端电压为 10～20kV，甚至 40kV，可省掉系统的升压变压器直接并网。它与直驱型、永磁体磁极结构一起组成的同步发电机总体方案，是目前风力发电机中一种很有发展前途的机型。

2）低压风力发电机。低压风力发电机的输出端电压为 1kV 以下，目前市面上大多为此机型。

（5）按发电机组的额定功率分类。按发电机组的额定功率一般可分为：

1）微型机。10kW 以下。

2）小型机。10～100kW。

3）中型机。100～1000kW。

4）大型机。1000kW 以上（兆瓦级风力机）。

2．风力发电机的额定输出功率

（1）风力发电机结构。风力发电机主要包含三部分：叶轮、机舱和塔架。风力发电机的最常见的结构是横轴式三叶片叶轮，并安装在直立管状塔杆上。叶轮叶片由复合材料制造。不像小型风力发电机，大型风电机的叶轮转动相当慢。简单的风力发电机采用固定速度，通常采用两个不同的速度，在弱风下用低速和在强风下用高速。定速感应式异步发电机能够直接发出与电网频率相同的交流电。比较新型的设计一般是可变速的，利用可变速操作，叶轮的空气动力效率可以得到改善，从而提取更多的能量，而且在弱风情况下噪声更低。因此，变速的风力发电机比定速的风力发电机，越来越受欢迎。

风力发电机的机舱上安装有检测风向的传感器，将检测到风向信号传输至控制系统，控制系统输出的调向指令通过转向机械装置令机舱和叶轮自动转向，面向来风。叶轮的旋转运动通过齿轮变速箱传送到机舱内的发电机（如果没有齿轮变速箱则直接传送到发电机）。目前，多极直接驱动式发电机也有显著的发展，设于塔底的变压器（或者有些设于机舱内）可提升发电机到配电网的电压。

现代风力发电机采用空气动力学原理，就像飞机的机翼一样。风并非推动叶轮叶片，而是吹过叶片形成叶片正反面的压差，这种压差会产生升力，令叶轮旋转并不断横切风流。风力发电机的叶轮并不能提取风的所有功率。根据 Betz 定律，理论上风力机能够提取的最大功率为风功率的 59.6%。大多数风力机只能提取风功率的 40% 或者更少。经对很多类型的风力发电机的研究表明，横轴迎风或向下风设计是最好的理念。最常见的设计形式包括：

1）卧式迎风。使发电机的轴水平放置，先让风打在叶片上，之后再打到塔上。

2）卧式顺风。使发电机的轴水平放置，先让风吹到塔上，之后再打到叶片上。

3）垂直轴。在地面上或者矮一些的塔上，风力机的轴与风力机的叶片垂直放置。

风力发电机有解除和拖动两种基本类型的翼型（叶片）：

1）拖动型的翼型通常为古老的荷兰风磨或美国抽水风磨型，这一类型的设计非常适合风力比较低的地区，然而，在中等至较高的风力地区，这一类型的设计所生产出的能源将会受到限制。

2）解除型的翼型为飞机机翼上的螺旋桨型，这种翼型能够利用更多的风能，把风能转化成其他形式的能量。事实上，这种设计的叶片越少其效率就越高。

所有风力发电机的功率输出是随着风力而变的，强风下最常见的两种限制功率输出的方法（从而限制叶轮所承受压力）是失速调节和斜角调节。使用失速调节的风力机，超过额定风速的强风会导致通过叶片的气流产生扰流，令叶轮失速。当风力过强时，叶片尾部制动装置会动作，令叶轮刹车。使用斜角调节的风力机，每片叶片能够以纵向为轴而旋转，叶片角度随着风速不同而转变，从而改变叶轮的空气动力性能。当风力过强时，叶片转动至迎气边缘面向来风，从而令叶轮刹车。

（2）风力发电机的输出功率。风力发电机的额定输出功率是配合特定的额定风速设计而定的，由于能量与风速的立方成正比，因此，风力发电机的功率随风速的变化会很大。同样构造和风轮直径的风力机可以配以不同大小的发电机。因此两座同样构造和风轮直径的风力机可能有相当不同的额定输出功率值，这取决于它的设计是配合强风地带（配较大型发电机）或弱风地带（配较小型发电机）。

发电机的额定功率是指发电机在额定转速下输出的功率，由于风速不是一个稳定值，因而发电机转速会随风速而变化，因此输出功率也会随风速变化。当风速低于设计风速时，发电机的实际输出功率将达不到额定值；当风速高于设计风速时，实际输出功率将高于额定值。当然，由于风力发电机的限速和调速装置及发电机本身设计参数的限制，发电机的输出功率不会无限增大，只能在某一范围内变动。

在风速很低的时候，风力发电机的风轮会保持不动。当达到切入风速时（通常 3～4m/s），风轮开始旋转并牵引发电机开始发电。随着风力越来越强，输出功率会增加。当风速达到额定风速时，风力发电机会输出其额定功率。之后输出功率会保留大致不变。当风速进一步增加，达到切出风速时，风力发电机会刹车，不再输出功率，以免损坏风力机。

风力发电机的性能可以用功率曲线来表达，如图 2-4 所示。功率曲线显示了风力发电机在不同风速下（切入风速到切出风速）风力发电机的输出功率。为特定地点选取合适的风力发电机，一般的方法是采用风力发电机的功率曲线和该地点的风力资料进行发电量估算。

3. 变速恒频风力发电系统

（1）双馈式风力发电系统。由于双馈式风力发电系统的变流器容量（滑差功率）只占系统额定功率的 30% 左右，能较多地降低系统成本，因此双馈式系统受到了广泛的关注。变速恒频风力发电机常采用交流励磁双馈型发电机，它的结构类似绕线型感应电机，只是在转子绕组上加有滑环和电刷，转子的转速与励磁的频率有关，从而使得双馈型发电机的内部电磁关系既

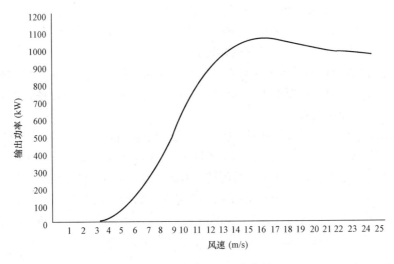

图 2-4　风力发电机功率曲线

不同于异步发电机又不同于同步发电机，但它却具有异步机和同步机的某些特性。

交流励磁双馈变速恒频风力发电系统不仅可以通过控制交流励磁的幅值、相位、频率来实现变速恒频，还可以实现有功功率、无功功率控制，对电网而言还能起无功补偿的作用。交流励磁变速恒频双馈发电系统有如下优点：

1）允许风力机在一定范围内变速运行，简化了调整装置，减少了调速时的机械应力。同时使机组控制更加灵活、方便，提高了机组运行效率。

2）需要变频控制的功率仅是发电机额定容量的一部分，使变频装置体积减小，成本降低，投资减少。

3）调节励磁电流幅值，可调节发出的无功功率；调节励磁电流相位，可调节发出的有功功率。应用矢量控制可实现有功功率、无功功率的独立调节。

（2）直驱式风力发电系统。直驱式风力发电系统采用低速永磁同步发电机，无需齿轮箱，机械损耗小，运行效率高，维护成本低，但是，由于系统功率是全功率传输，系统中变流器造价高，控制复杂。直驱风力发电系统首先将风能转化为频率和幅值变化的交流电，经过整流之后变为直流，然后经过三相逆变器变换为三相频率恒定的交流电连接到电网。通过中间电力电子变化环节，对系统有功功率和无功功率进行控制，实现最大功率跟踪，最大效率的利用风能。

直驱式风力发电机组在我国是一种新型的产品，但在国外已经发展了很长时间。目前我国对直驱式风力发电机的研究相对传统机型较少，但开发直驱式风力发电机组也是我国日后风力机制造的趋势之一。我国生产的直驱型风力发电机组采用水平轴、三叶片、上风向、变桨距调节，采用永磁同步发电机相对于传统的异步发电机的优点如下：

1）由于传动系统部件的减少，提高了风力发电机组的可靠性和可利用率。

2）永磁发电技术及变速恒频技术的采用，提高了风电机组的效率。

3）机械传动部件的减少，降低了风力发电机组的噪声。

4）可靠性的提高，降低了风力发电机组的运行维护成本。

5）机械传动部件的减少，降低了机械损失，提高了整机效率。

6）利用变速恒频技术，可以进行无功补偿。

7）由于减少了部件数量，使整机的生产周期大大缩短。

由于永磁同步发电机无须外加设备励磁，维护也比较方便，在独立运行的风力发电机组中大量使用的是永磁同步发电机，但是它也有其不足之处：

1）由于永磁式发电机的磁场无法调节，在发电机制造完成以后，输出电压随风速的变化而波动。而其自带的用电设备要求供电电压恒定不变。电压低时，用电设备无法正常工作，而电压高时，容易损坏用电设备。

2）永磁材料的技术性能与磁滞曲线的形状对发电机的性能、运行可靠性等有很大的影响。铁氧体永磁材料是制造永磁风力发电机的主要材料，它的缺点是磁感应强度偏低，发电机的磁负荷受限制，加重了电负荷，增加了金属用量。因而使得发电机的体积较大。

3）永磁体用磁钢充磁而成，但是由于磁场性能无法精确检测，所以同一批产品也无法保证性能相同。在风力发电机运行过程中，条件比较恶劣，难免有振动、过热或过冷的状况，容易造成磁钢的失磁，影响发电机的效率，严重时会导致发电机损坏。

2.1.3 小型风力发电机组

一般把发电功率在 10kW 及以下的风力发电机称作小型风力发电机，小型风力发电机一般应用在风力资源较丰富的地区，即年平均风速在 3m/s 以上，全年 3～20m/s 有效风速累计时数 3000h 以上，全年 3～20m/s 平均有效风能密度 100W/m² 以上。

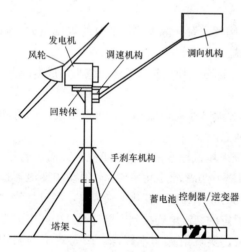

图 2-5 小型水平轴高速螺旋桨式风力发电机组成

小型水平轴高速螺旋桨式风力发电机一般由以下几个部分组成：风轮、发电机、回转体、调速机构、调向机构（尾翼）、手刹车机构、塔架，如图 2-5 所示。

（1）风轮。风轮一般由叶片、轮毂、盖板、连接螺栓组件和导流罩组成，风轮是风力机最关键的部件，是它把空气动力能转变成机械能。大多数小型风力机的风轮由三个叶片组成，风力机叶片叶尖速度可达 50～70m/s，具有这样的叶尖速度的 3 叶片叶轮通常能够提供最佳效率，然而 2 叶片叶轮仅降低 2%～3% 效率。甚至可以使用单叶片叶轮，它带有平衡的重锤，其效率又降低一些，通常比 2 叶片叶轮低 6%。尽管叶片少了，自然降低了叶片的费用，但这是有代价的。对于外形很均衡的叶片，叶片少的叶轮转速就要快些，这样就会导致叶尖噪声和腐蚀等问题。3 叶片从审美的角度更令人满意，3 叶片叶轮上的受力平衡，轮毂结构简单，而 2 叶片、1 叶片叶轮的轮毂通常结构比较复杂，因为叶片扫过风时，速度是变的，为了限制力的波动，轮毂具有翘翘板特性。翘翘板轮毂允许叶轮在旋转平面内向后或向前倾斜几度。叶片的摆动运动，在每周旋转中会明显的减少由于阵风和剪切在叶片上产生的载荷。

叶片材料有木质、铝合金、尼龙、玻璃钢、加强玻璃塑料（GRP）、碳纤维强化塑料（CFRP）等，目前应用最多的是玻璃钢叶片。对于小型的风力发电机，如叶轮直径小于 5m，选择材料通常关心的是效率而不是质量、硬度和叶片的其他特性。风力机叶片的结构一般有 6 种形式，如图 2-6 所示。

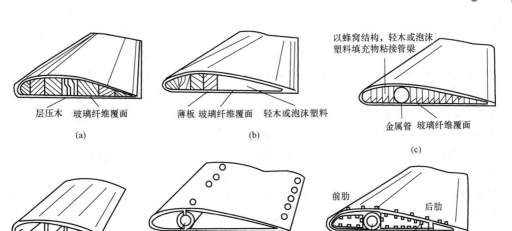

图 2-6　叶片结构

(a) 层压木制叶片；(b) 部分实心材料翼型；(c) 蜂窝芯叶片；
(d) 金属翼型挤压件；(e) 有玻璃纤维覆面的空心梁；(f) 有金属肋和覆面的空心梁

1) 实心木制叶片。这种叶片是用优质木材精心加工而成，其表面可以包上一层玻璃纤维或其他复合材料，以防雨水和尘土对木材的侵蚀，同时可以改善叶片的性能。中型风力机使用木制叶片时，不像小型风力机上用的叶片由整块木料制作，而是用很多纵向木条胶接在一起，如图 2-6 (a) 所示。

2) 有些木制叶片的翼型后缘部分填充质地很轻的泡沫塑料，表面再包以玻璃纤维形成整体，如图 2-6 (b) 所示。采用泡沫塑料的优点不仅可以减轻质量，而且能使翼型重心前移（重心前移至靠前缘 1/4 弦长处最佳），这样可以减少叶片转动时所产生的不良振动。对于大、中型风力机叶片尤为重要。

3) 为了减轻叶片质量，有的叶片用一根金属管作为受力梁构成蜂窝结构，采用泡沫塑料、轻木或其他材料作中间填充物，在其外面包上一层玻璃纤维，如图 2-6 (c) 所示。

4) 为了降低成本，有些中型风力机的叶片采用金属挤压件，或者利用玻璃纤维或环氧树脂抽压成型，如图 2-6 (d) 所示（但整个叶片无法挤压成渐缩形状，即宽度、厚度等不能变化，难以达到高效率）。

5) 有些小型风力机为了达到更经济的效果，叶片用管梁和具有气动外形的玻璃纤维蒙皮制作。玻璃纤维蒙皮较厚，具有一定强度，同时，在玻璃纤维蒙皮内可粘结一些泡沫材料的肋条，如图 2-6 (e) 所示。

6) 叶片用管梁、金属肋条和蒙皮做成。金属蒙皮做成气动外形，用铆钉和环氧树脂将蒙皮、肋条和管梁粘结在一起，如图 2-6 (f) 所示。

除部分小型风力机的叶片采用木质材料外，大部分风力机的叶片都采用玻璃纤维或高强度复合材料，而且叶片的材料也在不断改进。具有流线型断面的叶片，在一定条件下得到的升力比阻力大 20 多倍，是一种比较理想的叶型。

(2) 发电机。目前我国生产的小型风力发电机按额定功率分为 10 种，分别为 100、150、200、300、500W、1、2、3、5、10kW。小型风力发电机主要采用低速永磁发电机，这主要是因为小型风力发电机的风轮直接耦合在发电机轴上，省去了升速机构，这就要求发电机每分钟的转速为几百转，所以采用低速发电机。微型及容量在 10kW 以下的小型风力发电机组，一般采用永磁式或自励式交流发电机，经整流后向负载供电及向蓄电池充电。

小型风力发电机可以是直流发电机，也可以是交流发电机。目前，小型风力发电机用的发电机大部分是三相交流发电机。由于产生磁场的形式不同，三相交流发电机有永磁式和励磁式，它们所产生的三相交流电都经整流二极管整流后输出直流电。为便于安装和维修，现在很多小型风力发电机在采用交流发电机时，将整流器安装在控制器中。

交流发电机与直流发电机相比，具有体积小、质量轻、结构简单、低速发电性能好等优点。尤其是对周围无线电设备的干扰要比直流发电机小得多，因此适合小型风力发电机使用。交流发电机主要由转子、定子、机壳和硅整流器组成。

1) 转子。转子为犬齿交错形的磁极，永磁式发电机的转子磁极由永久磁铁制成。励磁式发电机的转子磁极由两块低碳钢制成，在磁极内侧空腔内装有励磁线圈绕组，当通入励磁电流时，便可产生磁场。

2) 定子。定子由铁心和定子线圈组成。铁心由硅钢片制成，在铁心槽内绕有三组线圈，按星形连接，发电机工作时线圈内便产生三相交流电。

3) 机壳。机壳是交流发电机的外壳，由金属制成，它包括壳体和前后端盖。如果将整流器装在发电机中，装有整流器的端盖也叫整流端盖。

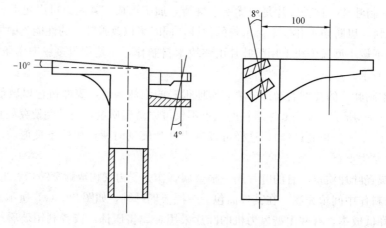

图 2-7　回转体结构示意图

4) 整流器。整流器由六个硅整流二极管组成桥式全波整流线路。它的作用是将三相交流转变为直流，可以很方便地将它储存在蓄电池中。现在，很多生产厂家采用整体封装的整流桥模块，简化了电路、提高了可靠性、降低了成本。

(3) 回转体。回转体是风轮、发电机和尾翼的载体，是一个安装在塔架顶部的轴承结构。一些风力机的回转体和发电机作成一体的。回转体是使风力机的主体可以绕塔架垂直轴在 360° 水平方向自由转动的机构。回转体和尾翼是实现风轮调向（对风）、调速的必要部件。

回转体的作用是支撑安装发电机、风轮、尾翼及调速机构，并保证上述工作部件按照各自的工作特点随着风速、风向的变化在机架上端自由回转，小型风力发电机回转体的结构和安装方式各异。其中，偏心并尾式回转体目前在我国应用比较广泛，其结构示意图如图 2-7 所示。

为了提高风轮的工作性能，在回转体上平面与水平面间设计有 5°～10° 的夹角。发电机安装在回转体上平面，这样发电机轴（也就是风轮轴）就有一个 5°～10° 的仰角，从而提高了风轮工作的稳定性和可靠性。风轮轴与回转中心偏心距是小型风力发电机调速机构准确调速的重要结构参数。当风速达到限速风速时，此偏心距能准确地产生一个迫使风轮扭转的力矩，使风轮立即开始侧偏调整。如果风速继续增大，风轮扭转力矩也增大，风轮继续侧偏，直至达到限速停车的极限位置。

（4）调速机构。由于自然界的风具有不稳定性、脉动性，风速时大时小，有时还会出现强风和暴风，而风力发电机叶轮的转速又是随着风速的变化而变化的，如果没有调速机构，风力发电机叶轮的转速将随着风速的增大而越来越高。这样，叶片上产生的离心力会迅速加大，以至损坏叶轮。另外，随着风速增大，在叶轮转速增高的同时，风力发电机的输出功率也必然增大，而风力发电机的转子线圈和其他电子元件的超载能力是有一定限度的，是不能随意增加的。因此风力发电机若要有一个稳定的功率输出，就必须设置调速机构。

为了从风中获取能量，风轮旋转面应垂直于风向，在小型风力机中，这一功能靠风力机的尾翼作为调向机构来实现。同时随着风速的增加，要对风轮的转速有所限制，这是因为一方面过快的转速会对风轮和风力机的其他部件造成损坏，另一方面也需要把发电机的功率输出限定在一定范围内。由于小型风力机的结构比较简单，目前一般采用叶轮侧偏式调速方式，这种调速机构在风速风向变化较大时容易造成风轮和尾翼的摆动，从而引起风力机振动。因此，在风速较大时，特别是蓄电池已经充满的情况，应人工控制风力机停机。有的小型风力机设计有手动刹车机构，另外也可采用侧偏停机方式，即在尾翼上固定一软绳，当需要停机时，拉动尾翼，使风轮侧向于风向，从而达到停车的目的。

风力机的尾翼由销轴、尾翼杆和尾翼板组成，尾翼对风轮起到调向和调速的作用。尾翼与回转体上的尾翼连接耳通过销轴联结，而此销轴在安装时即有一个设计好的空间后倾角和侧偏角，由于这一空间后倾角和侧偏角的存在，当风轮侧偏调速时，尾翼逐渐翘起，翘起的尾翼在其重力的作用下企图恢复到原来位置，一旦风速减小，在尾翼重力的作用下恢复力矩迫使尾翼回到原来位置，使风轮迎风。

在很多情况下，要求风力机不论风速如何变化其转速要保持恒定或不超过某一限定值，为此采用了调速或限速装置。当风速过高时，这些装置还用来限制功率输出，并减小作用在叶片上的力。调速或限速装置有各种各样的类型，但从原理上来分大致有三类：一类是使叶轮偏离主风向；另一类是利用气动阻力；第三类是改变叶片的桨距角。

1）风轮侧偏调速法。风轮偏侧调速的原理是当风速大于额定风速时，通过扭转风轮迫使其顺着风向侧偏，以使风轮偏离风向，减小风轮迎风面积，从而减小风能的吸收。当风速达到切出风速时，风轮旋转面与风向平行，风力机停止发电。风轮侧偏调速方法有两种，一种是借助侧翼来实现风轮侧偏调速；另一种是利用偏心的方法进行调速。

a）侧翼调速法。侧翼调速是在风轮后面与风轮回转面平行安装一个侧翼，其侧翼梁应平行于地面。侧翼板伸到风轮回转直径之外，并与回转面平行。侧翼的迎风面积以当风速达限速风速时，侧翼板上的风压足以使风轮扭转限速为标准，通过严格的设计和试验确定，不可随意变动。侧翼调速原理如图 2-8（a）所示，当风速还没有达到限速风速时，风轮将在尾翼的作用下处在正对风向的位置，也就是工作的位置。当风速达到或超过限速风速时，侧翼板上受到的风压足以克服弹簧或配重的拉力，驱使风轮顺着风向扭转一个角度，使之与尾翼（调向机构）靠近。此时由于风轮迎风角度的改变，迎风面积变小，转速也就随之降了下来，达到了调速的目的。当风速继续增大，以至达到刹车风速或超过刹车风速时，风轮将扭转到与尾翼完全靠拢的位置，也就是完全顺着风向的位置，停止转动，达到刹车的目的。风轮扭转后回位是靠侧翼一侧的弹簧或配重来实现的，也就是当风速减小到低于限速风速时，弹簧或配重将拉着机头回

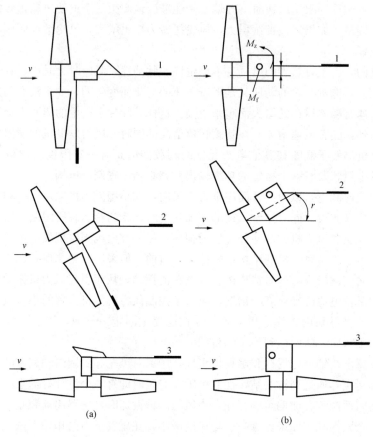

图 2-8　风轮侧偏、偏心调速示意图

（a）风轮侧偏调速法；（b）偏心调速法

1—工作位置；2—调速位置；3—刹车位置

到原来的位置。

b）偏心调速法。所谓偏心是指风力发电机风轮水平旋转轴与风力发电机机头的垂直旋转轴有一距离，此距离称为偏心距。当风大时，此偏心距可促使风轮产生一个顺着风向扭转的力矩。这种调速法的优点是结构简单。目前我国大多数小型风力发电机都采用了风轮偏心调速方法，其工作原理如图 2-8（b）所示。风轮轴与机头回转中心有一偏心距 r，所以当风作用于风轮上时即产生了一个迫使风轮扭转的力矩 M_z，当风速还没有达到限速时，M_z 小于机头支座中的摩擦力矩 M_f，此时风力发电机处于工作状态。当风速增大时，作用于风轮上的风压亦增大，偏心力矩 M_z 也就增大，若 M_z 大于摩擦力矩 M_f 时，风轮即开始侧偏。如果这时风速保持定值，由于风轮已经侧偏，风轮所受风压也就减小，风轮转速相应降低，从而达到调速的目的。这时偏心力矩 M_z 与摩擦力矩 M_f 平衡。如果风速继续增加，即偏心力矩 M_z 继续增大，风轮继续侧偏达到极限位置。

需要说明的是，因尾翼与机头是通过销轴联结，而此销轴在设计安装时就有一个空间后倾角和侧偏角，由于这一空间后倾角和侧偏角的存在，在风轮侧偏调速时，尾翼逐渐翘起，翘起的尾翼在其重力的作用下企图恢复到原来位置，一旦风速减小到某一值时，在尾翼重力产生的恢复力矩作用下即可迫使风轮迎风继续旋转。

2）桨叶变桨距调速法。采用桨叶变桨距调速的原理是当风速大于额定风速时，以某种机构利用风轮叶片的离心力改变桨距，降低风轮的风能利用率，从而达到减小风能吸收的效果。当风速大于切出风速时，桨叶与风向平行，风力发电机停止发电。变桨距调速法就是当风速达到限速风速时，迫使桨叶绕叶柄转过一个角度，以改变桨叶的冲角，从而改变桨叶的升力与阻力，达到调速的目的。

图 2-9 为 FD2-100 型风力发电机变桨距调速机构，弹簧套筒内装有启动弹簧和调速弹簧，桨叶在安装时有一较大的安装角，便于低风速时启动。风轮旋转起来后，在离心力的作用下，桨叶向外拉伸压缩启动弹簧，同时在螺旋副的作用下，桨叶扭转很快进入最佳冲角状态。如果风速继续增加，则桨叶的离心力亦增大，此时调速弹簧开始工作。同样道理，在离心力作用下，桨叶向外拉伸（带动桨叶轴亦向外拉伸），由于螺旋副的作用，使桨叶扭转以至达到负冲角，风轮转速显著降低，达到调速的目的。当风速降低

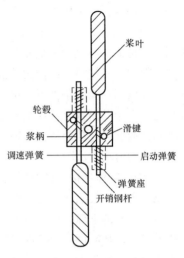

图 2-9　FD2-100 型风力发电机
变桨距调速机构示意图

时，在弹簧张力的作用下，桨叶恢复到调速状态前的工作位置。这样就使风轮转速保持在一定的范围内工作。

3）空气制动调速法。空气制动调速法是在桨叶上采用增大桨叶阻力的方法以达到调速的目的，增大阻力最简单的装置是空气制动器，如在桨叶上装上襟翼，如图 2-10 所示。襟翼固定装在轴上，并装在桨叶的两面，轴为与拉杆相连的杠杆所转动，拉杆的外端装有重块，在拉杆的另一端接上弹簧及环状杠杆，杠杆的环活动地装在风轮轴上。在正常转速时，襟翼与气流并行，所以不会产生多大的阻力。要是风轮的角速度大于正常速度时，在离心力作用下，重块开始沿径向向桨叶外端移动，通过拉杆的作用转动襟翼的轴使其平面与旋转方向相反。此时阻力增加而将风轮制动，当风速减小时，弹簧则将襟翼回转至原来的位置。

（5）限速保护。

1）机械限速保护。设置大风限速保护的目的是当风力机在某一风速下，风力机输入的能量大于系统当时所能消耗的能量以及系统所能储存的能量总和时，能有效地减小风力机吸收的风能，使风力机不致超速运行。目前，全球各型风力机的限速保护方案大致可以归为两类：

a）以某种机构使风轮偏离风向，减小风轮迎风面积，从而减小风能的吸收。

b）以某种机构利用风轮叶片的离心力改变桨距，降低风轮的风能利用率，从而达到减小风能吸收的效果。

机械限速保护装置的可靠性差，是因自然界的风况十分复杂，紊流是主状态，同时，风速风向的变化频繁而又迅捷，任何机械装置都不可能瞬时响应实际风况的变化，加上长期运行导致的机械磨损会使装置的配合间隙增大。所有这些均会导致保护滞后、失效以

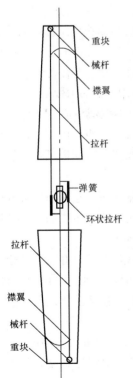

图 2-10　空气制动
调速机构示意图

及剧烈的振动，引发风力机飞车、过载和剧烈振动等破坏性结果。

长期以来，出于成本上的考虑，先进的液压控制技术没有在小型风力发电机的限速保护上采用，只是根据空气动力学原理，采用简单的机械控制方式对小型风力发电机在大风状态下进行限速保护。机械限速结构的特点是：小型风力机的机头或某个部件处于动态支撑的状态，这种结构在风洞试验的条件下，可以反映出良好的限速特性，但在自然条件下，由于风速和风向的变化太复杂，而且自然环境恶劣，小型风力发电机的动态支撑部件不可避免的会引进振动和活动部件的损坏，从而使机组损坏，要彻底解决小型风力发电机的可靠性问题必须在限速方式上有最好的解决方法。

2）磁电限速保护。磁电限速保护技术要点在于当风力机处于过功率状态时给发电机一个反向磁阻力矩，大幅增加发电机所消耗的功率，使之大于风轮输出的功率，从而使风轮转速下降。风轮转速的下降，使风轮的叶尖速比减小，从而降低定桨距风轮的风能利用率，减小风轮吸收的风能，从而进一步减低风轮转速。此连锁作用所产生的实际效果是减速而不是限速，磁电限速保护的动作十分安全可靠。这一全新限速保护理念的优点在于舍弃了机械限速结构，仅保留了风力机两个必需的运动部件，排除了限速机构的机械故障隐患，从根本上解决了小型风力机长期安全可靠运行问题。这种全新的限速方式具有以下优点：

a）由于放弃了机械限速结构，使小型风力发电机仅保留了两个必需的运行部件，风力发电机的结构稳定性和可靠性大大提高。

b）由于不受机械限速结构的限制，风力发电机的造型可以做得更美观，更多样化。

c）磁电限速可采用的手段多，可靠性高，而且可以实现多级控制，也可根据不同的风资源情况设定不同的有效工作风速范围，提高了供电系统的可靠性。

（6）调向机构。风力发电机的风轮捕获风能的大小与风轮的垂直迎风面积成正比，也就是说，对于某一个风轮，当它垂直风向时（正面迎风）捕获的风能就多。而当它不是正面迎风时，所捕获的风能相对就少。当风轮与风向平行时，就捕获不到风能。为了更有效的利用风能，所有水平轴风力机都必须能够根据风向进行调整，使风轮最大程度地保持迎风状态，以获取尽可能多的风能，从而输出较大的电能。小型风力发电机一般采用"尾翼调向"，调向的原理是在额定风速以内，尾翼板与风轮旋转面保持垂直，尾翼板与风向保持平行，因而保证了风轮的正向迎风。当风向变化时，尾翼板也随之转动，但始终与风向保持平行，所以风轮旋转面也总是对着风向。

风向和主轴之间的夹角越大，损失的风能就越大。在风速较大的情况下，这种损失可以被用来调解风力机的功率，但这种办法一般只应用在小型风力机上。小型风力发电机的迎风机构主要靠尾翼，只要尾翼设计得合理，其对风性能完全可以满足技术要求。

小型风力发电机的尾翼由尾翼梁、尾翼板等组成，一般安装在主风轮后面，并与主风轮回转面垂直。其调向原理是：在风力发电机工作时，尾翼板始终顺着风向，也就是与风向平行。这是由尾翼梁的长度和尾翼板的顺风面积决定的，当风向偏转时，尾翼板受风压作用而产生的力矩足以使机头转动，从而使风轮处在迎风位置。

尾翼板的形状如图 2-11 所示，图 2-11（a）所示的尾翼板为旧式风力发电机使用的形式，图 2-11（b）所示的尾翼板是图 2-11（a）的改进型，图 2-11（c）所示的尾翼板对风向的变化最敏感，灵敏性好，是最好的形状。图 2-11（c）所示的尾翼有最大的翼展弦长比，这种尾翼的设计和滑翔机翼一样，能充分地利用上升的气流。尾翼的翼展和弦长比应在 2～5 之间，典型尾翼的高应是宽的 5 倍左右。

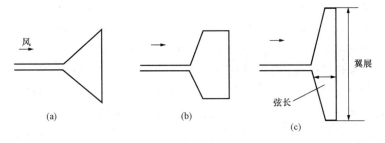

图 2-11 尾翼板的形状图

（a）旧式；（b）改进型；（c）最优型

尾翼一般都装在风力发电机风轮的尾流区里，但为了避开风轮的尾流区，也有把尾翼安装在很高位置上，如图 2-12 所示。而尾翼支撑臂的长度与风轮直径大体相同，尾翼面积为风力发电机回转面积的 1/8。

（7）传动系统。叶轮叶片产生的机械能由机舱里的传动系统传递给发电机，它包括一个齿轮箱、离合器和一个能使风力机在停止运行时的紧急情况下复位的刹车系统。齿轮箱用于增加叶轮转速，从 20～50r/min 到 1000～1500r/min，后者是驱动大多数发电机所需的转速。

风力机的传动系统一般包括低速轴、高速轴、齿轮箱、联轴节和制动器等，如图 2-13 所示。但不

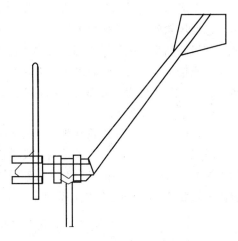

图 2-12 尾翼上翘示意图

是每一种风力机都必须具备所有这些环节。有些风力机的轮毂直接连接到齿轮箱上，不需要低速传动轴。也有一些风力机设计成无齿轮箱的，叶轮直接连接到发电机。

齿轮箱可以是一个简单的平行轴齿轮箱，其中输出轴是不同轴的，但允许输入、输出轴共线，使结构更紧凑。传动系统要按输出功率和最大动态扭矩载荷来设计。由于叶轮功率输出有波动，一些设计中试图通过增加机械适应性和缓冲驱动来控制动态载荷，这对大型的风力发电机来说是非常重要的，因其动态载荷很大，而且感应发电机的缓冲余地比小型风力机的小。升速齿轮箱的作用是将风力机轴上的低速旋转输入转变为高速旋转输出，以便与发电机运转所需要的转速相匹配。

风力发电机包含了由风能到机械能和由机械能到电能两个能量转换过程，发电机及其控制系统承担了后一种能量转换任务。恒速恒频风力发电机组一般来说比较简单，所采用的发电机主要有两种，即同步发电机和鼠笼型感应发电机。变速恒频风力发电机组是 20 世纪 70 年代中

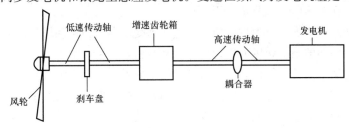

图 2-13 风力发电机的传动系统示意图

期以后逐渐发展起来的一种新型风力发电系统，其主要优点在于叶轮以变速运行，可以在很宽的风速范围内保持近乎恒定的最佳叶尖速比，从而提高了风力机的运行效率，从风中获取的能量可以比恒速风力机高得多。此外，这种风力发电机组在结构上和实用中还有很多优越性。利用电力电子学是实现变速运行最佳化的最好方法之一，虽然与恒速恒频发电机组相比可能使风电转换装置的电气部分变得较为复杂和昂贵，但电气部分的成本在中、大型风力发电机组中所占比例不大，因而发展中、大型变速恒频风电机组受到很多国家的重视。

（8）手刹车机构。如果风力发电机的机舱不被固定住，在风向或风速不稳定时，它可能会因为作用在偏航齿轮上的力而前后晃动，从而大大降低使用寿命，所以要在塔筒上安装制动装置，只有在进行偏航时才解开刹车。

小型风力发电机的手刹车机构的用途是使风轮临时性停车（停止旋转），如遇到特大风时可紧急使风轮停转，检修风力发电机和为了使风力发电机有计划地停止转动等，可通过手刹车机构使风轮刹车，或使风轮偏转与尾翼板平行。为了简化结构，有些小型风力发电机没有设置手刹车机构，但为实现临时停车，大多在尾翼端部系一根尼龙绳摆动尾翼，使风轮偏转离开迎风位置。手刹车机构一般都是钢丝绳牵拉式。小型风力发电机手刹车钢丝绳的牵拉方式有杠杆原理牵拉、绞轮原理牵拉。

（9）塔架。为了让风轮在地面上较高的风速带中运行，需要用塔架把风轮支撑起来。这时，塔架承受两个载荷：一个是风力发电机重力，向下压在塔架上；一个是阻力，使塔架向风的下游方向弯曲。塔架把风力发电机架设在不受周围障碍物影响的空中，小型风力机的塔架一般由塔管和 3～4 根拉索组成，高度 6～9m，也可根据当地实际情况灵活选取。

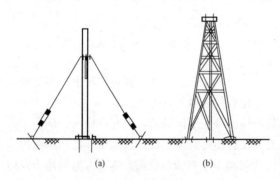

图 2-14 塔架示意图

（a）立柱拉索式；（b）桁架式

塔架所用材料是铁管，也可以采用钢材作成的桁架结构。百瓦级小型风力发电机大多采用空心、立柱拉索式塔架，如图 2-14（a）所示，千瓦级的采用空心立柱式塔架，也有采用桁架式塔架，如图 2-14（b）所示。

塔架将风力发动机主体支撑在一定高度的空中，以使风轮捕捉足够的风能。风速随高度的增加而增加；为减少障碍物的影响，需要高的塔架，塔架可根据实际情况变动其高度。不论选择什么样的塔架，目的是使风轮获得较大风速，同时还必须考虑成本。引起塔架破坏的载荷主要是风力发电机的质量和塔架所受到的阻力，因此，要根据实际情况来确定。小型风力发电机采用几节相同的圆钢管以法兰盘连接起来，它可根据地形及风况决定使用几节，然后用四根钢索固定在地面上，这样运输时上节放在下节里，非常方便。钢管成架后，电缆、设备全部放在钢管内，又非常实用。

风力机的塔架除了要支撑风力机的质量，还要承受吹向风力机和塔架的风压，以及风力机运行中的动载荷，塔架的刚度和风力发动机的振动有密切关系。水平轴风力发电机的塔架主要可分为管柱型和桁架型两类，管柱型塔架可是最简单的木杆、大型钢管和混凝土管柱。小型风力机塔架为了增加抗弯矩的能力，可以用拉线来加强。中、大型塔架为了运输方便，可以将钢管分成几段。一般圆柱形塔架对风的阻力较小，特别是对于下风向风力机，产生紊流的影响要比桁架式塔架小。桁架式塔架常用于中小型风力机，其优点是造价不高，运输也方便。但这种塔架会使下风向风力机的叶片产生很大的紊流。

2.1.4　小型风力发电机组的技术参数

1. 风力发电机技术参数

150W～5kW 风力发电机技术参数见表 2-1。

表 2-1　　　　　　　　　　　150W～5kW 风力发电机技术参数

功率	150W	200W	300W	600W	1kW	2kW	3kW	5kW
风轮直径(m)	2.0	2.2	2.6	2.8	3.2	4.0	5.0	6.0
额定转速(r/min)	400	400	400	400	400	400	240	220
额定风速(m/s)	8	8	8	8	8	9	10	10
额定功率	150W	200W	300W	600W	1kW	2kW	3kW	5kW
最大功率	250W	350W	450W	750W	1.5kW	3kW	4.5kW	7kW
电机输出电压(V)	12	24	24	24	48	96	220	220
启动风速(m/s)	3	3	3	3	3	3	3	3
工作风速(m/s)	3～25	3～25	3～25	3～25	3～25	3～25	3～25	3～25
塔架高(m)	6	6	6	6	6	6	8	9
拉索钢管塔架型号(直径×厚度)(mm)	φ60×3	φ60×3	φ60×3	φ75×4	φ75×4	φ89×4	φ133×5	φ159×5
控制器型号	12V40A	24V40A	24V40A	24V40A	48V60A	96V60A	220V60A	220V60A
逆变器型号	DC12V/AC220VC 符合市电电压频率	DC24V/AC220VC 符合市电电压频率	DC24V/AC220VC 符合市电电压频率	DC24V/AC220VC 符合市电电压频率	DC48V/AC220VC 符合市电电压频率	DC96V/AC220VC 符合市电电压频率	DC220V/AC220VC 符户市电电压频率	DC220V/AC220VC 符户市电电压频率
配套蓄电池容量	12V100Ah 1块	12V100Ah 2块	12V100Ah 2块	12V150Ah 2块	12V150Ah 4块	12V100Ah 8块	12V100Ah 18块	12V100Ah 18块

AH 系列 500W～10kW 风力发电机技术参数见表 2-2。

表 2-2　　　　　　　　AH 系列 500W～10kW 风力发电机技术参数

型号	AH-500W	AH-1kW	AH-1.5kW	AH-3kW	AH-5kW	AH-10kW	AH-5kW 变桨距
风轮直径(m)	2.5	2.8	3.2	4	5	8	5.2
叶片材料	增强玻璃钢×3						
额定功率/最大功率(W)	500/750	1000/1400	1500/2000	3000/4500	5000/6500	10000/15000	5000/6000
额定风速(m/s)	9	10	10	11	11	11	11
启动风速(m/s)	3	3	3	3	3	3	2

续表

型号	AH-500W	AH-1kW	AH-1.5kW	AH-3kW	AH-5kW	AH-10kW	AH-5kW 变桨距
工作风速（m/s）	3～25	3～25	3～25	4～30	4～30	4～30	4～30
安全风速（m/s）	40	40	50	50	50	50	60
工作电压（V）	DC24V/AC220V	DC48V/DC120V/AC220V	DC48V/DC120V/AC220V	DC120V/DC240V/AC220V	DC120V/DC240V/AC220V	DC500V/AC400V	DC120V/DC240VAC220V
调速方式	偏航＋电磁						变桨距
停机方式	手动刹车					手动刹车＋液压制动	手动刹车
风力机主体质量（kg）	80	85	120	220	350	900	400
AA塔杆高度（m）/质量（kg）	6/65	6/85	7/100	8/150	8/150	10/800	8/150
AAA塔杆高度（m）/质量（kg）		6/280	7/350	7/380	8/450	10/3000	8/450

2. FD8-10kW 风力发电机技术参数及结构特点

（1）FD8-10kW 风力发电机技术参数。FD8-10kW 风力发电机技术参数见表 2-3。

表 2-3 　　　　　　　　　　**FD8-10kW 风力发电机技术参数**

风轮直径	8m	发电机	三相永磁发电机
调速方式	自动调整迎风角度	额定转速	160r/min
额定风速	12m/s	停机风速	25m/s
额定电压	DC360V	开机风速	3m/s
额定功率	10kW	塔架高度	12m
超速保护	自动调整迎风角度，不会超过额定转速		
调向方式	风速、风向传感器检测，转速检测控制器输出偏转信号		
停机	电压 450V，温度 100℃，风速超过 25m/s 自动停机		
显示项目	控制柜显示风速、电压、电流及报警状态、电池过压、电池欠压、过风速		
自动解缆	当风力机连续旋转 3 圈以上，在停机状态下自动解缆，保持电缆完好		

（2）FD8-10kW 风力发电机结构特点。FD8-10kW 风力发电机由风轮、发电机组合体（包括发电机和回转体）、立杆、拉索式塔架、风速仪及风速传感器、风向仪及风向传感器，智能控制器等部件组成。

1）风轮。风轮采用 3 叶片，层流翼型，升阻比高，性能优良。

2）风叶、连接片、风叶法兰及导流罩。风叶、连接片安装在风叶法兰上，是将风能转为动能的部件，是整个系统的动力装置。导流罩安装在风叶法兰上，将发电机中心的风力导向风叶部分，以充分利用风能。

3）发电机和回转体。发电机和回转体采用机电一体化设计，也就是将发电机壳体和回转体组合成一个整体，结构上互相依托连接，增加了强度，并大大的减少了材料及机头质量。

4）风速仪及风速传感器。风速仪用于检测实时风速，风速传感器将数字信号输送给控制器实现智能控制，以实现超风速自动停机。

5）风向仪及风向传感器。风向仪用于检测风力发电机的迎风角度，此部件有方向性，安装时支架向后倾斜。风向传感器将数字信号输送给控制器实现智能控制，以实现风向自动跟踪。

6）塔架。FD8-10kW 风力发电机采用 219 无缝钢管塔架，高度 12m，用 4 根拉锁固定。

7）智能控制器。智能控制器是风力发电机的控制中心，对发电机产生的三相交流电进行整流、调制后输出直流对蓄电池充电，同时检测蓄电池的工作状态，做出相应的控制；同时还接收风速传感器、风向传感器的信号，做出相应的控制；并且将所有的风力发电机的工作状态显示出来。智能控制器面板如图 2-15 所示。

8）刹车保护系统。FD8-10kW 风力发电机的刹车保护系统框图如图 2-16 所示。

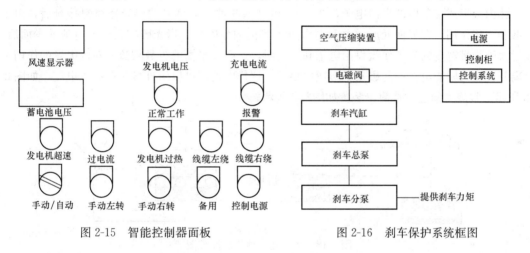

图 2-15　智能控制器面板　　　　　　　图 2-16　刹车保护系统框图

2.2　太阳能电池原理及发展

2.2.1　太阳能电池原理

1. 太阳能电池光伏效应

太阳能电池是利用光电转换原理使太阳辐射的光通过半导体物质转变为电能的器件，这种光电转换过程通常称为"光生伏特效应"。光生伏特效应简称为光伏效应，是指光照使不均匀半导体或半导体与金属组合的不同部位之间产生电位差的现象。目前，太阳能电池的生产成本高、效率低成为制约其推广应用的瓶颈，因此如何在单位面积内使太阳能电池发出最大的发电量，就成为发展太阳能工业的一大研究课题。

所有的物质均有原子组成，原子由原子核和围绕原子核旋转的电子组成，半导体材料在正常状态下，原子核和电子紧密结合（处于非导体状态），但在某种外界因素的刺激下，原子核和电子的结合力降低，电子摆脱原子核的束缚成为自由电子，如图 2-17 所示。当太阳光照射到半导体上时，光子将能量提供给电子，电子将跃迁到更高的能态，在这些电子中，作为实际使用的光

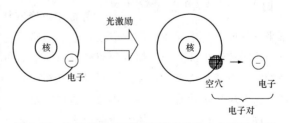

图 2-17　电子摆脱原子核束缚成为自由电子示意图

电器件里可利用的电子有：

    1）价带电子。

    2）自由电子或空穴。

    3）存在于杂质能级上的电子。

    太阳能电池可利用的电子主要是价带电子，由于价带电子得到光的能量跃迁到导带的过程决定了光的吸收（称为本征或固有吸收）。

    太阳能电池是由 P 型半导体和 N 型半导体结合而成，P 型半导体（P 指 positive，带正电的）由单晶硅通过特殊工艺掺入少量的三价元素组成，会在半导体内部形成带正电的空穴；N 型半导体（N 指 negtive，带负电的）由单晶硅通过特殊工艺掺入少量的五价元素组成，会在半导体内部形成带负电的自由电子，当 N 型和 P 型两种不同型号的半导体材料接触后，由于扩散和漂移作用，在界面处形成由 P 型指向 N 型的内建电场。当光照在太阳能电池的表面后，能量大于禁带宽度的光子便激发出电子和空穴对，这些非平衡的少数载流子在内电场的作用下分离开，在太阳能电池的两极累积形成电势差，这样电池便可以给外接负载提供电流，如图 2-18 所示。常规太阳能电池简单装置如图2-19所示。

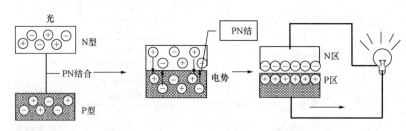

图 2-18　太阳能电池构成原理图

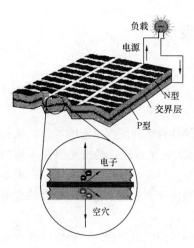

图 2-19　常规太阳电池简单装置

    （1）PN 结的形成。在一块单晶半导体中，一部分掺有受主杂质是 P 型半导体；另一部分掺有施主杂质是 N 型半导体时，P 型半导体和 N 型半导体的交界面附近的过渡区称为 PN 结。PN 结有同质结和异质结两种，用同一种半导体材料制成的 PN 结叫同质结，由禁带宽度不同的两种半导体材料制成的 PN 结叫异质结。制造 PN 结的方法有合金法、扩散法、离子注入法和外延生长法等，制造异质结通常采用外延生长法。

    在 P 型半导体中有许多带正电荷的空穴和带负电荷的电离杂质，在电场的作用下，空穴是可以移动的，而电离杂质（离子）是固定不动的，N 型半导体中有许多可动的负电子和固定的正离子。当 P 型和 N 型半导体接触时，在界面附近空穴从 P 型半导体向 N 型半导体扩散，电子从 N 型半导体向 P 型半导体扩散。空穴和电子相遇而复合，载流子消失。因此在界面附近的结区中有一段距离缺少载流子，却有分布在空间的带电的固定离子，称为空间电荷区。P 型半导体一边的空间电荷是负离子，N 型半导体一边的空间电荷是正离子。正负离子在界面附近产生电场，这电场阻止载流子进一步扩散，达到平衡。

    同质结可用一块半导体经掺杂形成 P 区和 N 区，由于杂质的激活能量 ΔE 很小，在室温下杂质差不多都电离成受主离子 N_A^- 和施主离子 N_D^+。在 PN 区交界面处因存在载流子的浓度差，故彼此要向对方扩散。设想在结形成的一瞬间，在 N 区的电子为多子，在 P 区的电子为少子，使电子由 N 区流入 P 区，电子与空穴相遇又要发生复合，这样在原来是 N 区结附近电子变得很少，剩下未经中和的施主离子 N_D^+ 形成正的空间电荷。同样，空穴由 P 区扩散到 N 区后，由不能运动的受主离子 N_A^- 形成负的空间电荷。在 P 区与 N 区界面两侧产生不能移动的离子区（也称耗尽区、空间电荷区、阻挡层），于是出现空间电偶层，形成内电场（称内建电场），此电场对两区多子的扩散有抵制作用，而对少子的漂移有帮助作用，直到扩散流等于漂移流时达到平衡，在界面两侧建立起稳定的内建电场。

（2）PN 结能带与接触电势差。在热平衡条件下，结区有统一的 E_F；在远离结区的部位，E_C、E_F、E_V 之间的关系与结形成前状态相同。从热平衡下 PN 结的能带图 2-20 可知，N 型、P 型半导体单独存在时，E_{FN} 与 E_{FP} 有一定差值。当 N 型与 P 型两者紧密接触时，电子要从费米能级高的一方向费米能级低的一方流动，空穴流动的方向相反。

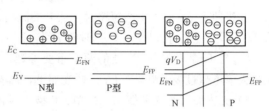

图 2-20　热平衡下 P-N 结模型及能带图

同时产生内建电场，内建电场方向为从 N 区指向 P 区。在内建电场作用下，E_{FN} 将连同整个 N 区能带一起下移，E_{FP} 将连同整个 P 区能带一起上移，直至将费米能级拉平为 $E_{FN}=E_{FP}$，载流子停止流动为止。此时在结区的导带与价带则发生相应的弯曲，形成势垒。势垒高度等于 N 型、P 型半导体单独存在时费米能级之差

$$qU_D = E_{FN} - E_{FP} \tag{2-1}$$

得

$$U_D = (E_{FN} - E_{FP})/q \tag{2-2}$$

式中：q 为电子电量；U_D 为接触电动势差或内建电动势。

对于在耗尽区以外的状态

$$U_D = (K_T/q)\ln(N_A N_D / n_i^2) \tag{2-3}$$

式中：N_A、N_D、n_i 为受主、施主、本征载流子浓度。

可见 U_D 与掺杂浓度有关，在一定温度下，PN 结两边掺杂浓度越高，U_D 越大。禁带宽的材料的 n_i 越小，U_D 越大。

（3）PN 结光电效应。当 PN 结受光照时，对光子的本征吸收和非本征吸收都将产生光生载流子。但能引起光伏效应的只能是本征吸收所激发的少数载流子。因 P 区产生的光生空穴、N 区产生的光生电子属多子，都被势垒阻挡而不能过结。只有 P 区的光生电子和 N 区的光生空穴和结区的电子空穴对（少子）扩散到结电场附近时能在内建电场作用下漂移过结。光生电子被拉向 N 区，光生空穴被拉向 P 区，即电子空穴对被内建电场分离。这导致在 N 区边界附近有光生电子积累，在 P 区边界附近有光生空穴积累。它们产生一个与热平衡 PN 结的内建电场方向相反的光生电场，其方向由 P 区指向 N 区。此电场使势垒降低，光生电势差减小，P 端正，N 端负。于是有结电流由 P 区流向 N 区，其方向与光电流相反。

实际上，并非所产生的全部光生载流子都能产生光生电流。设 N 区中空穴在寿命 τ_p 的时间内扩散距离为 L_p，P 区中电子在寿命 τ_n 的时间内扩散距离为 L_n。$L_n+L_p=L$ 远大于 PN 结本身的宽度。故可以认为在结附近平均扩散距离 L 内，所产生的光生载流子都能产生光电流。而超过结附近平均扩散距离 L 的电子空穴对，在扩散过程中将全部复合掉，对 PN 结光电效应无作用。

在光照下 PN 内将产生一个附加电流（光电流）I_p，其方向与 PN 结反向饱和电流 I_0 相

同，一般 $I_p \geqslant I_0$。此时

$$I = I_0 e^{qU/K_T} - (I_0 + I_p) \tag{2-4}$$

令 $I_p = SE$，则

$$I = I_0 e^{qU/K_T} - (I_0 + SE) \tag{2-5}$$

在光照下 PN 结外电路开路时，P 端对 N 端的电压，即上述电流方程中 $I = 0$ 时的 U 值

$$0 = I_0 e^{qU/K_T} - (I_0 + SE) \tag{2-6}$$

开路电压 U_{oc}

$$U_{oc} = (K_T/q)\ln(SE + I_0)/I_0 \approx (K_T/q)\ln(SE/I_0) \tag{2-7}$$

在光照下 PN 结外电路短路时，从 P 端流出，经过外电路，从 N 端流入的电流称为短路电流 I_{sc}。即上述电流方程中 $U = 0$ 时的 I 值，得 $I_{sc} = SE$。

U_{oc} 与 I_{sc} 是光照下 PN 结的两个重要参数，在一定温度下，U_{oc} 与光照度 E 成对数关系，但最大值不超过接触电势差 U_D。弱光照下，I_{sc} 与 E 有线性关系。PN 结的四种状态如下：

1）无光照时的热平衡态。N 型、P 型半导体有统一的费米能级，势垒高度为 $qU_D = E_{FN} - E_{FP}$。

2）稳定光照下 PN 结外电路开路。由于光生载流子积累而出现光生电压 U_{oc}，N 型、P 型半导体不再有统一费米能级，势垒高度为 $q(U_D - U_{oc})$。

3）稳定光照下 PN 结外电路短路。PN 结两端无光生电压，势垒高度为 qU_D，光生电子空穴对被内建电场分离后流入外电路形成短路电流。

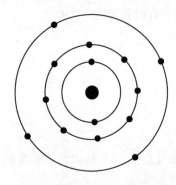

4）有光照有负载。一部分光电流在负载上建立起电压 U_f，另一部分光电流被 PN 结因正向偏压引起的正向电流抵消，势垒高度为 $q(U_D - U_f)$。

2. 硅太阳能电池工作原理

硅原子有 14 个电子，分布在三个电子层上，里面的两个电子层均已填满，只有最外层缺少四个电子为半满，如图 2-21 所示。为了达到满电子层稳定结构，每个硅原子只能和它相邻的四个原子结合形成共用电子对，从平面看起来就像所有的原子都是手挽手，交错勾结形成特有的晶体结构，把每个电子都固定在特定的位置上，不能像铜等良导体中的自由电子那样自

图 2-21　硅原子电子分布图

由移动，因此，也就决定硅不是电的良导体。实际用于太阳能电池的硅是经过特殊处理的，也就是采取了掺杂工艺。

硅半导体主要结构如图 2-22 所示。在图 2-22 中，正电荷表示硅原子，负电荷表示围绕在硅原子旁边的四个电子。当硅晶体中掺入其他的杂质，如硼、磷等，当掺入硼时，硅晶体中就会存在着一个空穴，此时的半导体称为 P 型半导体，如图 2-23 所示。

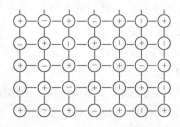

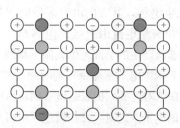

图 2-22　硅半导体主要结构图　　　　图 2-23　硅晶体中掺入硼的结构图

在图 2-23 中，正电荷表示硅原子，负电荷表示围绕在硅原子旁边的四个电子。而灰色（圆圈）表示掺入的硼原子，因为硼原子周围只有 3 个电子，在和硅原子形成共价键的同时便会形成一个空穴状态，只要很小的一个能量便会从附近原子接受一个电子，把空状态转移到附近的共价键里，这就是空穴，带有一个正电荷，空穴和自由电子做同样的无规运动，所以就会产生如图 2-23 所示的黑色（圆圈）的空穴，这个空穴因为没有电子而变得很不稳定，容易吸收电子而中和，形成 P 型半导体。

当在硅中掺入比其多一个价电子的元素（例如磷），最外层中的 5 个电子只能有 4 个和相邻的硅原子形成共用电子对，剩下一个电子不能形成共价键，但仍受杂质中心的约束，只是比共价键的约束弱得多，只要很小的能量便会摆脱束缚，所以就会有一个电子变得非常活跃，此时的半导体称为 N 型半导体，如图 2-24 所示。灰色（圆圈）为磷原子核，黑色（圆圈）为多余的电子。

当将硅掺杂形成的 P 型和 N 型半导体结合在一起时，在两种半导体的交界面区域里会形成一个特殊的薄层，界面的 P 型一侧带负电，N 型一侧带正电。这是由于 P 型半导体多空穴，N 型半导体多自由电子，出现了浓度差。N 区的电子会扩散到 P 区，P 区的空穴会扩散到 N 区，一旦扩散就形成了一个由 N 指向 P 的"内电场"，从而阻止扩散进行。达到平衡后，就形成了这样一个特殊的薄层，这就是 PN 结。PN 结结构示意图如图 2-25 所示。

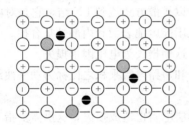

图 2-24　硅晶体中掺入磷的结构图

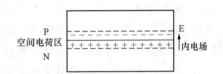

图 2-25　PN 结结构示意图

当掺杂的硅晶片受光后，在 PN 结中，N 型半导体的空穴往 P 型区移动，而 P 型区中的电子往 N 型区移动，从而形成从 N 型区到 P 型区的电流。然后在 PN 结中形成电势差，这就形成了电源。PN 结形成电源示意图如图 2-26 所示。

一个太阳能电池所能提供的电流和电压毕竟有限，于是将很多太阳能电池（通常是 36 个）并联或串联起来使用，形成太阳能电池组件，就能产生一定的电压和电流，输出一定的功率。制造太阳能电池的半导体材料目

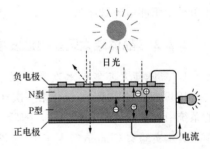

图 2-26　PN 结形成电源示意图

前有十几种，因此太阳能电池的种类也很多。目前，技术最成熟，并具有商业价值的太阳能电池是硅太阳能电池。

3. 太阳能电池的光电转换效率

投射到太阳能电池整个光照面上的光能只能有一少部分能变成电能，这是因为它受很多因素的影响。太阳光在外层空间的辐射基本是恒定的，但经过成分不同、厚度不同的大气层的吸收（其包括含量大而且多变的水蒸气的选择性吸收），到达地面的太阳能光谱（辐照度在不同的波长范围内的分布），随时随地都在发生变化。一般情况下，到达地面的太阳光光谱在 0.3～

$4\mu m$ 波长范围内，其总能量约为 $100mW/cm^2$，由于吸收，小于太阳常数。

太阳辐射通过星际空间到达地球，但由于地球以椭圆形轨道绕太阳运行，因此太阳与地球之间的距离不是一个常数，而且一年里每天的日地距离也不一样。在某一点的辐射强度与距辐射源的距离的平方成反比，这意味着地球大气上方的太阳辐射强度会随日地间距离不同而异。然而，由于日地间距离太大（平均距离为 1.5×10^8 km），所以地球大气层外的太阳辐射强度几乎是一个常数，因此人们就采用"太阳常数"来描述地球大气层上方的太阳辐射强度。

虽然地面光谱辐照度是变化的，但其变化是有一定的规律。实际上，太阳能电池的效率要比理论计算值低得多。因为太阳能电池在转换过程中有很多损失，其损失概括有以下几点：

（1）投射到太阳能电池表面的光，一部分被反射掉而没有进入太阳能电池。这种反射损失是一种相当大的损失。纯净硅表面的反射率在 $0.4\sim1\mu m$ 波长范围内约为 30%，而其他材料的反射率也相当高。为减少反射损失，在制造太阳能电池时会在纯净的硅表面镀一薄层氧化硅，或氧化钛、二氧化铈等以减少反射，这些膜在光谱范围内是透明的。

（2）光线进入太阳能电池后，能量大于"禁带"宽度的光子（即波长小于截止波长者）被太阳能电池吸收，产生电子—空穴对，不产生电子—空穴对的能量在太阳能电池中损失掉，而产生电子—空穴对以后仍有一部分剩余的能量在短时间内以热的形式传给了半导体晶格，也造成了损失，对于硅太阳电池来讲，它占入射光线的总能量的 53%。

（3）在光激发产生的少数载流子中，有一部分以扩散方式流到 PN 结，它是对电流输出有贡献的一部分。而另外一部分则远离结位置，在太阳能电池表面和内部被复合掉。

（4）太阳能电池的开路电压小于其禁带宽度，这项损失为电压因素损失。

（5）太阳能电池的最大功率输出与其开路电压和短路电流乘积之比称为功率曲线，太阳能电池在开路和短路时的损失称为功率损耗。

（6）太阳能电池的串联电阻及接触电阻和薄膜层电阻也造成损失，这里需要指出的是太阳能电池在使用时，是把多个太阳能电池进行组合，通过串联和并联的方法将他们组合起来，由于他们之间的电压和电流难以完全一致，因此不能达到最佳工作状态，因此太阳能电池组件要比单个太阳能电池效率低。

2.2.2　晶体硅太阳能电池发展

1. 晶体硅太阳能电池发展历程

1839 年，法国 Becqueral 第一次在化学电池中观察到光伏效应。1876 年，在固态硒（Se）的系统中也观察到了光伏效应，随后开发出 Se/Cuo 光电池，有关硅光电池的报道出现于 1941 年。贝尔实验室 Chapin 等人于 1954 年开发出效率为 6% 的单晶硅太阳能电池，现代硅太阳能电池时代从此开始。硅太阳能电池于 1958 年首先在航天器上得到应用。在随后 10 多年里，硅太阳能电池在空间应用不断扩大，工艺不断改进，太阳能电池的设计逐步定型。这是硅太阳能电池发展的第一个时期。第二个时期开始于 20 世纪 70 年代初，在这个时期背表面场、细栅金属化、浅结表面扩散和表面结构化技术开始引入到太阳能电池的制造工艺中，太阳能电池转换效率有了较大提高。与此同时，硅太阳能电池开始在地面应用，而且不断扩大，到 20 世纪 70 年代末，地面用太阳能电池产量已经超过空间用太阳能电池产量，促使太阳能电池的成本不断降低。

20 世纪 80 年代初，硅太阳能电池进入快速发展的第三个时期。这个时期的主要特征是把表面钝化技术、降低接触复合效应、后处理提高载流子寿命、改进陷光效应技术引入到太阳能

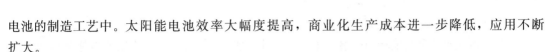

电池的制造工艺中。太阳能电池效率大幅度提高，商业化生产成本进一步降低，应用不断扩大。

在太阳能电池的整个发展历程中，先后出现过各种不同结构的太阳能电池，如肖特基（Ms）电池、M1S 电池、MINP 电池；异质结电池［如 ITO（n）/Si（p），a-Si/c-Si，Ge/Si］等，其中同质 PN 结电池结构自始至终占主导地位，其他结构对太阳能电池的发展也有重要影响。

太阳能电池以材料区分有晶硅电池、非晶硅薄膜电池、铜钢硒（CIS）电池、磷化镉（CdTe）电池、砷化稼电池等，目前市场上以晶硅电池为主导，由于硅是地球上储量第二大元素，作为半导体材料，人们对它研究得最多、技术最成熟，而且晶硅性能稳定、无毒，因此成为太阳能电池研究开发、生产和应用中的主体材料。

从 20 世纪 70 年代中期开始地面用太阳能电池商品化以来，晶体硅就作为基本的太阳能电池材料占据着统治地位，而且可以确信这种状况在今后 20 年中不会发生根本的转变。以晶体硅材料制备的太阳能电池主要包括：单晶硅太阳能电池、铸造多晶硅太阳能电池、非晶硅太阳能电池和薄膜晶体硅电池。

单晶硅电池具有转换效率高，稳定性好，但是成本较高；非晶硅太阳能电池则具有生产效率高，成本低廉，但是转换效率相对较低，而且效率衰减比较厉害；铸造多晶硅太阳能电池则具有稳定的转换效率，而且性能价格比最高；薄膜晶体硅太阳能电池现在仍处在研发阶段。目前，铸造多晶硅太阳能电池已经取代直拉单晶硅成为最主要的太阳能电池材料。但是铸造多晶硅太阳能电池的转换效率略低于直拉单晶硅太阳能电池，铸造多晶硅材料中存在着各种缺陷，如晶界、位错、微缺陷、有杂质碳和氧，以及工艺过程中玷污的过渡族金属被认为是铸造多晶硅太阳能电池转换效率较低的关键原因，因此关于铸造多晶硅中缺陷和杂质规律的研究，以及工艺中采用合适的吸杂、钝化工艺是进一步提高铸造多晶硅太阳能电池性能的关键。另外，寻找适合铸造多晶硅表面结构化的湿化学腐蚀方法，也是目前低成本制备高效率太阳能电池的重要工艺。

从固体物理学上讲，硅材料并不是最理想的光伏电池材料，这主要是因为硅是间接能带半导体材料，其光吸收系数较低，所以研究其他光伏电池材料成为一种趋势。其中，碲化镉（CdTe）和铜铟硒（CuInSe$_2$）被认为是两种非常有前途的光伏电池材料，目前的研究已经取得一定的进展，但是距离大规模生产，并与晶体硅太阳能电池抗衡仍有大量的工作需要去做。

由于科技的进步，包括了晶圆厚度、切割技术、晶圆尺寸，以及晶圆价格，均有长足的改善，自 1960 年以来，以晶体硅太阳能电池发电的单位瓦数成本已下降约 50 倍，目前价格约为 2.5～3 美元/W。依据美国国家再生能源实验室的报道，薄膜太阳能电池的制造成本在过去 10 年亦呈大幅下降，下降趋势比硅晶圆还快，不过至今其价格仍高于硅晶圆约 50%。

目前，硅晶圆单一电池在实验室光电效率已达 25%，与理论值 29% 非常接近。商业化产品的光电效率自 1970 年以来也有长足进步，近年达 13%～15%。相对而言，这项技术成果是多数薄膜技术所不及的。

生产成本往往深受生产规模影响，太阳能电池也不例外。比较硅晶圆式与薄膜式，目前产能规模前者约是后者 10 倍，因此固定成本可大幅分摊。其次是产能利用率，由于这几年市场年年大幅成长，目前硅晶圆式生产厂商平均产能利用率约达 80%，而薄膜式厂商仅约 40%。这使得硅晶圆式更具生产成本竞争力，成为市场上的主导产品。

2. 晶体硅太阳能电池方阵

太阳能电池单体是光电转换的最小单元，尺寸一般为 4～100cm²。太阳能电池单体的工作

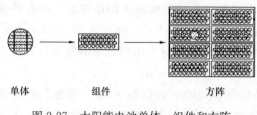

电压约为 0.5V，工作电流为 20～25mA/cm²，一般不能单独作为光伏电源使用。将太阳能电池单体进行串并联封装后，就成为太阳能电池组件，其功率一般为几瓦至几十瓦，是可以单独作为光伏电源使用的最小单元。太阳能电池组件再经过串并联组合安装在支架

单体　　　　组件　　　　方阵

图 2-27　太阳能电池单体、组件和方阵

上，就构成了太阳能电池方阵，可以满足太阳能光伏发电系统负载所要求的输出功率，如图 2-27 所示。

目前世界上有 3 种已经商品化的硅太阳能电池：单晶硅太阳能电池、多晶硅太阳能电池和非晶硅太阳能电池。对于单晶硅太阳能电池，由于所使用的单晶硅材料与半导体工业所使用的材料具有相同的品质，而使单晶硅的使用成本比较昂贵。多晶硅太阳能电池的晶体方向是无规则性的，意味着正负电荷对并不能全部被 PN 结电场所分离，因为电荷对在晶体与晶体之间的边界上可能由于晶体的不规则而损失，所以多晶硅太阳能电池的效率一般要比单晶硅太阳能电池低。多晶硅太阳能电池用铸造的方法生产，所以它的成本比单晶硅太阳能电池低。非晶硅太阳能电池属于薄膜电池，造价低廉，但光电转换效率比较低，稳定性也不如晶体硅太阳能电池。一般产品化单晶硅太阳能电池的光电转换效率为 13%～15%，产品化多晶硅太阳能电池的光电转换效率为 11%～13%，产品化非晶硅太阳能电池的光电转换效率为 5%～8%。

太阳能电池组件包含一定数量的太阳能电池，这些太阳能电池通过导线连接。单体电池连接后，即可进行封装，以前组件的结构多数是正面用透光率高的玻璃覆盖，太阳能电池的前后面都用透明的硅橡胶粘接，背面用铝板式玻璃作依托，四周用铝质或不锈钢作边框，引出正负极即构成太阳能电池组件。这种太阳能电池组件质量不易保证，封装劳动强度大。近些年来，国内外太阳能电池组件大多已采用新型结构，正面采用高透光率的钢化玻璃，背面是一层聚乙烯氟化物膜，太阳能电池两边用 EVA 或 PVB 胶热压封装，四周是轻质铝型材边框，由接线盒引出电极。

太阳能电池组件封装后，由于盖板玻璃、密封胶对透光的影响及各单体电池之间性能失配等原因，组件效率一般要比太阳能电池单体效率低 5%～10%，但若玻璃胶的厚度及折射率等匹配较好，封装后反而使效率有所提高。

太阳电池组件经常暴露在阳光下直接经受当地自然环境的影响，这种影响包括环境的气象因素和机械因素。为了保证使用的可靠性，工厂生产的太阳能电池组件在正式投产之前一般要经过一系列的性能和环境试验，如湿度、温度循环、热冲击、高温高湿度老化、盐水喷雾、低湿老化、耐气候性、室外曝晒、冲击、振动等试验，如应用在特殊场合还要进行一些专门试验。

工厂生产的通用太阳能电池组件一般都已考虑了蓄电池所需充电电压，阻塞二极管和线路压降，以及温度变化等因素而进行了专门的设计，一个标准的太阳能电池组件由 36 片标准的太阳能电池单体（10cm×10cm）串联组成，这意味着一个太阳能电池组件大约能产生 17V 的电压，正好能为一组额定电压为 12V 的蓄电池进行有效充电。

当应用领域需要较高的电压和电流而单个组件不能满足要求时，可把多个组件组成太阳能电池方阵，以获得所需要的电压和电流。太阳能电池的可靠性在很大程度上取决于其防腐、防

风、防雹、防雨等的能力，其潜在的质量问题是边沿的密封以及组件背面的接线盒。

3. 太阳能电池的特性

（1）太阳能电池的光电特性。当光照到太阳能电池上时，在太阳能电池负载电阻 R 上和太阳能电池内部，分别流过电流 I_R 和 I_J，其中 I_J 为通过 PN 结的正向电流。当光照恒定时，光电流 $I_P = I_R + I_J$ 也恒定。光电流在太阳能电池内、外的流动可用等效电路表示，太阳能电池端的电压 U_J 与负载电阻上的电压 U_R 相等，太阳能电池的电流 I_J 随 U_J 的变化呈指数关系

$$I_J = I_P \{(\exp q U_J)/(A \times K \times T) - 1\} \tag{2-8}$$

式中：q 为电子电荷，1.6×10^{-10}，C；T 为绝对温度，K；K 为玻尔兹曼常数，1.380×10^{-23} J/K 或 0.86×10^{-4} eV/K；A 为电池有效面积，mm^2。

负载电阻 R 上的电流和电压关系为

$$U_j = I_R \times R \tag{2-9}$$

从式（2-9）中可得出负载电阻上的电流和电压之间的关系为 $R = U_j/I$，负载电阻的电压降和结电压相等，负载电阻 R 上得到的电功率为 $I \times U_j$。太阳能电池要获得高的转换效率，就必须在一定的太阳辐射下输出尽可能大的功率 $I \times U_j$。

（2）太阳能电池的光谱特性。太阳能电池的光谱特性是指太阳能电池随能量相同、但波长不同的入射光而变化的关系，在太阳能电池中只有那些能量大于其材料"禁带"宽度的光子才能在被吸收时在光伏材料中产生电子—空穴对，而那些能量小于"禁带"宽度的光子即使被吸收也不能产生电子—空穴对（它们只能是使光伏材料变热）。光伏材料对光的吸收存在一个截止波长。理论分析表明，对太阳光而言，能得到最佳工作性能的光伏材料应有 1.5eV 的"禁带"宽度，当"禁带"宽度增加时，被光伏材料所吸收的太阳能就会越来越少。

每种太阳能电池对太阳光都有自己的光谱响应曲线，它表明太阳能电池对不同波长光的灵敏度（光电转换能力），从表 2-4 给出的数据可以看到，光伏材料的截止波长和太阳能的吸收效率。当日光照到太阳能电池上时，某一种波长的光和该波长的太阳能电池光谱灵敏度，决定该波长的光电流值，而总的光电流值是各个波长光电流值的总和。

表 2-4　　　　　　　　　　　　　光伏材料特性

材料	禁带宽度（eV）	截止波长（μm）	太阳能的吸收效率（%）
硅	1.1	1.1	76
砷化镓	1.35	0.9	65
磷化铟	1.25	0.97	69
锑化镉	1.45	0.84	61
硒	1.5	0.81	58

（3）太阳能电池的 $I-U$ 特性。太阳能电池组件的电气特性主要是指 $I-U$ 输出特性，也称为 $U-I$ 特性曲线，如图 2-28 所示。太阳能电池的 $I-U$ 特性与二极管的特性相似，在 $I-U$ 曲线中关注的是：短路电流（I_{sc}）、开路电压（U_{oc}）及最大功率（P_{mpp}），太阳能电池的转换效率受到光照度及环境温度的影响。

$U-I$ 特性曲线显示了通过太阳能电池组件传送的电流 I_m 与电压 U_m 在特定的太阳辐照度下的关系。I_m 是最大工作电流，即最大输出状态时的电流；U_m 是最大工作电压，即最大输出状态时的电压。如果太阳能电池组件外电路短路，即 $U=0$，此时的电流称为短路电流 I_{sc}；如果外电路开路，即 $I=0$，此时的电压称为开路电压 U_{oc}。太阳能电池组件的输出功率等于流经

该组件的电流与电压的乘积，即 $P = U \times I$。

当太阳能电池组件的电压上升时，例如通过增加负载的电阻值或组件的电压从零（短路条件下）开始增加时，组件的输出功率亦从 0 开始增加；当电压达到一定值时，功率可达到最大，这时当负载电阻的阻值继续增加时，功率将跃过最大点，并逐渐减少至零，即电压达到开路电压 U_{oc}。太阳能电池的内阻呈现出强烈的非线性。在组件的输出功率达到最大点，该点所对应的电压，称为最大功率点电压 U_m（又称为最大工作电压）；该点所对应的电流，称为最大功率点电流 I_m（又称为最大工作电流）；该点的功率，称为最大功率 P_m。

随着太阳能电池温度的增加，开路电压减少，大约温度每升高 1℃ 每片太阳能电池的电压减少 5mV，相当于太阳能电池在最大功率点的典型温度系数为 $-0.4\%/℃$。也就是说，如果太阳能电池温度每升高 1℃，则最大功率减少 0.4%。所以，在太阳直射的夏天，尽管太阳辐射量比较大，如果通风不好，导致太阳能电池温升过高，也可能不会输出很大的功率。太阳能电池温度变化和 $I-U$ 曲线关系如图 2-29 所示。

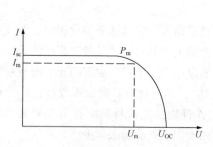

图 2-28 太阳能电池的电流—电压特性曲线

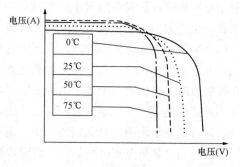

图 2-29 太阳能电池温度变化和 $I-U$ 曲线关系

太阳能电池日照强度—最大输出特性曲线如图 2-30 所示，太阳能电池的短路电流和日照强度成正比。太阳能电池温度—最大输出特性曲线如图 2-31 所示。太阳能电池的输出随着太阳能电池片的表面温度上升而下降，太阳能电池的输出随着季节的温度变化而变化，在同一日照强度下，冬天的输出比夏天高。

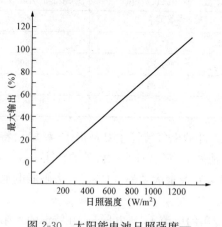

图 2-30 太阳能电池日照强度—
最大输出特性曲线

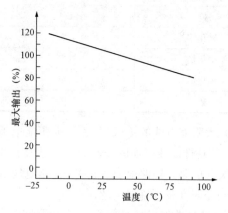

图 2-31 太阳能电池温度—
最大输出特性曲线

由于太阳能电池组件的输出功率取决于太阳辐照度、太阳能光谱的分布和太阳能电池的温度，因此对太阳能电池组件的测量要在标准条件下（STC）进行，测量条件被欧洲委员会定义为 101 号标准，设定在太阳能电池板的表面温度为 25℃，太阳能辐射强度为 $1000 W/m^2$ 的条件下的测试，称为标准测试状态，如图 2-32 所示。

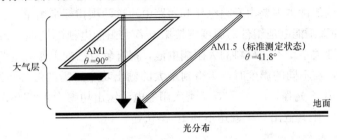

图 2-32　标准测试状态

在该条件下，太阳能电池组件所输出的最大功率被称为峰值功率，表示为 W_p（peak-watt）。在很多情况下，组件的峰值功率通常用太阳模拟仪测定并和国际认证机构的标准化的太阳能电池进行比较。

在户外测量太阳能电池组件的峰值功率是很困难的，因为太阳能电池组件所接受到的太阳光的实际光谱取决于大气条件及太阳的位置；此外，在测量的过程中，太阳能电池的温度也是不断变化的。在户外测量的误差很容易达到 10% 或更大。

如果太阳能电池组件被其他物体（如鸟粪、树荫等）长时间遮挡时，被遮挡的太阳能电池组件此时将会严重发热，这就是"热岛效应"，这种效应将给太阳能电池造成很严重地破坏作用。"热岛效应"会导致有光照的太阳能电池组件所产生的部分能量或所有的能量被已被遮挡的太阳能电池组件所消耗。为了防止太阳能电池被"热岛效应"损坏，需要在太阳能电池组件的正负极间并联一个旁通二极管，以避免有光照的太阳能电池组件所产生的能量被已被遮挡的太阳能电池组件所消耗。其作用是在组件开路或遮荫时，提供电流通路，不至于使整串太阳能电池组件失效。

太阳能电池在使用时要注意极性，旁路二极管的正极与太阳能电池组件的负极相连，旁路二极管的负极与太阳能电池组件的正极相连。平时旁路二极管处于反向偏置状态，基本不消耗电能。但旁路二极管的耐压和允许通过正向电流应大于太阳能电池组件的工作电压及电流。

太阳能电池组件的连接盒是一个很重要的元件，它保护太阳能电池与外界的交界面及各组件内部连接的导线和其他系统元件。连接盒包含一个接线盒和 1 只或 2 只旁路二极管。太阳能电池的主要技术参数有：

1）太阳能电池组件的光电转换效率 η。太阳能电池组件的光电转换效率是指太阳能电池组件将接收到的光能转换成电能的比率

$$\eta = P_0/E \times 100\% \tag{2-10}$$

式中：η 为转换效率；P_0 为输出功率；E 为太阳能电池组件被照射的太阳能量。

太阳能电池组件的转换效率是评估太阳能电池性能的重要指标，是决定太阳能电池是否具有使用价值的重要因素，晶体硅类太阳能电池的理论转换效率极限为 29%，而产业化的太阳能电池的转换效率为 17%～19%，因此，太阳能电池在技术上还有很大的发展空间。目前太阳能电池组件的光电转换效率：实验室 $\eta \approx 24\%$，产业化 $\eta \approx 15\%$。

2）单体太阳能电池的电压 U 为 0.4～0.6V，是由材料的物理特性决定的。

3）填充因子 FF 是评估太阳能电池带负载能力的重要指标

$$FF = (I_\mathrm{m} \times U_\mathrm{m})/(I_\mathrm{sc} \times U_\mathrm{oc}) \tag{2-11}$$

式中：I_sc 为短路电流；U_oc 为开路电压；I_m 为最佳工作电流；U_m 为最佳工作电压。

太阳能电池的输出功率与其面积大小密切相关，面积越大，在相同光照条件下的输出功率也越大。太阳能电池的优劣主要由开路电压和短路电流这两项指标来衡量。

4) 环境温度和太阳能电池组件的温度直接影响着太阳能电池的性能，当温度升高时其开路电压下降，呈线性关系。不同材料的太阳能电池，都有着自己的工作温度范围。而对于某一种太阳能电池而言，在不同的温度时，为得到最大的输出功率所需的最佳负载也不同。例如，在标准状况下，AM1.5 光强，$t=25℃$ 时，某类太阳能电池输出功率为 100Wp，如果太阳能电池温度升高至 45℃时，则其输出功率就达不到 100Wp。

4. 太阳能电池的发展趋势

作为太阳能电池的材料，Ⅲ-Ⅴ族化合物由稀有元素制备，尽管以此制成的太阳能电池转换效率很高，但从材料来源看，这类太阳能电池将来不可能占据主导地位。而另两类太阳能电池，纳米晶太阳能电池和聚合物修饰电极太阳能电池的研究刚刚起步，技术不是很成熟，转换效率还比较低，这两类电池还处于探索阶段，短时间内不可能替代硅系太阳能电池。因此，从转换效率和材料的来源角度讲，今后发展的重点仍是硅太阳能电池，特别是多晶硅和非晶硅太阳能电池。由于多晶硅和非晶硅太阳能电池具有较高的光电转换效率和相对较低的成本，将最终取代单晶硅太阳能电池，成为市场的主导产品。

提高转换效率和降低成本是太阳能电池制备中考虑的两个主要因素，对于目前的硅系太阳能电池，要想再进一步提高转换效率是比较困难的。因此，今后研究的重点除继续开发新的电池材料外，应集中在如何降低成本上来，现有的高转换效率的太阳能电池是在高质量的硅片上制成的，这是制造硅太阳能电池成本最高的部分。因此，在如何保证转换效率仍较高的情况下降低衬底的成本就显得尤为重要，也是今后太阳能电池发展急需解决的问题。近来国外曾采用某些技术制得硅条带作为多晶硅太阳能电池的基片，以达到降低成本的目的，效果还是比较理想的。

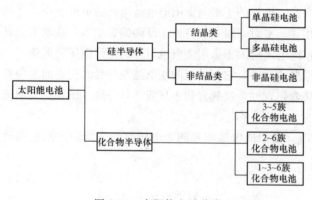

图 2-33　太阳能电池分类

2.2.3　太阳能电池的分类

制作太阳能电池主要是以半导体材料为基础，其工作原理是利用光电材料吸收光能后发生光电转换效应。根据所用材料的不同，太阳能电池分类如图 2-33 所示。太阳能电池按结晶状态可分为结晶系薄膜式和非结晶系薄膜式两大类，而前者又分为单结晶形和多结晶形。按材料可分为硅薄膜形、化合物半导体薄膜形和有机膜形，而化合物半导体薄膜形又分为非结晶形（a-Si：H，a-Si：H：F，a-SixGel-x：H 等）、Ⅲ、Ⅴ族（GaAs，InP 等）、Ⅱ、Ⅵ族（Cds 系）和磷化锌（Zn_3P_2）等，其中硅太阳能电池是目前发展最成熟的，在应用中居主导地位。

1. 硅太阳能电池

硅太阳能电池分为单晶硅太阳能电池、多晶硅太阳能电池和非晶硅太阳能电池三种。单晶硅太阳能电池转换效率最高，在实验室里最高的转换效率为 23%，规模生产时的效率为 15%。硅太阳能电池技术相对较成熟，半导体材料的禁带不是太宽，光电转换率较高，材料本身不造成污染，所以硅是目前最理想的太阳能电池材料。在大规模应用和工业生产中占据主导地位，但由于单晶硅成本价格高，大幅度降低其成本很困难，为了节省硅材料，发展了多晶硅和非晶硅作为单晶硅太阳能电池的替代产品。

多晶硅太阳能电池与单晶硅太阳能电池比较，成本低廉，其实验室最高转换效率为 18%，工业规模生产的转换效率为 10%。因此，多晶硅电池不久将会在太阳能电池市场上占据主导地位。

单晶硅和多晶硅太阳能电池是对 P 型（或 N 型）硅基片经过磷（或硼）扩散做成 PN 结而制得的，单晶硅太阳能电池因限于单晶的尺寸，单片电池面积难以做得很大，目前比较大的直径为 10～20cm 的圆片。多晶硅电池是用浇铸的多晶硅锭切片制作而成，成本比单晶硅电池低，单片电池也可以做得比较大（例如 30cm×30cm 的方片），但由于晶界复合等因素的存在，效率比单晶硅电池低。现在，单晶硅和多晶硅电池的研究工作主要集中在以下几个方面：

1）用埋层电极、表面钝化、密栅工艺优化背电场及接触电极等来减少光生载流子的复合损失，提高载流子的收集效率，从而提高太阳能电池的效率。澳大利亚新南威尔士大学格林实验室采用了这些方法，已经研发出目前硅太阳能电池界公认的在 AM1.5 条件下 24% 的最高效率。

2）用优化抗反射膜、凹凸表面、高反向背电极等方式减少光的反射及透射损失，以提高太阳能电池的光电转换效率。

3）以定向凝固法生长的铸造多晶硅锭代替单晶硅，估化正背电极的银浆、铝浆的丝网印制工艺，改进硅片的切、磨、抛光等工艺，以提高太阳能电池的光电转换效率。

计算表明，若能在金属、陶瓷、玻璃等基板上低成本地制备厚度为 30～50μm 的大面积的优质多晶硅薄膜，则太阳能电池制作工艺可进一步简化，成本可大幅度降低，因此，多晶硅薄膜太阳能电池正成为研究热点。

（1）单晶硅电池。单晶硅太阳能电池由于是经由圆柱形的晶锭裁切而成，并非是完整的正方形，造成了一些精炼硅料的浪费，所以制程较贵。因此大部分的单晶硅四个角落都会有空隙，外观上很容易分辨。单晶硅太阳能电池的构造和生产工艺已定型，产品已广泛用于空间和地面。为了降低生产成本，现在地面应用的单晶硅太阳能电池采用太阳能级的单晶硅棒，材料性能指标有所放宽。有的也可使用半导体器件加工的头尾料和废次单晶硅材料，经过复拉制成太阳能电池专用的单晶硅棒。

单晶硅太阳能电池以高纯的单晶硅棒为原料，纯度要求 99.999%，制作时将单晶硅棒切成片，一般片厚约 0.3mm。硅片经过抛磨、清洗等工序，制成待加工的原料硅片。加工太阳能电池片，首先要在硅片上掺杂和扩散，一般掺杂物为微量的硼、磷、锑等。扩散是在石英管制成的高温扩散炉中进行，这样就在硅片上形成 PN 结。然后采用丝网印刷法，将精配好的银浆印在硅片上做成栅线，经过烧结，同时制成背电极，并在有栅线的面涂覆减少光反射的材料，以防大量的光子被光滑的硅片表面反射掉。制成的单晶硅太阳能电池的单体片经过抽查检验，即可按所需要的规格采用串联和并联的方法构成一定的输出电压和电流的太阳能电池组件。最后用框架和材料进行封装。用户根据系统设计，可用多个太阳能电池组件组成各种大小不同的太阳能电池方阵，亦称太阳能电池阵列。单晶硅太阳电池的特征如下：

1）原料硅的藏量丰富。由于太阳光的密度极低，故实用上需要大面积的太阳能电池，因此在原材料的供给上相当重要。

2）Si 的密度低，材料轻，Si 材料本身对环境影响极低。

3）与多晶硅及非晶硅太阳电池比较，其转换效率较高。

4）发电特性稳定，约有 20 年的耐久性。

5）在太阳光谱的主区域上，光吸收系数只有 $10^3 \, cm^{-1}$。为了增强太阳光谱吸收性能，需要 $100 \mu m$ 厚的硅片。

目前单晶硅太阳能电池的开发主要在降低成本和提升效率两方面展开工作，单晶硅太阳能电池的转换效率为 $15\% \sim 17\%$，而组件化后其转换效率为 $12\% \sim 15\%$，太阳能电池组件的转换效率的定义是：依照该组件中最低太阳能电池转换效率为基准，而不是取太阳能电池的平均转换效率。

太阳能电池实用化的最重要的问题就是要开发出性能价格比高的太阳能电池，实际上太阳能电池中参与光电转换的仅是半导体表面几微米的一薄层。目前最为常用也是最成功的制备技术是采用热分解 SiH_4 气体的气相沉积法，在蓝宝石上沉积得到单晶硅薄膜。

（2）多晶硅太阳能电池。单晶硅太阳能电池虽有其优点，但因价格昂贵，使得单晶硅太阳能电池在低价市场上的发展受到阻碍。而多晶硅太阳能电池则首先是以降低成本，其次才是效率。多晶硅太阳能电池与单晶硅太阳能电池虽然结晶构造不一样，但光伏原理一样。多晶硅太阳能电池降低成本的方式主要有三个：

1）纯化过程没有将杂质完全去除。

2）使用较快速的方式让硅结晶。

3）避免切片造成的浪费。

因这三个原因使得多结晶硅太阳能电池在制造成本及时间上都比单晶硅太阳能电池低和少，但由此也使得多晶硅太阳能电池的结晶构造较差。多晶硅太阳能电池结晶构造较差的主要原因有：

1）本身含有杂质。

2）硅在结晶的时候速度较快，硅原子没有足够的时间形成单一晶格而形成许多结晶颗粒。

多晶硅的结晶颗粒愈大，其光电转换效率与单晶硅太阳能电池愈接近，结晶颗粒愈小则光电转换效率愈差。因多晶硅的结晶边界的硅原子键结合较差，容易受紫外线破坏而产生更多的悬浮键，随着使用时间的增加，悬浮键的数目也会增加，光电转换效率因而逐渐衰退，这是多晶硅太阳能电池的主要缺点，而成本低为其主要优点。

目前，多晶硅太阳能电池可达到每 $100 cm^2$ 的单位面积转换效率为 15.8%（Sharp 公司），若在实验室中则达到每 $4 cm^2$ 的单位面积转换效率为 17.8%（UNSW），多晶硅太阳能电池的一般转换效率为 $10\% \sim 15\%$，组件化的转换效率为 $9\% \sim 12\%$。

常规的晶体硅太阳能电池是在厚度 $350 \sim 450 \mu m$ 的高质量硅片上制成的，这种硅片从提拉或浇铸的硅锭上锯割而成。因此实际消耗的硅材料更多。为了节省材料，人们从 20 世纪 70 年代中期就开始在廉价衬底上沉积多晶硅薄膜，但由于生长的硅膜晶粒太小，未能制成有价值的太阳能电池。为了获得大尺寸晶粒的薄膜，人们一直没有停止过研究，并提出了很多方法。目前制备多晶硅薄膜多采用化学气相沉积法，包括低压化学气相沉积（LPCVD）和等离子增强化学气相沉积（PECVD）工艺。此外，液相外延法（LPPE）和溅射沉积法也可用来制备多晶硅薄膜。

化学气相沉积主要是以 SiH_2Cl_2、$SiHCl_3$、$SiCl_4$ 或 SiH_4 为反应气体，在一定的保护气

（氢）下反应生成硅原子并沉积在加热的衬底上，衬底材料一般选用 Si、SiO_2、Si_3N_4 等。但研究发现，在非硅衬底上很难形成较大的晶粒，并且容易在晶粒间形成空隙。解决这一问题办法是先用 LPCVD 在衬底上沉积一层较薄的非晶硅层，再将这层非晶硅层退火，得到较大的晶粒，然后再在这层籽晶上沉积厚的多晶硅薄膜，因此，再结晶技术无疑是很重要的一个环节，目前采用的技术主要有固相结晶法和中区熔再结晶法。生产多晶硅太阳能电池除采用了再结晶工艺外，还采用了几乎所有制备单晶硅太阳能电池的技术，这样制得的太阳能电池转换效率明显提高。工业化生产的多晶硅太阳能电池的典型特性参数如下：

$I_{sc} = 2950mA$；$U_{oc} = 584mV$；填充因子 $FF = 0.72$；转换效率 $\eta = 12.4\%$（测试条件：AM1.5，$1000W/m^2$，25℃）。

多晶硅太阳能电池的其他特性与单晶硅太阳能电池类似，如温度特性、太阳能电池性能随入射光强的变化等。从制作成本上来讲，多晶硅太阳能电池比单晶硅太阳能电池制造简便，节约电耗，总的生产成本较低，因此得到大量发展。此外，多晶硅太阳能电池的使用寿命要比单晶硅太阳能电池短。从性能价格比上来讲，单晶硅太阳能电池还是优于多晶硅太阳能电池。

在太阳能光伏利用上，单晶硅和多晶硅太阳能电池发挥着巨大的作用。虽然从目前来讲，要使太阳能光伏发电具有较大的市场，被广大的消费者接受，就必须提高太阳能电池的光电转换效率，降低生产成本。从目前国际太阳能电池的发展过程可以看出其发展趋势为单晶硅、多晶硅、带状硅、薄膜材料（包括微晶硅基薄膜、化合物基薄膜及染料薄膜）。从工业化发展来看，重心已由单晶向多晶方向发展，主要原因为：

1）可供制作单晶硅太阳能电池的头尾料愈来愈少。

2）对太阳电池来讲，方形基片更合算，通过浇铸法和直接凝固法所获得的多晶硅可直接获得方形材料。

3）多晶硅的生产工艺不断取得进展，全自动的浇铸炉每生产周期（50h）可生产 200kg 以上的硅锭，晶粒的尺寸达到厘米级。

4）多晶硅太阳能电池由于所使用的硅比单晶硅太阳能电池少很多，不存在效率衰退等问题，而且有可能在廉价衬底材料上制备。

5）多晶硅太阳能电池的成本远低于单晶硅太阳能电池，光电转换率近 12.4%，高于非晶硅太阳能电池。

由于近十年单晶硅工艺的研究与发展很快，其工艺也被应用于多晶硅太阳能电池的生产，例如选择腐蚀发射结、背表面场、腐蚀绒面、表面和体钝化、细金属栅电极，采用丝网印刷技术可使栅电极的宽度降低到 $50\mu m$，高度达到 $15\mu m$ 以上，快速热退火技术用于多晶硅的生产可大大缩短工艺时间，单片热工序时间可在 1min 之内完成，采用该工艺在 $100cm^2$ 的多晶硅片上制出的多晶硅太阳能电池转换效率超过 14%。据报道，目前在 $50\sim60\mu m$ 多晶硅衬底上制作的多晶硅太阳能电池的光电转换效率超过 16%。利用机械刻槽、丝网印刷技术在 $100cm^2$ 的多晶硅片上制作出的多晶硅太阳能电池的光电转换效率超过 17%，采用无机械刻槽技术在同样面积上制作出的多晶硅太阳能电池的光电转换效率达到 16%，采用埋栅结构，机械刻槽在 $130cm^2$ 多晶硅片上制作出的多晶硅太阳能电池的光电转换效率达到 15.8%。

（3）非晶硅太阳能电池。开发太阳能电池的两个关键问题是：提高转换效率和降低成本。由于非晶硅太阳能电池具有低的成本，便于大规模生产，普遍受到人们的重视并得到迅速发展。早在 20 世纪 70 年代初，Carlson 等就已经开始了对非晶硅太阳能电池的研制工作，近几年它的研制工作得到了迅速发展，目前世界上已有许多家公司在生产该种电池产品。非晶硅作为太阳能材料尽管是一种很好的电池材料，但由于其光学带隙为 1.7eV，使得材料本身对太阳辐射光谱的长波区域不敏感，这样一来就限制了非晶硅太阳能电池的转换效率。此外，其光电效率会随着光照时间的延续而衰减，即所谓的光致衰退效应，使得非晶硅太阳能电池的性能不稳定。解决这些问题的途径就是制备叠层太阳能电池，叠层太阳能电池是在制备的 PiN 层单结太阳能电池上再沉积一个或多个 PiN 层电池制得的。叠层太阳能电池提高了转换效率、解决单结电池性能不稳定的关键问题在于：

1）它把不同禁带宽度的材料组合在一起，提高了光谱的响应范围。

2）顶电池的 i 层较薄，光照产生的电场强度变化不大，保证 i 层中的光生载流子抽出。

3）底电池产生的载流子约为单电池的一半，光致衰退效应减小。

4）叠层太阳能电池各子电池是串联在一起的。

由于非晶硅具有十分独特的物理性能和在制作工艺方面的优点，成为大面积高效率太阳能电池的研究重点。非晶硅对太阳光有很高的吸收系数，并产生最佳的光电导值，是一种良好的光导体；很容易实现高浓度的掺杂，获得优良的 PN 结；可以在很宽的组分范围内控制它的能隙变化。

非晶硅中由于原子排列缺少结晶硅中的规则性，缺陷多，因此在单纯的非晶硅 PN 结中，隧道电流往往占主导地位，使其呈现隧道电流特性，而无整流特性。为得到好的二极管整流特性，一定要在 P 层与 N 层之间加入较厚的本征层 i，以扼制其隧道电流，所以非晶硅太阳能电池一般具有 PiN 结构。为了提高效率和改善稳定性，有时还制作成多层 PiN 结构的叠层电池，或是插入一些过渡层。

非晶硅太阳能电池是发展最完整的薄膜式太阳能电池，其结构通常为 PiN（或 NiP）型式，P 层跟 N 层主要作为建立内部电场，i 层则由非晶系硅构成。由于非晶系硅具有高的光吸收能力，因此 i 层厚度通常只有 $0.2 \sim 0.5 \mu m$。其禁带宽度范围 $1.1 \sim 1.7eV$，不同于晶圆硅的 $1.1eV$，非晶物质不同于结晶物质，结构均一度低，因此电子与空穴在材料内部传导，如距离过长两者重合几率极高，为避免此现象发生 i 层不宜过厚，但如太薄又易造成吸光不足。为克服此问题，此类型太阳能电池采用多层结构、堆栈方式设计，以兼顾吸光和提高光电转换效率。

非晶硅太阳能电池的制备方法很多，其中包括反应溅射法、PECVD 法、LPCVD 法等，反应原料气体为 H_2 稀释的 SiH_4，衬底主要为玻璃及不锈钢片，制成的非晶硅薄膜经过不同的电池工艺过程可分别制得单结电池和叠层太阳能电池。

非晶硅太阳能电池一般是用高频辉光放电等方法使硅烷（SiH_4）气体分解沉积而成的，由于分解沉积温度低（200℃左右），因此制作时能量消耗少，成本比较低，且这种方法适合大规模生产，单片太阳能电池面积可以做得很大（例如 $0.5m \times 1.0m$），整齐美观。目前非晶硅太阳能电池的研究取得两大进展：

1）三叠层结构非晶硅太阳能电池转换效率达到 13%。

2）三叠层太阳能电池年生产能力达 5MW。

非晶硅太阳能电池由于具有较高的光电转换效率和较低的成本及质量小等特点，有着极大的潜力。但同时由于它的稳定性不高，直接影响了它的实际应用。如果能进一步解决稳定性及提高光电转换效率，那么，非晶硅太阳能电池无疑是太阳能电池的主要发展产品之一。

由于非晶硅对太阳光的吸收系数大，因而非晶硅太阳能电池可以做得很薄，通常硅膜厚度仅为 $1 \sim 2 \mu m$，是单晶硅或多晶硅太阳能电池厚度（0.5mm 左右）的 1/500，所以制作非晶硅太阳能电池资源消耗少。

非晶硅内部结构的不稳定性和大量的氢原子使其具有光疲劳效应,针对非晶硅太阳能电池的长期运行稳定性问题。近 10 年来经努力研究,虽有所改善,但尚未彻底解决问题,故尚未大量推广应用。

现在非晶硅太阳能电池的研究主要着重于改善非晶硅膜本身性质,以减少缺陷密度,精确设计电池结构和控制各层厚度,改善各层之间的界面状态,以求得高效率和高稳定性。目前非晶硅单结电池的最高效率已可达到 14.6% 左右,工业化生产的可达到 8%～10%,叠层非晶硅太阳能电池的最高效率可达到 21.0%。

2. 多元化合物薄膜太阳能电池

在化合物半导体太阳能电池中,目前研究应用较多的有 CaAs、InP、$CuInSe_2$ 和 CdTe 太阳能电池。由于化合物半导体或多或少有毒性,容易造成环境污染,因此产量少,常使用在一些特殊场合。多元化合物薄膜太阳能电池材料为无机盐,其主要包括砷化镓Ⅲ-Ⅳ族化合物、硫化镉及铜铟硒薄膜电池等。

(1) 砷化镓太阳能电池。砷化镓 (GaAs) Ⅲ-Ⅴ化合物太阳能电池的转换效率可达 28%,GaAs 化合物材料具有十分理想的光学带隙以及较高的吸收效率,抗辐照能力强,对热不敏感,适合于制造高效单结太阳能电池。但 GaAs 材料的价格不菲,因而在很大程度上限制了 GaAs 太阳能电池的普及。砷化镓太阳能电池目前大多用液相外延方法或金属有机化学气相沉积 (MOCVD) 技术制备,因此成本高、产量受到限制,降低成本和提高生产效率已成为研究重点。

现在,硅单晶片制备技术成熟,成本低,因此以硅片为衬底,采用 MOCVD 技术用异质外延方法制造 GaAs 太阳能电池,是降低 GaAs 太阳能电池成本是很有希望的办法。目前,这种太阳能电池的效率也已达到 20% 以上。但 GaAs 和 Si 晶体的晶格常数相差较大,在进行异质外延生长时,外延层晶格失配严重,难以获得优质外延层。为此常在 Si 衬底上首先生长一层晶格常数与 GaAs 相差较少的 Ge 晶体作为过渡层,然后再生长 GaAs 外延层,这种 Si/Ge/GaAs 结构的异质外延太阳能电池正在不断发展中。控制各层厚度,适当变化结构,可使太阳光中各种波长的光子能量都得到有效利用,目前以 GaAs 为基的多层结构太阳能电池的效率已接近 40%。

(2) 磷化铟太阳能电池。磷化铟太阳能电池具有特别好的抗辐照性能,因此在航天应用方面受到重视,目前这种太阳能电池的效率也已达到 17%～19%。

(3) 纳米晶化学太阳能电池。纳米晶化学太阳能电池是一种新型太阳能电池,目前仍在研制过程中,其中纳米晶 TiO_2 太阳能电池倍受关注。纳米晶 TiO_2 太阳能电池光电转换效率在 10% 以上,制作成本为硅太阳能电池的 1/5～1/10,寿命可达到 20 年以上。此类电池的研究和开发刚刚起步,估计不久将会逐步走上市场。

(4) 聚合物多层修饰电极型太阳能电池。聚合物多层修饰电极型太阳能电池的原材料为有机材料,柔性好,制作容易,材料来源广泛,成本较低。但性能和寿命远不如硅太阳能电池,但有可能提供廉价电能。不论是使用寿命,还是转换效率都不能和无机材料特别是硅太阳能电池相比。此项研究刚刚起步,能否发展成为具有实用意义的产品,还有待于进一步研究探索。

2.2.4　太阳能电池组件

太阳能电池组件采用高晶硅材料制成,并用高强度、透光性能强的太阳能专用钢化玻璃以及高性能、耐紫外线辐射的专用密封材料层压而成，太阳能电池组件能在冰雪、温度剧变的恶劣环境下正常使用。在使用过程中，太阳能电池组件以模块形式出现是一种最基本的形式，单个模块可以是数瓦到数百瓦，多种规格可供选用。最近又出现了一种新型的太阳能电池 AC 模块，其特点是内藏逆变器，可以输出交流电，有的甚至还含有控制器功能，能随着日照强度的变化保持较高的转换效率。

按国际电工委员会 IEC：1215：1993 标准要求进行设计，加工生产过程严格按照标准生产，能够确保太阳能电池组件的质量、电性能和寿命要求。

（1）太阳能电池组件的绝缘强度大于 $100M\Omega$。

（2）产品使用寿命超过 25 年。

（3）工作温度范围：$-40\sim+85℃$。

太阳能电池组件的表面采用复合材料，由层压机层压而成，气密性、耐候性好，抗腐蚀、机械强度好。采用双栅线，可使太阳能电池组件的封装的可靠性更高。太阳能电池在制造时，先进行化学处理，表面做成了一个像金字塔一样的绒面，能减少反射，更好地吸收光能。采用耐老化防水防潮性能好的 ABS 塑料接线盒，带有旁路二极管能减少局部阴影而引起的损害。采用 36 片或 72 片单晶或多晶硅太阳能电池进行串联，以形成 12V 和 24V 各种类型的太阳能电池组件。太阳能电池组件由以下材料组成：

（1）电池片。采用高效率（14.5％以上）的单晶或多晶硅太阳能电池片封装，以保证太阳能电池组件设计的输出功率。

（2）玻璃。采用低铁钢化绒面玻璃（又称为白玻璃），厚度 3.2mm，在太阳能电池光谱响应的波长范围内（320～1100nm）透光率达 91％以上，对于大于 1200nm 的红外光有较高的反射率。此玻璃同时能耐太阳紫外光线的辐射，透光率不下降。

（3）EVA、TPT。采用加有抗紫外剂、抗氧化剂和固化剂的厚度为 0.78mm 的优质 EVA 膜层作为太阳能电池的密封剂和与玻璃、TPT 之间的连接剂，具有较高的透光率和抗老化能力。太阳能电池的背面覆盖物为白色氟塑料膜，对太阳光起反射作用。采用双层 EVA 材料以及 TPT 复合材料的太阳能电池组件的气密性好，抗潮、抗紫外线好，不容易老化。

采用 EVA 和 TPT 材料可使太阳能电池组件的效率略有提高，并因其具有较高的红外反射率，还可降低组件的工作温度，有利于提高组件的效率。当然，采用的氟塑料膜要具有太阳能电池封装材料所要求的耐老化、耐腐蚀、不透气等。对太阳能电池组件的基本要求如下。

（1）采用的铝合金边框应具有高强度，抗机械冲击能力要强。

（2）标准测试条件：（AM1.5）辐照度为 $1000W/m^2$，电池温度为 25℃。

（3）绝缘电压：$\geqslant600V$。

（4）边框接地电阻：$\leqslant10\Omega$。

（5）迎风压强：2400Pa。

（6）填充因子：73％。

（7）短路电流温度系数：$+0.4mA/℃$。

（8）开路电压温度系数：$-60mV/℃$。

（9）工作温度：$-40\sim+90℃$。

目前，太阳能电池的封装形式主要有两种：

（1）用透明度较高的环氧树脂封装的"滴胶板"组件，滴胶板具有生产尺寸灵活、成本低、生产周期短、生产速度快等优点，其最大缺点是太阳能电池光效老化、衰减快、性能稳定性差、使用寿命短，滴胶封装虽然外形美观，但是太阳能电池工作寿命仅有 1～2 年。另外，有一种是将硅凝胶用于滴胶封装的太阳能电池，其工作寿命可以达到 10 年。

（2）用"低铁"钢化玻璃封装的，称为"层连接片"组件，层压组件生产成本高、工艺复杂、使用寿命长，在正常使用中寿命达 25 年以上。

1. 单晶硅太阳能电池组件结构规格及技术参数

（1）单晶硅太阳能电池组件结构。单晶硅太阳能电池组件实物如图 2-34 所示，单晶硅太阳能电池组件结构如图 2-35 所示。

图 2-34　单晶硅太阳能电池组件

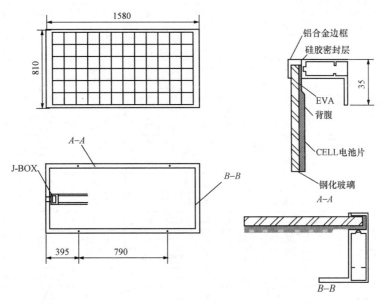

图 2-35　单晶硅太阳能电池组件结构

（2）单晶硅太阳能电池组件规格技术参数。JMD 系列单晶硅太阳能电池组件技术参数见表 2-5。

表 2-5　　　　　　　　　　JMD 系列单晶硅太阳能电池组件技术参数

型号	峰值功率（W）	最大功率电压（V）	最大功率电流（A）	短路电流（A）	开路电压（V）	最大系统电压（V）	工作温度（℃）	尺寸（mm）
JMD010-12M	10	17.5	0.58	0.63	21.5	600	−40～60	352×290×25
JMD020-12M	20	17.5	1.16	1.27	21.5	700	−40～60	591×295×28
JMD030-12M	30	17.5	1.71	1.97	21.5	700	−40～60	434×545×28
JMD040-12M	40	17.5	2.33	2.56	21.5	700	−40～60	561×545×28
JMD050-12M	50	17.5	2.91	3.2	21.5	700	−40～60	688×545×28
JMD060-12M	60	17.5	3.2	3.52	21.5	700	−40～60	816×545×28
JMD070-12M	70	17.5	4	4.4	21.5	700	−40～60	753×670×28
JMD075-12M	75	17.5	4.36	4.79	21.5	700	−40～60	753×670×28
JMD080-12M	80	17.5	4.66	5.12	21.5	700	−40～60	119×545×30
JMD085-12M	85	17.5	4.95	5.44	21.5	700	−40～60	1195×545×30
JMD090-12M	90	17.5	5.14	5.65	21.5	700	−40～60	1195×545×30
JMD140-12M	140	17.5	8	8.8	21.5	1000	−40～60	1450×670×35

SW 系列单晶硅太阳能电池组件技术参数见表 2-6。

表 2-6　　　　　　　　　　SW 系列单晶硅太阳能电池组件技术参数

型号	最大功率(W)	工作电压(V)	工作电流(A)	开路电压(V)	短路电流(A)	外形尺寸(mm) $W×L×H$	安装孔纵距(mm)	安装孔横距(mm)	安装孔大小(孔数—孔直径)	质量(kg)
SW-10S	10	17.5	0.57	21.5	0.65	356×301×28	150	320	4-φ6.4	1.4
SW-15S	15	17.5	0.86	21.5	0.97	346×426×28	116	310	4-φ6.4	2.0
SW-20S	20	17.5	1.14	21.5	1.29	346×592×28	282	310	4-φ6.4	2.7
SW-25S	25	17.5	1.43	21.5	1.61	356×676×28	366	320	4-φ6.4	3.0
SW-30S	30	17.5	1.71	21.5	1.94	356×816×28	506	320	4-φ6.4	5.0
SW-35S	35	17.5	2.00	21.5	2.26	356×816×28	506	320	4-φ6.4	5.0
SW-40S	40	17.5	2.29	21.5	2.58	670×576×28	266	634	4-φ6.4	5.5
SW-45S	45	17.5	2.57	21.5	2.91	670×576×28	266	634	4-φ6.4	5.5
SW-50S	50	17.5	2.86	21.5	3.23	510×880×40	570	474	4-φ6.4	6.0
SW-55S	55	17.5	3.14	21.5	3.55	510×880×40	570	474	4-φ6.4	6.0
SW-60S	60	17.5	3.43	21.5	3.88	670×816×40	506	634	4-φ6.4	6.5
SW-65S	65	17.5	3.71	21.5	4.20	670×816×40	506	634	4-φ6.4	6.5
SW-70S	70	17.5	4.0	21.5	4.52	670×816×40	506	634	4-φ6.4	6.5
SW-75S	75	17.5	4.29	21.5	4.84	670×990×40	680	634	4-φ6.4	7.0
SW-80S	80	17.5	4.57	21.5	5.17	670×990×40	680	634	4-φ6.4	7.0
SW-85S	85	17.5	4.86	21.5	5.49	548×1198×40	888	512	4-φ6.4	8.5
SW-90S	90	17.5	5.14	21.5	5.81	548×1198×40	888/444	512	4-φ6.4	8.5
SW-100S	100	17.5	5.71	21.5	6.46	670×1250×40	940/470	634	6-φ6.4	12.0
SW-110S	110	17.5	6.86	21.5	7.75	670×1476×40	1166/583	634	6-φ6.4	14.0
SW-120S	120	17.5	6.86	21.5	7.75	670×1476×40	1166/583	634	6-φ6.4	14.0
SW-130S	130	27	5.04	33.5	5.53	1190×795×40	810/405	735	6-φ6.4	16.0
SW-140S	140	27	5.04	33.5	5.53	1190×795×40	810/405	735	6-φ6.4	16.0

TSM 太阳能电池组件规格及电性能参数见表 2-7。

表 2-7　　　　　　　　　　TSM 太阳能电池组件规格及电性能参数

型号	峰值功率(W)	最佳工作电压(V)	最佳工作电流(A)	短路电流(A)	开路电压(V)	绝缘性能	抗电压电流冲击	抗风强度
TSM-5	5	17.5	0.29	0.64	21.5			
TSM-10	10	17.5	0.57	0.64	21.5			
TSM-15	15	17.5	0.86	0.96	21.5			
TSM-20	20	17.5	1.15	1.31	21.5			
TSM-25	25	17.5	1.43	1.60	21.5	≥100MΩ	AC2000V DC3000V	60m/s(200kg/m²)
TSM-30	30	17.5	1.74	1.92	21.5			
TSM-40	40	17.5	2.29	2.56	21.5			
TSM-50	50	17.5	3.02	3.20	21.5			
TSM-75	75	17.5	4.38	4.65	21.5			
TSM-100	100	17.5	5.85	6.23	21.5			

SUN5M 系列单晶硅太阳能电池组件规格及电性能参数见表 2-8。

表 2-8　　　　　　　　SUN5M 系列单晶硅太阳能电池组件规格及电性能参数

型号	最大功率 W_p(W)	最佳工作电压 U_m(V)	最佳工作电流 I_m(A)	开路电压 U_{oc}(V)	短路电流 I_{sc}(A)	玻璃尺寸 W(mm)$\times L$(mm)$\times H$(mm)	组件尺寸 W(mm)$\times L$(mm)$\times H$(mm)
SUN10M-12	10	17.5	0.57	21.5	0.65	350×295×3.2	301×356×25
SUN15M-12	15	17.5	0.86	21.5	0.97	280×478×3.2	287×487×28
SUN20M-12	20	17.5	1.14	21.5	1.29	280×618×3.2	287×627×28
SUN25M-12	25	17.5	1.43	21.5	1.61	468×529×3.2	536×477×28
SUN30M-12	30	17.5	1.71	21.5	1.94	468×529×3.2	536×477×28
SUN35M-12	35	17.5	2.00	21.5	2.26	529×608×3.2	537×617×40
SUN40M-12	40	17.5	2.29	21.5	2.58	529×608×3.2	537×617×40
SUN45M-12	45	17.5	2.57	21.5	2.91	529×749×3.2	537×758×40
SUN50M-12	50	17.5	2.86	21.5	3.23	529×749×3.2	537×758×40
SUN55M-12	55	17.5	3.14	21.5	3.55	529×749×3.2	537×758×40
SUN60M-12	60	17.5	3.43	21.5	3.88	529×890×3.2	537×899×40
SUN65M-12	65	17.5	3.71	21.5	4.20	529×890×3.2	537×899×40
SUN70M-12	70	17.5	4.00	21.5	4.52	529×1189×3.2	537×1198×40
SUN75M-12	75	17.5	4.29	21.5	4.84	529×1189×3.2	537×1198×40
SUN80M-12	80	17.5	4.57	21.5	5.17	529×1189×3.2	537×1198×40
SUN85M-12	85	17.5	4.86	21.5	5.49	529×1189×3.2	537×1198×40
SUN90M-12	90	17.5	5.14	21.5	5.81	529×1189×3.2	537×1198×40
SUN100M-12	100	17.5	5.71	21.5	6.46	652×1189×3.2	670×1250×40
SUN110M-12	110	17.5	6.29	21.5	7.11	652×1189×3.2	670×1250×40
SUN120M-12	120	17.5	6.86	21.5	7.75	662×1445×3.2	670×1454×40
SUN140M-24	140	35	4.00	43	4.52	802×1573×3.2	808×1580×46

2. 多晶硅太阳能电池组件结构规格及技术参数

（1）多晶硅太阳能电池组件结构。多晶硅太阳能电池组件的实物如图 2-36 所示，多晶硅太阳能电池组件结构如图 2-37 所示。

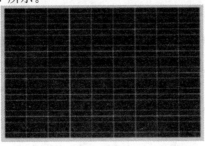

图 2-36　多晶硅太阳能电池组件

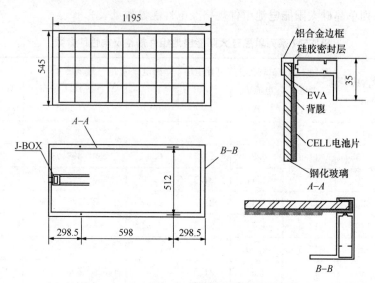

图 2-37　多晶硅太阳能电池组件结构图

（2）多晶硅太阳能电池组件规格技术参数。JMD 系列多晶硅太阳能电池组件规格技术参数见表 2-9。

表 2-9　　　　　　　　　　　JMD 系列多晶硅太阳能电池组件规格技术参数

型号	峰值功率 (W)	最大功率 电压 (V)	最大功率 电流 (A)	短路电流 (A)	开路电压 (V)	最大系统 电压 (V)	工作温度 (℃)	尺寸 $W(mm) \times L(mm)$ $\times H(mm)$
JMD010-12P	10	17.5	0.58	0.63	21.5	600	-40~60	352×290×25
JMD020-12P	20	17.5	1.16	1.27	21.5	700	-40~60	591×295×28
JMD030-12P	30	17.5	1.71	1.97	21.5	700	-40~60	434×545×28
JMD040-12P	40	17.5	2.33	2.56	21.5	700	-40~60	561×545×28
JMD050-12P	50	17.5	2.91	3.2	21.5	700	-40~60	688×545×28
JMD060-12P	60	17.5	3.2	3.52	21.5	700	-40~60	816×545×28
JMD070-12P	70	17.5	4	4.4	21.5	700	-40~60	753×670×28
JMD075-12P	75	17.5	4.36	4.79	21.5	700	-40~60	753×670×28
JMD080-12P	80	17.5	4.66	5.12	21.5	700	-40~60	1195×545×30
JMD085-12P	85	17.5	4.95	5.44	21.5	700	-40~60	1195×545×30
JMD140-12P	140	17.5	8	8.8	21.5	1000	-40~60	1450×670×35

SUN 系列多晶硅太阳能电池组件规格及电性能参数见表 2-10。

表 2-10　　　　　　　　　　SUN 系列多晶硅太阳能电池组件规格及电性能参数

型号	最大功率 W_p (W)	最佳工作 电压 U_m (V)	最佳工作 电流 I_m (A)	开路电压 U_{oc} (V)	短路电流 I_{sc} (A)	玻璃尺寸 $W(mm) \times L(mm)$ $\times H(mm)$	组件尺寸 $W(mm) \times L(mm)$ $\times H(mm)$
SUN10P-12	10	17.5	0.57	21.5	0.65	350×295×3.2	301×356×25
SUN15P-12	15	17.5	0.86	21.5	0.97	349×417×3.2	356×426×28

续表

型号	最大功率 W_p (W)	最佳工作电压 U_m (V)	最佳工作电流 I_m (A)	开路电压 U_{oc} (V)	短路电流 I_{sc} (A)	玻璃尺寸 $W(mm) \times L(mm) \times H(mm)$	组件尺寸 $W(mm) \times L(mm) \times H(mm)$
SUN20P-12	20	17.5	1.14	21.5	1.29	349×567×3.2	356×576×28
SUN25P-12	25	17.5	1.43	21.5	1.61	349×667×3.2	356×676×28
SUN30/35P-12	30	17.5	1.71	21.5	1.94	349×807×3.2	356×816×28
	35		2.00		2.26		
SUN40/45P-12	40	17.5	2.29	21.5	2.58	661×568×3.2	576×670×40
	45		2.57		2.91		
SUN50/55P-12	50	17.5	2.86	21.5	3.23	502×871×3.2	510×880×40
	55		3.14		3.55		
SUN－60/65P-12	60	17.5	3.43	21.5	3.88	662×807×3.2	670×816×40
	65		3.71		4.20		
SUN75/80P-12	75	17.5	4.29	21.5	4.84	662×981×3.2	670×990×40
	80		4.57		5.17		
SUN85/90P-12	85	17.5	4.86	21.5	5.49	540×1189×3.2	548×1198×40
	90		5.14		5.81		
SUN100P-12	100	17.5	5.71	21.5	6.46	662×1241×3.2	670×1250×40
SUN100P-24	100	35	2.86	43	3.23	662×1241×3.2	670×1250×40
SUN120P-12	120	17.5	6.86	21.5	7.75	662×1467×3.2	670×1476×40
SUN120P-24	120	35	3.43	43	3.88	662×1467×3.2	670×1476×40

LNGF 系列多晶硅太阳能电池组件规格及电性能参数见表 2-11。

表 2-11　　　　LNGF 系列多晶硅太阳能电池组件规格及电性能参数

型号	功率 (W)	开路电压 (V)	短路电流 (A)	工作电压 (V)	工作电流 (A)	组件尺寸 $W(mm) \times L(mm) \times H(mm)$	最大系统电压 (V)	电池尺寸 $(mm \times mm)$
LNGF-10	10	21.5	0.68	17	0.58	515×240×25	1000	100×100
LNGF-20	20	21.5	1.35	17	1.16	671×350×25	1000	100×100
LNGF-50	50	21.5	3.02	17	2.85	977×443×40	1000	103×103
LNGF-85	85	21.5	5.18	17	5	1194×540×40	1000	125×125

第3章

新能源发电蓄能技术及工程设计

3.1 新能源发电蓄能技术及蓄电池

3.1.1 新能源发电蓄能技术

1. 新能源发电蓄能技术的作用

新能源发电蓄能技术是转移高峰电力、开发低谷用电、优化资源配置、保护生态环境的一项重要技术措施。在我国,蓄能技术的推广应用刚刚起步,虽然推广应用的面很小,但效益明显,潜力很大。蓄能技术特别适用于可再生能源发电系统,由于可再生能源的不稳定性,导致其不能连续运行,因此,蓄能技术在新能源发电系统中有着非常重要的作用。在新能源发电系统中的蓄能技术作用如下:

(1) 负荷调节作用。能量存储装置可在电力系统的负荷低谷期充电,负荷高峰期放电。

(2) 负荷跟踪。超导蓄能系统、蓄电池蓄能系统和飞轮蓄能系统等通过电力电子接口,能够快速跟踪负荷的变化,从而减轻了大型发电机跟踪负荷的需要。

(3) 系统稳定。蓄能装置输出的有功功率和无功功率可迅速变化,可有效地对系统中的功率和频率振荡起到阻尼作用。

(4) 自动发电控制。具有 AGC 的蓄能装置可有效地减小区域控制误差。

(5) 旋转动能存储。具有电力电子接口的蓄能装置可迅速地增加其电能输出,可作为电力系统中的旋转动能,减少常规电力系统对旋转动能的需要。

(6) VAR 控制和功率因素校正。具有电力电子接口的蓄能装置,在快速提供有功功率的同时还可以提供迅速变化的无功功率。

(7) 黑启动能力。蓄能装置可以为孤岛运行的新能源发电设备提供启动时需要的电能。

(8) 增加发电设备的效率以减少其维护。蓄能装置跟踪负荷的能力可使新能源发电系统运行于恒定输出功率状态,使发电设备运行于高效率点上,从而提高了总的发电效率、发电设备的维护间隔和使用寿命。

(9) 延缓了系统对新增输电容量的需要。在系统中适当的地区配置蓄能装置,在用电低谷期对它们充电,从而减少了输电线路的峰值负荷容量,有效地增加了输电线路的容量。

(10) 延缓了系统对新增发电容量的需求。当蓄能装置削平了负荷峰值后,即减少了系统对调峰机组容量的需要。

(11) 提高了发电设备的有效利用率。在用电高峰期,蓄能装置输出的电力可增加系统的总容量。

2. 适用于新能源发电的蓄能技术

蓄能技术具有极高的战略地位，长期以来世界各国都在一直不断支持蓄能技术研究和应用，并给予大力的财政资助。可用于新能源发电的蓄能方式主要有蓄电池蓄能、抽水蓄能、飞轮蓄能、压缩空气蓄能、超导蓄能，超导蓄能目前受制于技术的进步，短期内看不到大规模应用的前景；飞轮蓄能转换效率较低，大功率飞轮实现难度大；压缩空气蓄能对安全要求较高，实现存在一定难度。国内主要倡导的是抽水蓄能和蓄电池蓄能，抽水蓄能电站技术成熟、存储容量大、运行寿命长，适宜于电力系统的大容量蓄能，但是受水资源和地理条件的限制。因此，蓄电池蓄能的技术研究是目前新能源发电领域研究热点之一。

3.1.2 蓄电池蓄能

由于自然资源的特性，可再生能源用于发电时其功率输出具有明显的间歇性和波动性，其变化是随机的，容易对电网产生冲击，严重时会引发电网事故。为充分利用可再生能源并保障其供电可靠性，就要对这种难以准确预测的能量变化进行及时的控制和抑制，蓄能装置就是用来解决这一问题的。蓄电池蓄能系统由蓄电池、逆变器、控制装置、辅助设备（安全、环境保护设备）等部分组成。

（1）钠硫电池。钠硫电池由美国福特（Ford）公司于 1967 年首先发明，至今已有 50 多年的历史。然而，受困于钠硫电池性能的提升、安全可靠性保障技术、成本以及规模化生产的工艺和装备技术，尤其是核心部件氧化铝陶瓷管（在电池中起隔膜作用）的制造及保持钠硫电池一致性的批量化生产工艺，使世界上多家曾经涉足过钠硫电池研发的公司陆续退出。

钠硫电池以钠和硫分别用作阳极和阴极，Beta-氧化铝陶瓷同时起隔膜和电解质双重作用。钠硫电池的优点：比能量高；可大电流、高功率放电；充放电效率高。钠硫电池的缺点：工作温度较高（300~350℃）；充电状态只能用平均值计量，需要周期性的离线度量；由于硫具有腐蚀性，钠硫电池的壳体需经过严格耐腐处理，技术受国外垄断。

目前，全球只有日本 NGK 拥有成熟的钠硫电池生产和研发体系，在市场上也有成熟的应用业绩。我国在大容量钠硫电池关键技术和小批量制备（年产 2MW）上也取得了突破，但在生产工艺、重大装备、成本控制和满足市场需求等方面仍存在明显不足。上海市电力公司与上海硅酸盐所联合开发蓄能钠硫电池，已建立了钠硫电池中试线（2MW），并制备了 650Ah 的钠硫单体电池样品，但是在循环寿命、充放倍率、生产成本等关键性能指标上距离 NGK 仍然有较大的差距。

（2）钒液流电池。钒液流电池全称为全钒离子氧化还原液流电池，钒液流电池中的两个氧化—还原电极的活性物质，分别装在两个大储液罐中的溶液中，各用一个泵，使溶液流经电池，并在离子交换膜两侧的电极上分别发生还原和氧化反应。单电池通过双极板串联成堆。钒液流电池作为蓄能电源，主要用于电厂（电站）调峰电源系统、大规模的光电转换系统、风能发电的蓄能电源以及边远地区蓄能系统、不间断电源或应急电源系统等。

钒液流电池的优点：功率和蓄能容量可以独立设计，系统组装设计灵活；可高功率输出；易于维护，安全稳定；环境友好；可超深度放电（100%）而不引起电池的不可逆损伤；响应速度快。钒液流电池的缺点是：需要额外的动力电源维持电池的正常运行，降低了其整体的能量效率；电解液易泄漏，需事故预防；钒液流电池的造价较高，与铁锂电池相比性价比差。

钒液流电池最早由美国航空航天局（NASA）资助研发，澳大利亚的 Pinnacle VRB Ltd 公司及加拿大的 VRB Power Systems 公司在大型液流电池蓄能系统（VRBESS）的开发上走在世界前列。我国研究始于 20 世纪 90 年代，中国科学院大连物化所、中国工程物理研究院电子工程研究所、中国科学院金属研究所和中南大学等先后加入到 VRB 的研究中来。在 2006 年，中国科学院大连物化所研制成功 10kW 级 VRB 系统，但钒电解液和隔膜的高成本阻碍其商业化推广。

（3）镍氢电池。镍氢电池是新型环保的二次碱性电池，正极材料为羟基氧化镍，负极材料为储氢合金粉。镍氢电池的优点：具有较高的容量、结构坚固、充放循环次数多；镍氢电池是密封免维护电池，不含铅、铬、汞等有毒物质，正常使用过程中也不会产生任何有害物质。镍氢电池具有较好的低温放电特性，自放电率很小，可深度放电，价格相对较低。缺点是：有记忆效应，能量密度低，充电速度较慢，原材料制造成本较高。由于使用大量有色金属镍和稀土元素，镍氢电池制造成本相对较高，与锂离子电池相比，比能量较低，正逐渐被锂离子电池所替代。

1982 年美国 Ovonic 公司申请储氢合金用于电池制造的专利，1985 年荷兰的飞利浦公司突破了储氢合金在充放电过程中容量衰减的问题，使镍氢电池广泛应用。在美国和日本，镍氢电池技术主要应用于混合动力汽车领域。日本松下电池公司是从事电动车用镍氢电池开发的主要代表性厂家，不但开发了纯电池电动车用的 EV 型电池组，还开发了供汽油机—电池混合动力源的 HEV 用的高功率型镍氢电池。

在国家 863 计划的推动下，国内镍氢电池产业得到了较大的发展，目前单体电池的技术指标与国外的相差不大，但一致性和循环寿命与国外有一定差距，特别是集成大规模电池组后各项指标相差较大。北京有色金属总院进行了电动车用方形镍氢电池的研究试验，共涉及 10、44、80、100Ah 四种单体电池，比能量分别为 55、58、60、67Wh/kg。由镍氢电池整合而成的电池电源系统已在国内一汽、二汽、上海汽车工业集团、上海磁悬浮样车的备用电源上广泛使用，国内混合电动车企业大都采用镍氢蓄电池作为电源。目前，国内已在上海市电力公司建设的 100kW 蓄能试验园区内建立了 100kW×1.5h 的镍氢电池蓄能系统，整个系统含 100kW×1.5h 镍氢电池、120kVA PCS 和专门开发的蓄能用监控系统组成。

（4）锂离子电池。锂离子电池是新型绿色环保蓄电池，主要结构分为正极、负极、电解液、隔膜。锂离子电池在放电时，锂离子从负极释放出进入正极。锂离子电池在充电时，锂离子从正极释放进入负极。锂离子电池按正极材料分类主要有钴酸锂、锰酸锂、镍酸锂、三元材料、磷酸亚铁锂等。各种系列锂电池特性比较如下：

1）磷酸亚铁锂具有高放电功率、低成本、可快速充电且循环寿命长（1000 次以上），在高温高热环境下的稳定性高（300℃高温以上才有安全隐患），在大容量、高功率、安全性方面表现出最佳的性能。

2）三元材料是钴锰镍混合材料，所表现出的电化学性能兼备了钴锰镍三者的优点，弥补了各自的不足，具有高比容量、成本较低、循环性能稳定、安全性能较好等特点，多在小型功率型电池设计中采用。

3）锰酸锂的安全性比钴酸锂高，但高温环境的循环寿命较差（500 次）。

4）钴酸锂的容量较高，最大的问题是安全性差、成本高、循环寿命短。

锂离子电池不仅具备高比能量、高比功率、高能量转换效率等优点，而且兼具长循环寿命。目前锂离子电池饱受困扰的是体系安全性稍差，价格还较高。相对于其他体系的锂离子电池，磷酸亚铁锂离子电池是最有希望的，因磷酸亚铁锂材料的单位价格不高，其成本在其他几种体系的锂电池材料中是最低的，而且对环境无污染。磷酸亚铁锂相比其他锂材料的体积要大，适合用于大型蓄能系统。目前,锂离子电池蓄能技术日益成熟,逐步取代镍氢电池的部分市场。

(5) 铅酸电池。综合分析各种蓄电池的特性,由于铅酸蓄电池具有良好的性价比,而且能量密度也能达到系统设计的要求,因此在这些蓄电池之中,性价比很高的铅酸蓄电池最适合应用于新能源发电系统,铅酸蓄电池历史悠久,应用十分广泛,铅酸蓄电池于 1859 年由普兰特(Plante) 发明,至今已有 150 多年历史。一百多年来,铅酸蓄电池的工艺、结构、生产、性能和应用都在不断发展,科学技术的发展给古老的铅酸蓄电池带来蓬勃的生机。

铅酸蓄电池放电工作电压较平稳,既可小电流放电,也可很大电流放电,工作温度范围宽,可在 -40~65℃ 工作。铅酸蓄电池技术成熟、成本低廉,跟随负荷输出特性好是其最大优点,因此至今仍不失为蓄电池中的重要产品。但这种蓄电池也有明显缺点,例如质量大,质量比能量低,虽然铅酸蓄电池的理论比能量为 240Wh/kg,而实际只有 10~50Wh/kg,普通铅酸蓄电池需要维护,充电速度慢。

铅酸蓄电池在近代有了重大改革,性能有了极大飞跃。主要标志是 20 世纪 70 年代研发的阀控密封式铅酸 (Valve-Regulated Lead Acid Battery,VRLA) 蓄电池。美国 Gates Energy Products Inc 首创超细玻璃纤维吸液式全密封技术,从而发展了铅酸蓄电池。近十来年中,又进一步提高双极性 VRLA 蓄电池和水平式电极 VRLA 蓄电池性能。在双极性 VRLA 蓄电池中引入强力薄板两侧为正负活性物质的双极性电极,使内阻大大降低,从而大大提高比能量和充电速度,这种 VRLA 蓄电池能量高、成本低、寿命长 (十年)、容量大 (是普通铅酸蓄电池的二倍)、不漏液、安全、不污染、可回收、免维护、使用方便。对于新发展的双极性和水平式电极 VRLA 蓄电池,其 C/3 放电比能量≥50Wh/kg,显示了优良的性能。

蓄能技术的不断发展,会促使新能源发电系统更快地发展。同时,新能源发电与蓄能技术的结合大大提高了系统的能源利用率,改善系统的稳定性、可靠性以及经济性。

3.2　铅酸蓄电池分类及工作原理

3.2.1　铅酸蓄电池的分类及技术指标

1. 铅酸蓄电池的分类

对于铅酸蓄电池的种类,就目前市场上主流产品而言,有普通铅酸蓄电池,采用超细玻璃纤维隔膜 (AGM) 的 VRLA 蓄电池;采用胶体电解液 (GFL) 的 VRLA 蓄电池。铅酸蓄电池能够反复运用,符合经济实用原则,这是最大优点,蓄电池具有电压稳定、供电可靠、移动方便等优点,它广泛地应用于发电厂、变电站、通信系统、电动汽车、航空航天、新能源发电等领域。铅酸蓄电池的性能参数很多,主要有四个指标:

(1) 工作电压,铅酸蓄电池放电曲线上的平台电压。

(2) 铅酸蓄电池容量,常用安时 (Ah) 或毫安时 (mAh) 表示。

(3) 工作温区,铅酸蓄电池正常放电的温度范围。

(4) 循环寿命,铅酸蓄电池正常工作的充放电次数。

铅酸蓄电池的性能可由铅酸蓄电池特性曲线表示,这些工作曲线有充电曲线、放电曲线、充放电循环曲线、温度曲线和储存曲线,铅酸蓄电池的安全性由特定的安全检测进行评估。

普通铅酸蓄电池由于具有使用寿命短、效率低、维护复杂、所产生的酸雾污染环境等问题,使其使用范围很有限,目前已逐渐被淘汰。VRLA 蓄电池整体采用密封结构,不存在普通铅酸蓄电池的气胀、电解液渗漏等现象，使用安全可靠、寿命长，正常运行时无须对电解液进行检测和调酸加水，又称为"免维护"蓄电池。

VRLA 蓄电池的基本结构如图 3-1 所示。它由正负极板、隔板、电解液、安全阀、气塞、外壳等部分组成。正极板上的活性物质是二氧化铅（PbO_2），负极板上的活性物质为海绵状纯铅（Pb）。电解液由蒸馏水和纯硫酸按一定比例配制而成。VRLA 蓄电池槽中装入一定密度的电解液后，由于电化学反应，在正、负极板间会产生约为 2.1V（单体 VRLA 蓄电池）的电动势。

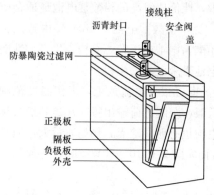

图 3-1　VRLA 蓄电池的基本结构

铅酸蓄电池密封的难点就是充电时水的电解，当充电达到一定电压时（一般在 2.30V/单体以上），在铅酸蓄电池的正极上放出氧气，负极上放出氢气。一方面释放气体带出酸雾污染环境；另一方面电解液中水分减少，必须隔一段时间进行补加水维护。VRLA 蓄电池就是为克服这些缺点而研制的产品，其产品特点为：

（1）极板之间不再采用普通隔板，而是用超细玻璃纤维作为隔膜，电解液全部吸附在隔膜和极板中，VRLA 蓄电池内部不再有游离的电解液；由于采用多元优质板栅合金，提高气体释放的过电位。普通铅酸蓄电池板栅合金在 2.30V/单体（25℃）以上时释放气体。采用优质多元合金后，在 2.35V/单体（25℃）以上时才释放气体，从而相对减少了气体释放量。

（2）让负极有多余的容量，即比正极多出 10% 的容量。充电后期正极释放的氧气与负极接触，发生反应，重新生成水，即 $O_2+2Pb\rightarrow 2PbO+2H_2SO_4\rightarrow H_2O+2PbSO_4$，使负极由于氧气的作用处于欠充电状态，因而不产生氢气。这种正极的氧气被负极铅吸收，再进一步化合成水的过程，即所谓阴极吸收原理。

（3）为了让正极释放的氧气尽快流通到负极，必须采用和普通铅酸蓄电池所采用的微孔橡胶隔板不同的新型超细玻璃纤维隔板。其孔率由橡胶隔板的 50% 提高到 90% 以上，从而使氧气易于流通到负极，再化合成水。另外，超细玻璃纤维隔板具有吸附硫酸电解液功能，因此即使 VRLA 蓄电池倾倒，也无电解液溢出。由于采用特殊结构设计，控制气体的产生。在正常使用时，VRLA 蓄电池内部不产生氢气，只产生少量氧气，且产生的氧气可在 VRLA 蓄电池内部自行复合，由电解液吸收。

（4）采用阀控密封滤酸结构，电解液不会泄漏，使酸雾不能逸出，达到安全、保护环境的目的，VRLA 蓄电池可以卧式安装，使用方便。

（5）壳体上装有安全排气阀，当 VRLA 蓄电池内部压力超过安全阀的阈值时自动开启，保证 VRLA 蓄电池安全工作。

VRLA 蓄电池在阴极吸收过程中，由于产生的水在密封情况下不能溢出，因此 VRLA 蓄电池可免除补加水维护，这也是将 VRLA 蓄电池称为"免维"蓄电池的由来。但是，免维护的含义并不是任何维护都不做，恰恰相反，为了提高 VRLA 蓄电池的使用寿命，VRLA 蓄电池除了免除补充水，其他方面的维护和普通铅酸蓄电池是相同的。

2. 蓄电池技术指标

（1）蓄电池的容量。蓄电池在一定放电条件下所能给出的电量称为蓄电池的容量，常用 C 表示。然而，蓄电池作为电源，由于其端电压是一个变值，选用安培小时（Ah）表示蓄电池

的电源特性，更为准确。蓄电池的容量定义为

$$Q = \int_0^t i \mathrm{d}t \qquad (3\text{-}1)$$

理论上，t 可以趋于无穷，但实际上，当蓄电池放电低于终止电压时仍继续放电，可能损坏蓄电池，故对 t 值有限制。所谓终止电压指蓄电池低于这一规定的电压时，蓄电池就无法正常工作的电压。换言之，蓄电池在低于终止电压的情况下继续放电使用，可能会造成蓄电池永久性损坏。

在蓄电池行业中，常以小时或分钟表示蓄电池可持续放电的时间，常见的有：C_{24}、C_{20}、C_{10}、C_8、C_3、C_1 等标称容量值。蓄电池容量可分为理论容量、额定容量、实际容量：

1）理论容量是把活性物质的质量按法拉第定律计算而得到的最高理论值。

2）实际容量是指蓄电池在一定条件下所能输出的电量，它等于放电电流与放电时间的乘积，其值小于理论容量。

3）额定容量也称为标称容量、保证容量，是按国家或有关部门颁发的标准，保证蓄电池在一定的放电条件下应该放出的最低限度的容量。固定型蓄电池一般采用 10 小时率所放出的容量为蓄电池的额定容量，并用来标定蓄电池的型号。蓄电池的额定容量或标称容量用字母 C 表示。例如，额定容量为 6Ah 的蓄电池，$C=6$Ah；额定容量为 24Ah 的蓄电池，$C=24$Ah。

为了比较不同系列的蓄电池，常用比容量概念，即单位体积或单位质量蓄电池所能给出的电量，分别称为体积比容量和质量比容量，其单位分别为 Ah/L（安时/升）或 Ah/kg（安时/千克）。

在衡量蓄电池的指标中，蓄电池的额定电压和额定容量是两个最常用的技术指标。例如，日本汤浅 NP6-12 型蓄电池的额定电压为 12V，额定容量是 6Ah/20h；德国阳光 A406/165 型蓄电池的额定电压为 6V，额定容量是 165Ah/20h。

在恒流放电的情况下，蓄电池容量为

$$Q = I \times t \qquad (3\text{-}2)$$

式中：Q 为蓄电池放出的电量，Ah；I 为放电电流，A；t 为放电时间，h。

蓄电池容量的概念实质是蓄电池能量转化的表示方式，例如，考虑到蓄电池的端电压 E 等于 12V，在实际使用时保持近乎不变的事实，其输出能量表达式为 $W(t) = I \times V \times t = I \times E \times t$，因此，6Ah 从能量效果的角度，可理解为 NP6-12 型蓄电池在保持端电压不变的情况下释放能量，若以 6A 电流放电可释放 1h 或以 1A 的电流放电 6h。

（2）蓄电池的电压。

1）开路电压。蓄电池在开路状态下的端电压称为开路电压，蓄电池的开路电压等于蓄电池在开路时（即没有电流通过两极时）蓄电池的正极电位与负极电位之差。蓄电池的开路电压用 U_k 表示，即

$$U_k = E_z - E_f \qquad (3\text{-}3)$$

式中：E_z 为蓄电池正极电位；E_f 为蓄电池负极电位。

2）工作电压。指蓄电池接通负荷后在放电过程中显示的电压，又称负荷（载）电压或放电电压，放电电压常用 U 表示

$$U = U_k - I(R_0 + R_j) \qquad (3\text{-}4)$$

式中：I 为蓄电池放电电流；R_0 为蓄电池的欧姆电阻；R_j 为蓄电池的极化电阻。

3）初始电压。蓄电池在放电初始的工作电压称为初始电压。

4）充电电压。充电电压是指蓄电池在充电时，外电源加在蓄电池两端的电压。

5）浮充电压。蓄电池的浮充电压为充电电源对蓄电池进行浮充电时设定的电压值，蓄电池要求充电电源有精确而稳定的浮充电压值，浮充电压值高意味着储能量大，质量差的蓄电池浮充电压值一般较小，人为地提高浮充电压值对蓄电池有害而无益。

6）终止电压。蓄电池放电终止电压是蓄电池放电时电压下降到不能再继续放电的最低工作电压，一般规定固定型铅酸蓄电池以 10 小时率放电时，单体铅酸蓄电池放电的终止电压为 1.8V（相对于单体 2V 铅酸蓄电池、25℃时）。

（3）蓄电池充放电曲线。蓄电池电压随充电时间变化的曲线称为充电曲线，蓄电池电压随放电时间变化的曲线称为放电曲线。

（4）放电时率与放电倍率。

1）放电时率。蓄电池放电时率是以放电时间长短来表示蓄电池放电的速率，即蓄电池在规定的放电时间内，以规定的电流放出的容量，放电时率可用下式确定

$$T_K = \frac{C_K}{I_K} \tag{3-5}$$

式中：T_K（T_{10}、T_3、T_1）为蓄电池 10、3、1 等小时放电率；C_K（C_{10}、C_3、C_1）为蓄电池以 10、3、1 等小时放电率放电时的放电容量，Ah；I_K（I_{10}、I_3、I_1）为蓄电池以 10、3、1 等小时放电率放电时的放电电流，A。

2）放电倍率。放电倍率（X）是放电电流为蓄电池额定容量的一个倍数，即

$$X = \frac{I}{C} \tag{3-6}$$

式中：X 为放电倍率；I 为放电电流；C 为蓄电池的额定容量。

为了对容量不同的蓄电池进行比较，放电电流不用绝对值（安培）表示，而用额定容量 C 与放电制时间的比来表示，称作放电速率或放电倍率。20h 制的放电速率就是 $C/20 = 0.05C$，单位为 A。对于 NP6-12 型蓄电池，$0.05C$ 等于 0.3A 电流。

（5）能量和比能量。

1）能量。蓄电池的能量是指在一定放电制度下，蓄电池所能给出的电能，通常用 W 表示，其单位为瓦时。蓄电池的能量分为理论能量和实际能量，理论能量可用理论容量和电动势的乘积表示，而蓄电池的实际能量为一定放电条件下的实际容量与平均工作电压的乘积。

2）比能量。蓄电池的比能量是单位体积或单位质量的蓄电池所给出的能量，分别称为体积比能量和质量比能量，单位为 Wh/L 和 Wh/kg。

（6）功率和比功率。

1）功率。蓄电池的功率是指蓄电池在一定的放电制度下，在单位时间内所给出能量的大小，常用 P 表示，单位为 W。蓄电池的功率分为理论功率和实际功率，理论功率为在一定放电条件下的放电电流和电动势的乘积，而蓄电池的实际功率为在一定放电条件下的放电电流和平均工作电压的乘积。

2）比功率。蓄电池的比功率是指单位体积或单位质量蓄电池输出的功率，分别称为体积比功率 W/L 或质量比功率 W/kg。比功率是蓄电池重要的性能技术指标，蓄电池的比功率大，表示它承受大电流放电的能力强。

（7）循环寿命。循环寿命又称为使用周期，是指蓄电池在一定的放电条件下，蓄电池容量降到某一规定值前所经历的充放电次数。

（8）自放电。蓄电池的自放电是指蓄电池在开路搁置时的自动放电现象，蓄电池发生自放电将直接减少蓄电池可输出的电量，使蓄电池容量降低。蓄电池自放电产生的主要原因是由于电极在电解液中处于热力学的不稳定状态，蓄电池的两个电极各自发生氧化还原反应的结果。在两个电极中，负极的自放电是主要的，自放电的发生使活性物质被消耗，转变成不能利用的热能。自放电的大小，可以用自放电率来表示，即用在规定时间内蓄电池容量降低的百分数来表示

$$Y\% = \left(\frac{C_1 - C_2}{C_1 \times T}\right) \times 100\% \tag{3-7}$$

式中：$Y\%$ 为自放电率；C_1 为蓄电池搁置前的容量；C_2 为蓄电池搁置后的容量；T 为蓄电池的搁置时间，一般用天、周、月或年来表示。

蓄电池自放电速率的大小是由动力学的因素决定的，主要取决于电极材料的本性、表面状态、电解液的组成和浓度、杂质含量等，也取决于搁置的环境条件，如温度和湿度等因素。

（9）内阻。蓄电池的内阻是指电流通过蓄电池内部受到的阻力，它包括欧姆内阻和极化内阻，极化内阻又包括电化学极化内阻和浓差极化内阻。由于内阻的存在，蓄电池的工作电压总是小于蓄电池的开路电压或电动势。

欧姆内阻是由蓄电池板栅、活性物质、隔膜和电解液产生，虽遵循欧姆定律，但也随蓄电池荷电状态而改变，而极化内阻则随电流密度增加而增大，但不是线性关系。因此蓄电池的内阻不是常数，它在充放电过程中随时间而不断地改变，即随活性物质的组成状态、电解液浓度和温度的不断改变而改变。

高质量的蓄电池和质量差的蓄电池在内阻上差别很大，高质量蓄电池能持续大电流放电，就是因为其内阻很小，而质量差的蓄电池则不然，由于其内阻较大，一方面在大电流放电时，端电压下降很快，达不到所要求的时间，就已接近终止电压；另一方面由于内阻较大，在充放电过程中功耗加大使蓄电池发热。

由于 VRLA 蓄电池是密封的，不像普通铅蓄电池那样透明直观，又无法直接测量电解液密度，因而给使用维护工作带来一定的困难。于是人们希望通过检测 VRLA 蓄电池内阻的办法来识别和预测 VRLA 蓄电池的性能。目前进口的和国产的用于在线测量 VRLA 蓄电池内阻的电导测试仪已在一些部门得到应用，但在应用实践中发现，利用在线检测 VRLA 蓄电池内阻（或电导）来识别和判断 VRLA 蓄电池的性能并不能令人满意。

宏观看来，如果 VRLA 蓄电池的开路电压为 U_0，当用电流 I 放电时其端电位为 U，则 $r = (U_0 - U)/I$ 就是 VRLA 蓄电池内阻。然而这样得到的 VRLA 蓄电池内阻并不是一个常数，它不但随 VRLA 蓄电池的工作状态和环境条件而变，而且还因测试方法和测试持续时间而异，究其实质是 VRLA 蓄电池内阻 r 包括复杂的而且是变化着的成分。宏观上测出的 VRLA 蓄电池内阻 r（即稳态内阻）是由 3 部分组成的：

1）欧姆内阻 R_Ω 包括蓄电池内部的电极、隔膜、电解液、连接条和极柱等全部零部件的电阻，虽然在 VRLA 蓄电池整个寿命期间它会因板栅腐蚀和电极变形而改变，但是在每次检测 VRLA 蓄电池内阻过程中 可以认为是不变的。

2）浓差极化内阻是由电化学反应过程中离子浓度变化引起的，只要有电化学反应在进行，反应离子的浓度就总是在变化的，因而它的数值是处于变化状态，测量方法不同或测量持续时间不同，其测得的结果也会不同。

3）活化极化内阻是由电化学反应体系的性质决定的，VRLA 蓄电池的电化学体系和结构

确定了，其活化极化内阻也就确定了；只有在 VRLA 蓄电池寿命后期或放电后期，电极结构和状态发生了变化而引起反应电流密度改变时才有改变，但其数值仍然很小。

蓄电池的极板涂膏、电解质和隔离板构成了 VRLA 蓄电池内阻中的电化学电阻部分，VRLA 蓄电池长时间的使用会造成活性物质减少或涂膏老化，使 VRLA 蓄电池的电化学电阻不断增加。在 VRLA 蓄电池充放电时，由于电解液比重的变化，以及隔离网的成分或其表面的化学构成改变，也都会使 VRLA 蓄电池的电化学电阻产生暂时的变化。隔离网蠕变、堵塞、短路或者硫化现象，是使 VRLA 蓄电池电化学电阻异常或增加的原因。

3.2.2　铅酸蓄电池工作原理

1. 普通铅酸蓄电池的工作原理

19 世纪中期，铅酸蓄电池的问世解决了部分用电设备的随机用电问题。但历经 100 多年的发展，其工作原理基本上没有什么变化，它的正常充放电的化学方程式为

$$PbO_2 + 2H_2SO_4 + Pb \Longleftrightarrow 2PbSO_4 + 2H_2O$$

以上正常充放电化学方程式为理想化的原理方程式，似乎只要不受到机械损伤，一只铅酸蓄电池可无休止的使用下去，完成充放电过程。

在充电时，正极由硫酸铅($PbSO_4$)转化为二氧化铅(PbO_2)后，将电能转化为化学能储存在正极板中；负极由硫酸铅($PbSO_4$)转化为海绵状铅(海绵状 Pb)后，将电能转化为化学能储存在负极板中。

在放电时，正极由二氧化铅(PbO_2)变成硫酸铅($PbSO_4$)，将化学能转换成电能向负载供电，负极由海绵状铅(海绵状 Pb)变成硫酸铅($PbSO_4$)，将化学能转换成电能向负载供电。

当然，是要铅酸蓄电池的正极和负极同时以相同的当量，在相同状态下（如充电或放电态）进行电化学反应，才能实现上述充电或放电过程，任何时候任何情况下都不可能由正极单独或由负极单独来完成上述电化学反应的。由此可知，如果一只铅酸蓄电池中的正极板是好的，而负极板坏了的话，那就等于这只铅酸蓄电池变成了报废的铅酸蓄电池。同样，如果一只铅酸蓄电池的负极板是好的，而正极板坏了的话，这只铅酸蓄电池也是一只报废的铅酸蓄电池。除此之外，正极板中可以参加能量转换的物质量（活性物质的量）与负极板中可以参加能量转换的物质量（活性物质的量）要互相匹配。如果不匹配，一个多一个少的话，那个多出来的部分是一种浪费，而且每一种参加电化学反应的物质与另一物质相匹配的量都是不同的，一种物质可将一个安培小时的电量转化为化学能储存起来的该物质的量称为电化当量（即电能与化学能相互转换的相当物质的量），每一种活性物质的电化当量都是由其电化反应方程式计算出来的。

当铅酸蓄电池的电化学反应式由左向右进行时，是铅酸蓄电池的放电反应。当上述电化学反应式由右向左进行时，是铅酸蓄电池的充电反应。

从铅酸蓄电池的电化学反应式中可以看出，在铅酸蓄电池放电时，正极必须有 1 个克分子量的二氧化铅，负极必须有 1 个克分子量的海绵状铅，同时还应有 2 个克分子量的硫酸参与，这个放电过程才能顺利进行。利用法拉第定律中的法拉第常数，通过铅酸蓄电池的电化学反应方程式，经过计算后得知：二氧化铅的电化当量为 41.46g，海绵状铅的电化当量为 33.87g。这就是说：要使铅酸蓄电池放出一个安培小时的电量来，正极必须有 41.46g 的二氧化铅活性物质，同时负极必须有 33.87g 海绵状铅活性物质，并在足够量的硫酸存在下才能实现。要使铅酸蓄电池放出 100Ah 的电量来，正极必须有 4146g 二氧化铅，负极要有 3387g 海绵状铅才能

实现。这就从原理上说明了铅酸蓄电池的电容量是由活性物质量的多少来决定的。这也是用户在购买铅酸蓄电池时,为什么说质量大的铅酸蓄电池比质量小的铅酸蓄电池其质量好的根本原因所在。当然,这里列出的电化当量只是一个理论值。

事实上,铅酸蓄电池在充电时会有气体析出,因为在其完成正常充放电过程的同时,伴随着许许多多其他的化学反应,在电解液中含有 Pb^+、H^+、HO^-、SO_4^{2-} 等带电离子,特别在充电末期,铅酸蓄电池正负极分别还原为 PO_2 和 Pb 时,部分 H^+ 与 HO^- 会在充电状态下产生 H_2 与 O_2 两种气体,其方程式如下

$$2H^+ + 2HO^- \Longrightarrow 2H_2 \uparrow + O_2 \uparrow$$

2. VRLA 蓄电池的工作原理

VRLA 蓄电池的工作原理基本上仍沿袭于传统的铅酸蓄电池,它的正极活性物质是二氧化铅 (PbO_2),负极活性物质是海绵状金属铅 (Pb),电解液是稀硫酸 (H_2SO_4),其电极反应方程式如下

正极 $$PbSO_4 + 2H_2O \Leftrightarrow PbO_2 + HSO_4^- + 3H^+ + 2e$$

负极 $$PbSO_4 + H^+ + 2e \Leftrightarrow Pb + HSO_4^-$$

VRLA 蓄电池反应方程式

$$2PbSO_4 + 2H_2O \Leftrightarrow Pb + PbO_2 + 2H_2SO_4$$

VRLA 蓄电池的设计原理是把所需分量的电解液注入极板和隔板中(没有游离的电解液),通过负极板潮湿来提高吸收氧的能力,为防止电解液减少而把蓄电池密封,故 VRLA 蓄电池又称"贫液铅酸蓄电池"。

VRLA 蓄电池在结构、材料上作了重要的改进,如图 3-2 所示,正极板采用铅钙合金或铅镉合金、低锑合金,负极板采用铅钙合金,隔板采用超细玻纤隔板,并使用紧装配和贫液设计工艺技术,整个 VRLA 蓄电池的化学反应密封在塑料蓄电池壳内,出气孔上设有单向的安全阀。这种结构的蓄电池,在规定充电电压下进行充电时,正极析出的氧 (O_2) 可通过隔板通道传送到负极板表面,还原为水 (H_2O),由于 VRLA 蓄电池采用负极板比正极多出 10% 的容量,使氢气析出时的电位提高,加上反应区域和反应速度的不同,使正极出现氧气先于负极出现氢气,正极电解水反应式如下

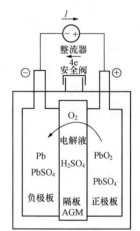

图 3-2 蓄电池工作原理
示意图

$$2H_2O \longrightarrow O_2 + 4H^+ + 4e^-$$

氧气通过隔板通道或顶部到达负极进行化学反应

$$Pb + 1/2O_2 + 2H_2SO_4 \longrightarrow PbSO_4 + H_2O$$

负极被氧化成硫酸铅,经过充电又转变成海绵状铅

$$PbSO_4 + 2e^- + H^+ \longrightarrow Pb + HSO_4^-$$

这是 VRLA 蓄电池特有的内部氧循环反应机理,在这种充电过程中,电解液中的水几乎不损失,使 VRLA 蓄电池在使用过程中达到不需加水的目的。

尽管生产厂家采取各种技术减少 H_2 与 O_2 两种气体的析出,使它们尽量消化在 VRLA 蓄电池内部,如让负极板的活性物质剩余以吸收部分先行析出的 O_2,从而有效控制水的电解,减少电解液的消耗。方程式如下

$$2Pb + O_2 + 2H_2SO_4 \Leftrightarrow 2PbSO_4 + 2H_2O$$

但是,绝对控制 H_2 与 O_2 的析出是不可能的,事实上电解液仍要少量的消耗,仍会有少

量的氢气与氧气析出。从这方面说，VRLA 蓄电池不是"免维护"而是少维护，随着科学技术工艺水平的发展，经验的积累，对电解液消耗的控制能力越来越强，从而有效的减少了对 VRLA 蓄电池的维护量。

VRLA 蓄电池的极栅主要采用铅钙合金，以提高其正负极析气（H_2 和 O_2）过电位，达到减少其在充电过程中析气量的目的。正极板在充电达到 70% 时，氧气就开始发生，而负极板在充电达到 90% 时才开始产生氢气。在生产工艺上，一般情况下正负极板的厚度比为 6∶4，根据这一正、负极活性物质量比的变化，当负极上绒状 Pb 达到 90% 时，正极上的 PbO_2 接近 90%，再经少许的充电，正、负极上的活性物质分别氧化还原达 95%，接近完全充电，这样可使 H_2、O_2 气体析出减少。采用超细玻璃纤维（或硅胶）来吸储电解液，并同时为正极上析出的氧气向负极扩散提供通道。这样，氧一旦扩散到负极上，立即被负极吸收，从而抑制了负极上氢气的产生。

VRLA 蓄电池在开路状态下，正负极活性物质 PbO_2 和海绵状金属铅与电解液稀硫酸的反应都趋于稳定，即电极的氧化速率和还原速率相等，此时的电极电势为平衡电极电势。当有充放电反应进行时，正负极活性物质 PbO_2 和海绵状金属铅分别通过电解液与其放电态物质硫酸铅来回转化。

（1）放电过程。在放电过程中，VRLA 蓄电池将化学能转变为电能输出，对负极而言是失去电子被氧化，形成硫酸铅；对正极而言，则是得到电子被还原，同样是形成硫酸铅。反应的净结果是外电路中出现了定向移动的负电荷，由于放电后两极活性物质均转化为硫酸铅，所以称为"双极硫酸盐化"理论。

（2）充电过程。在充电过程中，VRLA 蓄电池将外电路提供的电能转化为化学能储存起来，此时，负极上的硫酸铅被还原为金属铅的速度大于硫酸铅的形成速度，导致硫酸铅转变为金属铅；同样，正极上的硫酸铅被氧化为 PbO_2 的速度也增大，正极转变为 PbO_2。

VRLA 蓄电池在充放电过程中，VRLA 蓄电池的电压会有很大的变化，这是因为正负极的电极电势离开了其平衡状态而发生了极化。VRLA 蓄电池的极化是由浓差极化、电化学极化和欧姆极化三种因素造成的，由于这三种极化的存在，才要求在 VRLA 蓄电池的使用过程中，对各种充放电电流和充放电电压的严格设置，以免使用不当对 VRLA 蓄电池的性能造成较大的影响。

为了防止在特殊情况下，VRLA 蓄电池内部由于气体的聚积而增大内部压力引起 VRLA 蓄电池爆炸，在设计时，在 VRLA 蓄电池的上盖中设置了一个安全阀，当 VRLA 蓄电池内部压力达到一定值时，安全阀会自动开启，释放一定量气体降低内压后，安全阀又会自动关闭。

正因为发现和发明了 VRLA 蓄电池的阴极吸收原理，才可以把普通铅酸蓄电池做成全密封的，VRLA 蓄电池才得以问世。当然，要使 VRLA 蓄电池的阴极吸收原理得以维持，第一个先决条件就是 VRLA 蓄电池必须是密封的，不是密封的蓄电池内部不存在一定的内压，正极生成的氧就不可能跑到负极被负极吸收，析出氧就等于是蓄电池失水。蓄电池失水就应补水，需要补水的蓄电池也就不能称为 VRLA 蓄电池，那就变成普通的铅酸蓄电池。由此可见，VRLA 蓄电池密封性能的好坏是一个很关键的技术指标，用户在选购 VRLA 蓄电池时应高度重视这一问题，哪怕是稍微有一点漏气或渗液，也会直接影响到 VRLA 蓄电池的使用寿命。在 VRLA 蓄电池组中，如果出现一块这样漏气或渗液的 VRLA 蓄电池，会因这块 VRLA 蓄电池首先变成落后蓄电池而影响整组 VRLA 蓄电池组的综合性能，也会引起 VRLA 蓄电池组中各单体 VRLA 蓄电池电压的不均衡而形成恶性循环。

当然，要使 VRLA 蓄电池的阴极吸收得以很好的进行，要保证它的气体复合率高，产生的气体基本上都生成水又回到蓄电池内，除了气密性是一个很重要的因素外，还应考虑与之配套的措施是否得力。例如：在结构上，VRLA 蓄电池必须是贫液式的，要留出足够的空间和通道让正极产生的氧能迅速而又顺畅的到负极而被负极吸收，这也是 VRLA 蓄电池为什么没有多余电解液的原因所在。又如：采用的超细玻璃纤维隔板应该有足够大的孔率，以保证正极产生的氧能通过隔板的小孔到负极被吸收。因此，VRLA 蓄电池所用隔板的质量好坏也是一个至关重要的因素。

　　VRLA 蓄电池在充电时正极产生的氧因为被负极吸收，而可以将开口的蓄电池做成密封蓄电池，那么负极充电时产生的氢气是通过改变负极合金配方，采用新的合金材料（如铅钙合金）使氢在这种材料上放电（得到电子生成氢气）的电位提高（叫做提高了氢的过电位），本来充电电压达到某一值时氢离子就要在阴极上放电，生成氢气。由于铅钙合金的采用，充电电压达到原来数值时氢离子不放电，不生成氢气。但不管如何改变合金配方，也不管如何提高氢的过电位，当充电电压达到氢离子放电的电位时，氢气总是要生成的。各生产厂家都给自己的 VRLA 蓄电池规定一个在一定范围内的浮充电压值，其道理就是要控制氢气的产生，防止 VRLA 蓄电池失水。

　　（3）气体的复合。VRLA 蓄电池在正常浮充电电压下，电流在 0.02C 以下时，正极析出的氧扩散到负极表面，100％在负极还原，负极周围无盈余的氧气，负极析出的氢气是微量的。若提升浮充电压，或环境温度升高，使充入电流增大，气体再化合效率会随充电电流增大而变小，在 0.05C 时复合率为 90％，当电流在 0.1C 时，气体再化合效率近似为零，如图 3-3 所示，这时聚集在负极的氧气和负极表面析出的氢气很多，VRLA 蓄电池内压陡升，安全阀开启，造成 VRLA 蓄电池严重缺水。

　　（4）温度的影响。VRLA 蓄电池在充电时其内部气体复合本身就是放热反应，使 VRLA 蓄电池温度升高，浮充电流增大，析气量增大，促使 VRLA 蓄电池温度升得更高。VRLA 蓄电池为"贫液"设计，装配紧密，内部散热困难，如不及时将热量排除，将造成热失控。VRLA 蓄电池在浮充末期电压过高，VRLA 蓄电池周围环境温度升高，都会使 VRLA 蓄电池热失控加剧。

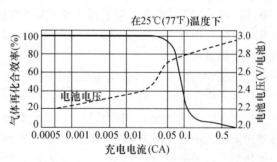

图 3-3　气体再化合效率

　　VRLA 蓄电池的电压与温度关系是，当温度每升高 1℃，单格 VRLA 蓄电池的电压将下降约 3mV/单体。也就是说，VRLA 蓄电池的电压具有负温度系数，其值为 $-3mV/℃$。由此可知，在环境温度为 25℃时，工作很理想的充电电流，当环境温度降到 0℃时，VRLA 蓄电池就不能充足电，当环境温度升到 50℃时会使 VRLA 蓄电池过充电，VRLA 蓄电池将因严重过充电而缩短寿命。温度低于 $-40℃$ 时，VRLA 蓄电池还能正常工作，但 VRLA 蓄电池容量会减小。因此，为了保证在很宽的温度范围内，都能使 VRLA 蓄电池刚好充足电，充电电源的输出电压必须随 VRLA 蓄电池的电压温度系数而变。

　　VRLA 蓄电池对温度要求很高，为此，在设计充电电源时应考虑温度补偿措施，但温度采样点的选取至关重要，它直接关系着补偿的效果。温度采样点有三处，即 VRLA 蓄电池附近的空气温度、VRLA 蓄电池外壳的表面温度及 VRLA 蓄电池内部电解液温度。第一处最容易，目前基本都采用此法，但这种方法很不准确，因为由于某种原因使 VRLA 蓄电池温度升高，但 VRLA 蓄电池温度的升高很难引起 VRLA 蓄电池附近的空气温度的升高，因此这种补偿措施基本无用；第三处最能反应 VRLA 蓄电池的实际情况，但较难实现；第二处最实际，也较容易实现，目前已有企业根据第二处的采样设计充电设备的温度补偿单元。

（5）电解液配方对高倍率 VRLA 蓄电池放电性能的影响。长期以来，国内外就硫酸电解液中加入添加剂后对 VRLA 蓄电池性能的影响进行了大量的研究。由于电解液添加剂的使用，具有不改变 VRLA 蓄电池工业生产过程、附加成本低、效果好、便于推广等优点，因此，选择合适的电解液添加剂已成为改善 VRLA 蓄电池性能的主要途径之一。VRLA 蓄电池电解液添加剂的作用可以归结为以下几点：

1）增强电解液的电导，提高 VRLA 蓄电池过放电后的容量恢复性能和再充电接受能力。

2）抑制枝晶短路发生。

3）提高 VRLA 蓄电池的容量和抑制早期容量损失。

4）防止活性物质的软化、脱落和减缓板栅的腐蚀。

（6）VRLA 蓄电池的特点。VRLA 蓄电池与传统的铅酸蓄电池相比，在使用、维护和管理上有着明显的优点。

1）使用方便。极板之间不再采用普通隔板，而是采用超细玻璃纤维制作的隔膜，电解液全部吸附在隔膜和极板中，VRLA 蓄电池内部不再有游离的电解液，VRLA 蓄电池只需严格控制充电电源的充电电压，根据浮充使用和循环使用的不同要求，采用规定的电压进行恒压充电，无需过多关注 VRLA 蓄电池组的充电过程，不须添加蒸馏水，也不须经常检测 VRLA 蓄电池端电压、比重及温度，只须定期检测 VRLA 蓄电池端电压和放电容量。

2）安装简便。VRLA 蓄电池已进行过充放电处理，为荷电出厂，所以，用户在安装使用时，无需再进行繁琐的初充电过程，如果放置时间超过六个月，可按生产厂规定进行补充电，在充足电后，进行一次容量试验性放电检查，以判断 VRLA 蓄电池容量是否符合标准要求，质量是否稳定可靠。

3）安全可靠。VRLA 蓄电池采用密封结构，可竖放或卧放使用，采用特殊结构设计，控制气体的产生。在正常使用时，VRLA 蓄电池内部不产生氢气，只产生少量氧气，且产生的氧气可在 VRLA 蓄电池内部自行复合，由电解液吸收；无酸雾、无有毒、有害气体溢出，对环境污染小。由于 VRLA 蓄电池内部实现氧循环过程，水损失很少，即使偶尔过充，有少量的气体可通过安全阀向外排出，VRLA 蓄电池的外壳不致压力过大而爆裂。

3.2.3　胶体铅酸蓄电池的结构及优缺点

1. 胶体铅酸蓄电池

铅酸蓄电池从问世到如今，一直是军用、民用领域中使用最广泛的化学电源。由于它使用硫酸电解液，运输过程中会有酸液流出，充电时会有酸雾析出来，对环境和设备造成损害，人们就试图将电解液"固定"起来，将蓄电池"密封"起来，于是使用胶体电解液的铅酸蓄电池应运而生。胶体铅酸蓄电池简单的说就是使用胶体电解液的蓄电池，胶体铅酸蓄电池属于铅酸蓄电池的一种，其最简单的做法是在硫酸中添加胶凝剂，使硫酸电解液变为胶态。

胶体铅酸蓄电池与普通铅酸蓄电池的区别不仅在于电解液改为胶凝状，而进一步发展至对电解质基础结构的电化学特性研究，以及在板栅使用高分子材料。例如采用非凝固态的水性胶体铅酸蓄电池，从电化学分类和特性看同属胶体铅酸蓄电池。又如在板栅中使用高分子材料，俗称陶瓷板栅，是胶体铅酸蓄电池的特点。近期已有实验室在极板配方中添加一种靶向偶联剂，大大提高了极板活性物质的反应利用率。

胶体铅酸蓄电池为密封结构、电解液凝胶、无渗漏、充放电时无酸雾、无污染，是国家大力推广应用的环保产品。胶体铅酸蓄电池最重要的特点为：放电曲线平直，拐点高，比能量特别是比功率要比普通铅酸蓄电池高 20％以上，寿命一般也比普通铅酸蓄电池长一倍左右，充电接收能力强；自放电小，耐存放；过放电恢复性能好，大电流放电容量比普通铅酸蓄电池增加 30％以上；低温性能好，高温特性稳定，满足 65℃甚至更高的温度环境的使用要求；循环使用寿命长，可达到 800～1500 充放电次，单位容量工业成本低于普通铅酸蓄电池，经济效益高。

胶体的质量和灌装工艺对胶体铅酸蓄电池的质量有重要的影响，而胶体铅酸蓄电池的设计、制造工艺和应用条件（尤其是充放电工艺）都制约着胶体铅酸蓄电池的性能。胶体的特性必须和蓄电池的结构及使用条件相互适用。VRLA 蓄电池的结构和使用条件有利于胶体的稳定，胶体的特性使 VRLA 蓄电池的性能更加完美。现代优良的胶体铅酸蓄电池都是基于 VRLA 蓄电池工艺生产的，而用普通铅酸蓄电池半成品不经改动制成的胶体铅酸蓄电池也是近来颇有争议的问题。

胶体灌装、凝胶稳定性和确保蓄电池容量是胶体铅酸蓄电池的三项关键技术，德国阳光公司生产的胶体铅酸蓄电池的胶体黏度很低，用常压自然法灌装胶体铅酸蓄电池，即使大型胶体铅酸蓄电池也像灌注稀硫酸一样灌注满。胶体在蓄电池中充分凝胶，在极群内外上下都呈均匀的糊状凝胶，在胶体铅酸蓄电池的整个寿命期间，完全没有液化现象，这是我国生产的胶体铅酸蓄电池很难做到的。

阳光公司的技术是世界最先进的，其 Dryfit 系列胶体铅酸蓄电池安全可靠寿命长，是世界上最优良的胶体铅酸蓄电池。但是，阳光公司生产的胶体铅酸蓄电池的比能量和大电流放电不及 AGM-VRLA 蓄电池，即采用超细玻璃纤维隔膜（AGM）的 VRLA 蓄电池。另外，阳光公司的极板化成工艺复杂，生产周期长，有些型号的胶体铅酸蓄电池需经 10 次充放电循环才出厂，降低了生产效率，增大了产品成本，不利于大规模的产品开发和市场竞争。

VRLA 蓄电池通过两种方式来固定电解液，一种是采用超细玻璃纤维隔膜来固定电解液，另外一种为胶体结构，即通过胶体来固定电解液。美国的 C&D 技术公司则将两种方式结合起来固定电解液，称为复合技术。在胶体铅酸蓄电池的定义中，只提到电解液为凝胶状（比较直观的认识为果冻状），没有对隔板的使用做出规定，所以只要使用凝胶来固定电解液的蓄电池就可称为胶体铅酸蓄电池。

不管使用液态二氧化硅和气相二氧化硅，其成胶的原理是相同的，它们之间存在粒径和纯度的差异，所以加入蓄电池后，对蓄电池的性能有比较大的影响。凝胶的强度与二氧化硅的含量和酸的含量成正比，强度越大，其水化和破裂的可能性越小。

蓄电池的内阻与胶体中的二氧化硅的含量成正比，所以胶体铅酸蓄电池的高倍率（3C 以上）放电特性比相同结构的 AGM-VRLA 蓄电池差，但额定容量比相同结构的 AGM-VRLA 蓄电池大 5％～10％。使用 PVC-SiO$_2$ 或者酚醛树脂等专用隔板的胶体铅酸蓄电池，由于二氧化硅含量的关系，使其额定容量比 AGM-VRLA 蓄电池小一些。如使用 PVC 或 PE 做隔板，二氧化硅的含量要相当高才能形成稳定的胶体。用复合技术生产的胶体铅酸蓄电池，其浮充寿命为相同结构的 AGM-VRLA 蓄电池的 1.5～2 倍，循环能力可以提高 20％。

国际上生产铅酸蓄电池的大公司几乎都生产胶体铅酸蓄电池，如德国的阳光、哈根，美国的 DEKA、Trojan、Exide、SEC 等，但日本的 YUASA 不生产胶体铅酸蓄电池，但其 UXL 系列蓄电池中有胶体成分，其主要作用是为了减轻电解液的分层现象。在应用方面主要在太阳能、风力发电、动力蓄电池等方面，其市场比较大，价格比 AGM-VRLA 蓄电池高 20％左右。

在国内的大企业中，有双登、深圳雄韬等公司生产胶体铅酸蓄电池，双登的 GFM 系列采用管式极板，一般采用 PVC-SiO$_2$ 隔板和酚醛树脂隔板。广东番禺恒达蓄电池总厂的课题组经过三年的研究，开发了两种胶体铅酸蓄电池，一种采用 AGM 隔板，其技术与 C&D 技术公司的技术一样；另一种采用 PVC-SiO$_2$ 隔板，同 DEKA 的产品一样。

2. 胶体铅酸蓄电池的结构

胶体铅酸蓄电池是对液态电解质的铅酸蓄电池的改进，用胶体电解液代换液态电解液，在安全性、蓄电量、放电性能和使用寿命等方面较铅酸蓄电池有所改善。胶体铅酸蓄电池采用凝胶状电解质，内部无游离液体存在，在同等体积下电解质容量大，热容量大，热消散能力强，能避免 AGM-VRLA 蓄电池易产生热失控现象。胶体铅酸蓄电池电解质的浓度低，对极板的腐蚀作用弱；浓度均匀，不存在电解液分层现象。

胶体铅酸蓄电池具有使用性能稳定，可靠性高，使用寿命长，对环境温度的适应能力（高、低温）强，承受长时间放电能力、循环放电能力、深度放电及大电流放电能力强，有过充电及过放电自我保护等优点。

胶体铅酸蓄电池在使用初期无法进行氧循环是因为胶体把正、负极板都包围起来了，正极板上面产生的氧气无法扩散到负极板，无法实现与负极板上的活性物质铅还原，氧气只能由排气阀排出，与富液式铅酸蓄电池一致。

在胶体铅酸蓄电池使用一段时间后，胶体开始干裂和收缩，产生裂缝，氧气通过裂缝直接到负极板进行氧循环。排气阀就不再经常开启，胶体铅酸蓄电池进入密封工作，失水很少。胶体电解液中加有胶体稳定剂和增容剂，有些胶体配方中还加有延缓胶体凝固的延缓剂，以便于胶体的加注。胶体铅酸蓄电池电解液的固定方式采用气体二氧化硅及多种添加剂，注入时为液态，可充满蓄电池内的所有空间。

3. 胶体电解质的优缺点

胶体电解质和普通液态电解质相比具有如下优点：

（1）硫酸被胶体均匀地固化分布，无浓度层化问题，胶体铅酸蓄电池可竖直或水平任意放置。超纯材料和胶体保证了胶体铅酸蓄电池在正常环境下浮充使用寿命达 10 年以上。可以明显延长蓄电池的使用寿命。根据有关文献，可以延长蓄电池寿命 2～3 倍。

（2）免维护性能好。由于采用胶体电解质，胶体铅酸蓄电池的自放电性能得到明显改善，在同样的硫酸纯度和水质情况下，胶体铅酸蓄电池的存放时间可以延长 2 倍以上。可储存两年无需充电即可使用，2V 系列静置两个月容量仍保存 99.9％以上。

（3）胶体铅酸蓄电池在严重缺电的情况下，抗硫化性能明显。

（4）充放电无记忆效应（N 次数），在严重放电情况下的恢复能力强，反弹容量大，恢复时间短，在放完电数分钟后仍能应急使用。

（5）胶体铅酸蓄电池充电接受能力强，纳米胶体和特殊合金保证了蓄电池良好的充电接受能力，抗过充能力强，具有比较好的深循环能力，有着很好的过充和过放能力。经多次反复深放电至 0V 仍能正常恢复，下限保护可降低至 1.75V/单格，这对深循环蓄电池十分重要。

（6）胶体铅酸蓄电池的后期放电性能得到明显改善。

（7）胶体铅酸蓄电池不会出现漏液、渗酸等现象，逸气量小，对环境危害很小。

（8）低温特性好。普通铅酸蓄电池在低于 0℃的环境下使用容量骤降，而胶体铅酸蓄电池适用于多种恶劣环境。在 $-40 \sim +70℃$ 环境都可正常使用。在 $-20℃$ 环境下，仍可以释放额定容量的 80% 以上。

虽然胶体电解质具有以上诸多优点，但是也有一定的缺陷，具体表现在以下方面：

（1）胶体电解质相对于普通电解液来说加注比较困难，这一点需要通过改变胶体配方、加注缓凝剂来改变。

（2）如果在胶体的配制过程中，生产工艺不合理或控制不好，胶体铅酸蓄电池的初容量会比较小。

（3）胶体铅酸蓄电池早期排气带出的胶粒是含酸的，胶粒容易贴附在蓄电池的外壳上，所以，反映出蓄电池假漏酸现象。

（4）氧循环虽然抑制了失水，但氧循环产生热量，使蓄电池内部温升较高。

经验表明，胶体铅酸蓄电池要在极板生产、胶体电解质配方、灌装方法、充电工艺等方面制定一套完善的工艺流程，以保证胶体铅酸蓄电池性能的更好发挥。

4. 胶体铅酸蓄电池与 AGM-VRLA 蓄电池的比较

VRLA 蓄电池有两种：一种是采用超细玻璃纤维隔膜（AGM）的 VRLA 蓄电池（缩写为 AGM-VRLA 蓄电池）；一种是采用胶体电解液（GFL）的 VRLA 蓄电池（缩写为 GFL-VRLA 蓄电池）。它们都是利用阴极吸收原理使蓄电池得以密封的，在 AGM-VRLA 蓄电池的隔膜中必须有 10% 左右的隔膜空隙，对 GFL-VRLA 蓄电池而言，灌注的硅溶胶变成凝胶后，骨架要进一步收缩，硅溶胶的黏度应控制在 10mPa.s 左右，以使凝胶出现裂缝贯穿于正负极板之间，空隙或裂缝是给正极板析出的氧气提供到达负极的通道。在 AGM-VRLA 蓄电池生产中，灌注电解液过多则不利于氧气在阴极的再化合，灌注电解液过少将会造成 AGM-VRLA 蓄电池内阻增大。而在 GFL-VRLA 蓄电池生产中，若硅溶胶的黏度过高即加入硅溶液量过大，将会造成凝胶出现裂缝过大，增大 GFL-VRLA 蓄电池内阻，反之，则不利于氧气在阴极的再化合。因此，VRLA 蓄电池对生产工艺要求十分严格。

早期的 GFL-VRLA 蓄电池使用的胶体电解液是由水玻璃制成的，然后直接加到干态普通铅酸蓄电池中。这样虽然达到了"固定"电解液或减少酸雾析出的目的，但却使 GFL-VRLA 蓄电池的容量较原来使用自由电解液的普通铅酸蓄电池容量要低 20% 左右，因而没有被人们所接受。

我国在 20 世纪 50 年代开展了 GFL-VRLA 蓄电池的研制工作，在研制 GFL-VRLA 蓄电池的过程中，采用玻璃纤维隔膜的阴极吸收式蓄电池诞生了，它不但使普通铅酸蓄电池消除了酸雾，而且还表现出内阻小、大电流放电特性好等优点。因而在国民经济中，尤其是在原来使用普通铅酸蓄电池的场合得到了迅速的推广和应用，在此期间我国的 GFL-VRLA 蓄电池研制处于停滞状态。

在 20 世纪 80 年代，德国阳光公司的 GFL-VRLA 蓄电池产品进入中国市场，多年来使用效果表明它的性能优于早期的 GFL-VRLA 蓄电池。这就使 GFL-VRLA 蓄电池进入了一个新的发展阶段。

（1）VRLA 蓄电池结构。不论是 AGM-VRLA 蓄电池，还是 GFL-VRLA 蓄电池，它们都是利用阴极吸收原理使蓄电池得以密封的。VRLA 蓄电池在充电时，正极会析出氧气，负极会析出氢气。正极析氧是在正极充电量达到 70% 时就开始了，析出的氧到达负极，跟负极起下述反应，达到阴极吸收的目的。

$$2Pb + O_2 == 2PbO$$

$$2PbO + 2H_2SO_4 \Longrightarrow 2PbSO_4 + 2H_2O$$

负极析氢则要在充电到 90％时开始，再加上氧在负极上的还原作用及负极本身氢过电位的提高，从而避免了大量析氢反应。在 AGM-VRLA 中，必须使 10％的隔膜孔隙中不进入电解液，即贫液式设计，正极生成的氧就是通过这部分孔隙到达负极而被负极吸收的。

在 GFL-VRLA 蓄电池内是以 SiO_2 质点作为骨架构成的三维多孔网状结构，它将电解液包藏在里边。GFL-VRLA 蓄电池灌注的硅溶胶变成凝胶后，骨架要进一步收缩，使凝胶出现裂缝贯穿于正负极板之间，给正极析出的氧提供了到达负极的通道。

由此看出，两种 VRLA 蓄电池的密封工作原理是相同的，其区别就在于电解液的"固定"方式和提供氧气到达负极通道的方式有所不同。

AGM-VRLA 蓄电池使用纯的硫酸水溶液作电解液，其密度为 $1.29 \sim 1.31g/cm^3$。除了极板内部吸有一部分电解液外，其大部分存在于玻璃纤维膜中。为了使极板充分接触电解液，极群采用紧装配方式。另外，为了保证蓄电池有足够的寿命，极板设计得较厚，正板栅合金采用 Pb-Ca-Sn-Al 四元合金。

GFL-VRLA 蓄电池中的电解液是由硅溶胶和硫酸配成的，硫酸溶液的浓度比 AGM-VRLA 蓄电池要低，通常为 $1.26 \sim 1.28g/cm^3$。电解液的量比 AGM-VRLA 蓄电池要多 20％，跟普通铅酸蓄电池相当。这种电解质以胶体状态存在，充满在隔膜中及正负极之间，硫酸电解液由凝胶包围着，不会流出蓄电池。

由于 GFL-VRLA 蓄电池采用的是富液式非紧装配结构，正极板栅材料可以采用低锑合金，也可以采用管状正极板。同时，为了提高 GFL-VRLA 蓄电池容量而又不减少 GFL-VRLA 蓄电池寿命，极板可以做得薄一些，GFL-VRLA 蓄电池槽内部空间也可以扩大一些。

(2) VRLA 蓄电池的放电容量。早期 GFL-VRLA 蓄电池的放电容量只有普通铅酸蓄电池的 80％左右，这是由于使用性能较差的胶体电解液直接灌入未加改动的普通铅酸蓄电池中，而使 GFL-VRLA 蓄电池的内阻较大，其是由电解质中离子迁移困难引起的。近来的研究工作表明，通过改进胶体电解液配方，控制胶粒大小，掺入亲水性高分子添加剂，降低胶液浓度提高渗透性和对极板的亲合力，采用真空灌装工艺，用复合隔板或 AGM 取代橡胶隔板，提高 GFL-VRLA 蓄电池吸液性；取消 GFL-VRLA 蓄电池的沉淀槽，适度增大极板面积（活性物质的含量），可使 GFL-VRLA 蓄电池的放电容量达到或接近普通铅酸蓄电池的水平。

AGM-VRLA 蓄电池电解液量少，极板的厚度较厚，活性物质利用率低于普通铅酸蓄电池，因而 AGM-VRLA 蓄电池的放电容量比普通铅酸蓄电池要低 10％左右。

(3) VRLA 蓄电池内阻及大电流放电能力。AGM-VRLA 蓄电池所用的玻璃纤维隔板具有 90％的孔率，硫酸吸附其内，且 AGM-VRLA 蓄电池采用紧装配形式，离子在隔板内扩散和电迁移受到的阻碍很小，所以 AGM-VRLA 蓄电池具有低内阻特性，大电流快速放电能力很强。

GFL-VRLA 蓄电池的电解液是硅凝胶，虽然离子在凝胶中的扩散速度接近在水溶液中的扩散速度，但离子的迁移和扩散要受到凝胶结构的影响，离子在凝胶中扩散的途径越弯曲，结构中孔隙越狭窄，所受到的阻碍也越大，导致 GFL-VRLA 蓄电池内阻要比 AGM-VRLA 蓄电池大。

然而试验结果表明，GFL-VRLA 蓄电池的大电流放电性能仍然很好，完全满足有关标准中对蓄电池大电流放电性能的要求。这是由于多孔电极内部及极板附近液层中的酸和其他有关离子的浓度在大电流放电时起到了关键性的作用。

(4) 热失控。热失控指的是 VRLA 蓄电池在充电后期（或浮充状态）由于没有及时调整充电电压，使 VRLA 蓄电池的充电电流和温度发生一种累积性的相互增强作用，此时 VRLA 蓄电池的温度急剧上升，从而导致 VRLA 蓄电池槽膨胀变形，失水速度加大，甚至使 VRLA 蓄电池损坏。

上述现象是 AGM-VRLA 蓄电池在使用不当时，而出现的一种具有很大破坏性的现象。这是由于 AGM-VRLA 蓄电池采用了贫液式紧装配设计，隔板中必须保持 10% 的孔隙不准电解液进入，因而使 AGM-VRLA 蓄电池内部的导热性差，热容量小。充电时正极产生的氧到达负极和负极铅反应时会产生热量，如不及时导走，则会使 AGM-VRLA 蓄电池温度升高；如若没有及时降低充电电压，则充电电流就会加大，析氧速度增大，又反过来使 AGM-VRLA 蓄电池温度升高。如此恶性循环下去，就会引起热失控现象。

GFL-VRLA 蓄电池的电解液量与普通铅酸蓄电池相当，极群周围及与槽体之间充满凝胶电解质，有较大的热容量和散热性，不会产生热量积累现象。结合 40 余年 GFL-VRLA 蓄电池的运行实践还没有发现 GFL-VRLA 蓄电池有热失控现象。

（5）使用寿命。影响 VRLA 蓄电池使用寿命的因素很多，既有 VRLA 蓄电池设计和制造方面的因素，又有用户使用和维护条件方面的因素。就前者而言，正极板栅耐腐蚀性能和 VR-LA 蓄电池的水损耗速度是两个最主要的因素。由于正板栅的厚度加大，采用 Pb-Ca-Sn-Al 四元耐蚀合金，则根据板栅腐蚀速度推算，VRLA 蓄电池的使用寿命可达 10~15 年。然而从 VRLA 蓄电池使用结果来看，水损耗速度却成为影响 VRLA 蓄电池使用寿命的最关键性因素。

由于 AGM-VRLA 蓄电池采用贫液式设计，VRLA 蓄电池的容量对电解液量极为敏感。VRLA 蓄电池失水 10%，容量将降低 20%；损失 25% 水分，AGM-VRLA 蓄电池寿命结束。然而 GFL-VRLA 蓄电池采用了富液式设计，电解液密度比 AGM-VRLA 蓄电池低，降低了板栅合金腐蚀速度；电解液量也比 AGM-VRLA 蓄电池多 15%~20%，对失水的敏感性较低。这些措施均有利于延长 GFL-VRLA 蓄电池的使用寿命。根据德国阳光公司提供的资料，胶体电解液所含的水量足以使 GFL-VRLA 蓄电池运行 12~14 年。GFL-VRLA 蓄电池投入运行的第一年，水损耗为 4%~5%，随后逐年减少，投入运行 4 年以后，每年水耗损只有 2%。

（6）复合效率。复合效率是指 VRLA 蓄电池在充电时正极产生的氧气被负极吸收复合的比率，充电电流、VRLA 蓄电池温度、负极特性和氧气到达负极的速度等因素，均会影响 VRLA 蓄电池的气体复合效率。

德国阳光公司的 GFL-VRLA 蓄电池在使用初期，氧复合效率较低，但运行数月之后，复合效率可达 95% 以上。这种现象也可以从 GFL-VRLA 蓄电池的失水速度得到验证，GFL-VR-LA 蓄电池运行第一年失水速度较大，达到 4%~5%，以后逐渐减少。胶体电解质在形成初期，内部没有或极少有裂缝，没有给正极析出的氧提供足够的通道。随着胶体的逐渐收缩，则会形成越来越多的通道，那么氧气的复合效率必然逐渐提高，水损耗也必然减少。

AGM-VRLA 蓄电池隔膜中有不饱和空隙，提供了大量的氧气通道，因而其氧气复合效率很高，新 AGM-VRLA 蓄电池的氧气复合效率可以达到 98% 以上。

GFL-VRLA 蓄电池与 AGM-VRLA 蓄电池的性能比较见表 3-1。

表 3-1　　　　　　GFL-VRLA 蓄电池与 AGM-VRLA 蓄电池的性能比较

项　　目	GFL-VRLA 蓄电池	AGM-VRLA 蓄电池
额定容量	复合标准	复合标准
1H 率容量	复合标准	复合标准

续表

项　　目	GFL-VRLA 蓄电池	AGM-VRLA 蓄电池
1C 等高率放电	中等	好
热失控	很少	时常
热交换	好	中等
热容量	大	小
循环寿命和浮充寿命	好	中等
酸分层	没有	有
电解液密度	低	高
电解液体积	大	小
过充电性能	好	中等
氧化合	85%～95%	可调节
充电电压	低	高
充电电流（恒压充电末期）	低	高

3.3　VRLA 蓄电池的充放电特性及工程设计

3.3.1　VRLA 蓄电池的充电特性

由于 VRLA 蓄电池具有价格低廉、电压稳定、无污染等优点，近年来广泛应用于通信、电力、交通、太阳能、风力发电等领域。但是近来不少用户反应，本来应工作 10～15 年的 VRLA 蓄电池，大都在 3～5 年内损坏，有的甚至仅使用不到 1 年便失效了，造成了极大的经济损失。通过对损坏的 VRLA 蓄电池的统计分析得知，因充放电控制不合理而造成的 VRLA 蓄电池寿命终止的比例较高。如 VRLA 蓄电池早期容量损失、不可逆硫酸盐化、热失控、电解液干涸等都与充放电控制的不合理有关。为了延长 VRLA 蓄电池的使用寿命，对 VRLA 蓄电池进行合理的充放电控制是使 VRLA 蓄电池达到其设计寿命的基础。

1. VRLA 蓄电池对充电技术的要求

VRLA 蓄电池生产厂提供的蓄电池保证使用寿命的技术指标是在环境温度为 25℃下给出的，由于单体 VRLA 蓄电池电压具有温度每上升 1℃下降约 4mV 的特性，那么一个由 6 个单体 VRLA 蓄电池串联组成的 12V 蓄电池组，25℃时的浮充电压为 13.5V；当环境温度降为 0℃时，浮充电压应为 14.1V；当环境温度升至 40℃时，浮充电压应为 13.14V。同时 VRLA 蓄电池还有一个特性，当环境温度一定，充电电压比要求的电压高 100mV，充电电流将增大数倍，因此，将导致 VRLA 蓄电池的热失控和过充损坏。当充电电压比要求电压低 100mV 时，又将使 VRLA 蓄电池充电不足，也会导致 VRLA 蓄电池损坏。另外 VRLA 蓄电池的容量也和温度有关，大约是温度每降低 1℃，容量将下降 1%，所以要求在 VRLA 蓄电池的使用中，在夏季 VRLA 蓄电池放出额定容量的 50%后，冬季放出 25%后就应及时充电。

显然，日常使用中的 VRLA 蓄电池不可能长期处在 25℃的环境中，而目前普遍使用的晶闸管整流型、变压器降压整流型，以及开关电源型的 VRLA 蓄电池充电器，是以恒压或恒流方式对 VRLA 蓄电池进行的充电，是无法满足 VRLA 蓄电池补充充电所要求的技术条件。纵观过去所采用的这些对 VRLA 蓄电池充电的方法，以及根据这些方法开发的 VRLA 蓄电池充电器，不难看出，其技术是不够完善的，用这些产品给 VRLA 蓄电池充电，势必直接影响 VRLA 蓄电池的使用寿命，同时这些充电器还存在着工作电压适应范围窄、体积大、效率低、可靠性差等问题。

2. 自然平衡充电器

VRLA 蓄电池的自然平衡充电原理简图如图 3-4 所示，在图 3-4 中，有两个电源 E_A、E_B，当电源 E_A 与电源 E_B 处在同一环境温度下，正极和正极相连接，负极与负极相连接，在它们所形成的闭合电路中，存在着如下的关系，如果 E_A 高出 E_B，E_A 将向 E_B 提供 $E_A - E_B = \Delta E$ 的充电电压，同时将按 ΔE 的大小，提供一 Δi 电流由电源 E_A 流向电源 E_B，当 E_B 吸收 E_A 提供的 Δi 电流，使 E_B 上升到完全等于 E_A 时（在 VRLA 蓄电池中表现为，VRLA 蓄电池端电压的上升和电荷存储量的增加），电源 E_A 将停止向电源 E_B 提供电流，也就是 $E_A = E_B$，$\Delta E = 0$，$\Delta i = 0$。

图 3-4　自然平衡充电原理简图

在上面描述中，把 E_B 换成被充电的 VRLA 蓄电池，将 E_A 精心设计成不同环境温度下，能按 VRLA 蓄电池充电平衡需要自动调节输出电压和电流的电源，在完全理想化的情况下，电源 E_A 能根据 VRLA 蓄电池在任一环境温度下，能够接受的电流，对 VRLA 蓄电池进行充电，VRLA 蓄电池充足电后，$\Delta E = 0$，$\Delta i = 0$，E_A 电源将不再消耗功率，此后，E_A 只随环境温度的变化，对被充电的 VRLA 蓄电池提供跟踪平衡补偿，由于 VRLA 蓄电池在充电的整个过程完全是自动完成的，所以称之为自然平衡法。

采用自然平衡法给 VRLA 蓄电池充电，在 VRLA 蓄电池充足电后，E_A 与被充电的 VRLA 蓄电池 E_B 之间的电压差 $\Delta E = 0$，自然也就有 $\Delta i = 0$，由于 E_A 无功率供给 VRLA 蓄电池（E_B），所以 VRLA 蓄电池电解液不可能产生沸腾，也不可能使 VRLA 蓄电池内电解液中的水分解，更不可能使 VRLA 蓄电池内的压力和温度升高，产生安全隐患。因此，该方法提供给 VRLA 蓄电池的是既不会使 VRLA 蓄电池过充电，也不会使 VRLA 蓄电池充电不足，而是更方便、更安全、更可靠的充电。

从上面的分析中，不难看出，该方法特别适合间歇性放电使用的 VRLA 蓄电池日常维护充电，有利于提高 VRLA 蓄电池日常使用中的可靠性及提高 VRLA 蓄电池的使用寿命。

3. VRLA 蓄电池的充电方式

VRLA 蓄电池的充电方式有：浮充充电、均衡充电、补充电和循环充电等多种方式，为了延长 VRLA 蓄电池的使用寿命，必须了解不同充电方式的充电特点和充电要求，严格按要求对 VRLA 蓄电池进行充电。

VRLA 蓄电池的充电方式按 VRLA 蓄电池两端电压、电流的控制方式的不同，可分成恒压限流式、恒流式、两阶段恒压式（即在充电初期设定为高电压并限制 VRLA 蓄电池的最大充电电流，当 VRLA 蓄电池电压达到设定值时，系统将充电电压切换至低电压直至充电结束，此时充电不限流）、半恒流充电式（即充电电流随充电过程中 VRLA 蓄电池电压的上升而下降，但下降趋势较缓慢，电流曲线部分呈平坦趋势，类似于恒流充电曲线，故称半恒流充电）等四种主要的充电方式。

（1）初充电。现阶段 VRLA 蓄电池的初充电有以下几种方式：

1）串联充电。采用高压、小电流充电器，通常充电器的输出电压为 300～450V，电流输出 5～30A，电流可控制，每个 VRLA 蓄电池充入的电量可控制，可放电检测 VRLA 蓄电池容量，剔除故障的 VRLA 蓄电池，现生产厂家普遍采用这种方法。

2）并联充电。充电器为低电压、大电流，每个 VRLA 蓄电池的充电电流与 VRLA 蓄电池的充电状态和内阻有关。不能计算每个 VRLA 蓄电池充入的电量，几乎无生产厂家采用。

3）串并联混合充电。一般采用先串联后并联的方式进行，通常充电器的输出电压为 150V，电流 30～100A，单个 VRLA 蓄电池无电压、电流控制，可分组放电检查，现有不少厂家采用这种方式。

4）单体 VRLA 蓄电池充电。可准确地进行充、放电，能控制电流、电压，能将每个 VRLA 蓄电池进行分级、挑选，普遍在测试上使用。

5）模块控制单体 VRLA 蓄电池充电。每个模块可充 64 个单体 VRLA 蓄电池，每台充电器可充 700 多个单体 VRLA 蓄电池，在一个模块故障时不影响其他模块对 VRLA 蓄电池的充电，可进行恒压、恒流控制，保证 VRLA 蓄电池不会过充，还能检查容量和进行 VRLA 蓄电池分级，这将是今后的发展方向。

（2）浮充充电。在直流电源系统和 VRLA 蓄电池组采用并联冗余供电方式中，VRLA 蓄电池组即作为电源，又可吸收直流电源的浮充电流。浮充电流的选择除维持 VRLA 蓄电池的自放电以外，还应维持 VRLA 蓄电池内的氧循环。不过浮充电流的数值除与 VRLA 蓄电池的本身特征有关外，主要由运行时的浮充电压决定。

VRLA 蓄电池的浮充电压与其使用寿命之间有着密切的关系，总趋势是：在同一温度下工作，浮充电压越高，使用寿命越短。例如，GFM 系列蓄电池产品，在环境温度为 25℃、浮充电压为 2.23V/单体，其设计浮充寿命是 23 年；同样温度下，浮充电压提高为 2.30V/单体，其设计浮充寿命降为 14 年，降低了 40%。因此，推荐的浮充电压为 2.23V/单体（标准温度下）。

不同厂家的产品，推荐的浮充电压值可能不同；就是同一厂家的不同系列产品，推荐的浮充电压值也可能不同。例如曲阜圣阳公司的 XM 系列和 GM 系列蓄电池，前者推荐的浮充电压为 2.275V/单体；后者推荐的 2.23V/单体（均为标准温度下）。美国圣帝公司的 VRLA 蓄电池电解液比重为 $1.240g/cm^3$，所以它的浮充电压为 2.19V。日本 YUASA 公司的 VRLA 蓄电池浮充电压为 2.23V。

这就说明，VRLA 蓄电池的浮充电压值要参考厂家对产品推荐的数值来确定，同时要选用稳压性能良好的充电设备，使浮充电压稳定在 VRLA 蓄电池长寿区工作；充电设备的稳压性能变差了要及时处理，否则，将影响 VRLA 蓄电池的使用寿命。

为了使浮充电运行的 VRLA 蓄电池即不欠充电，也不过充电，VRLA 蓄电池投入运行之前，必须为其设置浮充状态下的充电电压和充电电流。在环境温度为 25℃时，标准型 VRLA 蓄电池的浮充电压应设置在 2.25V，允许变化范围为 2.23～2.27V。实际运行时，还需要根据环境温度的变化来调整浮充电压，通常的调节系数为 −4mV/℃。就是说，当环境温度是 35℃时，每一单体 VRLA 蓄电池的浮充电压应降低 40mV，若供电电压是 48V（24 个单体），则总的浮充电压应降低 960mV。此时，若对浮充电压不进行调整，必将引起 VRLA 蓄电池过充电和过热，恶性循环的结果是 VRLA 蓄电池的使用寿命降低、甚至损坏。

但绝不是说有了浮充电压调节系数，VRLA 蓄电池就可在任意环境温度下使用。要知道，温度低时，由于浮充电压增大，同样会引起浮充电流增大，板栅腐蚀加速，寿命提前终止等一系列的问题；而温度过高时，浮充电压减小，也会产生 VRLA 蓄电池欠充电等一系列问题。

在 VRLA 蓄电池浮充时，浮充电压和电流设置较低时，析气和板栅腐蚀均不严重，大多数浮充均采用恒压浮充，每单体设置一般为 2.20~2.27V 左右。对 VRLA 蓄电池组来说，浮充时各单体 VRLA 蓄电池的电压是不相同的，饱和度高的 VRLA 蓄电池处于较高电压并析出气体，饱和度低的 VRLA 蓄电池由于氧化合的去氧化作用而处于较低电压，这些 VRLA 蓄电池不能被完全充电。浮充一段时间后，各单体 VRLA 蓄电池的电压将逐渐均衡，但 VRLA 蓄电池的放电结果可能不尽人意。

假若提高浮充电压的设定值，将缩短 VRLA 蓄电池寿命，若 VRLA 蓄电池处于高温环境下，还可能发生热失控的危险。为了使 VRLA 蓄电池有较长的浮充使用寿命，在 VRLA 蓄电池使用过程中，要充分结合 VRLA 蓄电池制造的原材料及结构特点和环境温度等各方面的情况，制定 VRLA 蓄电池合理的使用条件，尤其是浮充电压的设定。

(3) 均衡充电。所谓均衡充电是把每个 VRLA 蓄电池单元并联起来，用统一的充电电压进行充电。如果 VRLA 蓄电池组在浮充过程中存在落后的 VRLA 蓄电池（单体电压低于 2.20V，相对于 2V 蓄电池），或浮充三个月后，应对 VRLA 蓄电池进行一次均衡充电，在均衡充电过程中，其单体 VRLA 蓄电池电压控制在 2.35V，充 6~8h（注意，一次均衡充电时间不宜太长），然后调回到浮充电压值，再观察落后 VRLA 蓄电池的电压变化，如电压仍未到位，相隔二周后再均衡充电一次。一般情况下，新的 VRLA 蓄电池组经过 6 个月浮充、均充后，其电压会趋于一致。均衡充电电流一般选 0.3C 或略小于 0.3C。额定电压为 12V 的 VRLA 蓄电池，均衡充电电压一般选 14.5V。

在按规定对 VRLA 蓄电池进行均衡充电时，除了充电电压重要以外，均衡充电时间的设置也很重要。为了延长 VRLA 蓄电池的使用寿命，必须根据均衡充电的电压和电流，精确地设置均衡充电时间。也就是说，在均衡充电过程中，当充电电流连续 3h 不变时，必须立即转入浮充电状态，否则，将会严重过充电而影响 VRLA 蓄电池的使用寿命。

(4) 循环充电。在循环应用领域，VRLA 蓄电池都采用薄极板设计来提高比能量和大电流性能。对于薄极板 VRLA 蓄电池的最好充电方法是采用脉冲和电流递减方式充电。脉冲充电方式可在短时间内提高充电电流，以使 VRLA 蓄电池快速充满电，脉冲充电方式具有很小的过充。电流递减法充电方法具有同样的优点，大电流快速充电的关键是复合过程，提供足够的电流并控制此过程，当蓄电池老化时，复合效率越来越剧烈，但极板薄、表面积大、极板间距小、充电效率高。

4. 充电限流

VRLA 蓄电池放电后，初期充电电流过大，产生的热量可能会把板栅竖筋、汇流条、端子等熔断，使正极板活性物质 PbO_2 颗粒之间的结合松弛、软化、脱落，严重者会引发热失控，使 VRLA 蓄电池变形、开裂而失效，所以需要对充电电流值加以限定。充电限流设定方式有：

(1) 关机限流，需要限流时关掉若干充电器。

(2) 有级设定，限制充电器的输出电流可以在额定电流的 1/3 挡或 2/3 挡选择。

(3) 局部无级设定，可在充电器额定电流的 50%~100% 段选择限流点。

(4) 无级设定，可在充电器额定电流的 0~100% 段选择限流点。

几种限流设定方式其技术先进性次序为：4) 优于 3) 优于 2) 优于 1)。

5. 充电操作

VRLA 蓄电池组放电后，应立即转入充电，控制充电电流不大于 0.2C 为宜（如 200Ah VRLA 蓄电池，充电电流应不大于为 0.2×200＝40A）。当电流变小时，可慢慢提高 VRLA 蓄电池组充电电压，达到均充电压值，再充 6h，然后再调回浮充电压值。VRLA 蓄电池的初充电电流的设定一般按说明书规定值，或按额定容量 1/10 的电流设定。

理想的充电电流是采用分阶段定流充电方式，即在充电初期采用较大的电流，充电一定时间后，改为较小的电流，至充电末期改用更小的电流。充电电流的设计一般为 0.1C，当充电电流超过 0.3C 时可认为是过流充电。应避免用普通的快速充电器给 VRLA 蓄电池充电，否则会使 VRLA 蓄电池处于"瞬时过流充电"和"瞬时过压充电"状态，造成 VRLA 蓄电池可供使用电量下降甚至损坏 VRLA 蓄电池。过流充电会导致 VRLA 蓄电池极板弯曲，活性物质脱落，造成 VRLA 蓄电池供电容量下降，严重时会损坏 VRLA 蓄电池。

3.3.2　VRLA 蓄电池的放电特性

1. 放电特性

VRLA 蓄电池在出厂之前，都会进行容量试验，依据 YD/T 799—1996 标准，进行容量试验的步骤如下：

（1）先将被试验 VRLA 蓄电池完全充电。

（2）将被试验 VRLA 蓄电池静置 1～24h，使蓄电池表面温度达到（25±5）℃。

（3）VRLA 蓄电池采用 $0.1C_{10}$ 电流连续对负载恒流放电，放电过程中定期测试 VRLA 蓄电池端电压；VRLA 蓄电池端电压到达 1.80V 时放电终止，最后累积放电量达到 100% 即为合格。

对于 VRLA 蓄电池来说，放电终止的依据是 VRLA 蓄电池的端电压，即单体 VRLA 蓄电池的终止电压约为 1.80V。但是 VRLA 蓄电池的端电压是与 VRLA 蓄电池正负极的三种极化密切相关的，终止放电电压设置在 1.80V 是针对大约 $0.1C_{10}$ 左右的放电速率而定的。由于极化的存在，随着放电速率的减小，伴随着放电电流的减小，放电终止电压也应该越来越高，否则极有可能导致 VRLA 蓄电池的过放电。

2. 放电使用

VRLA 蓄电池在放电时需要注意的是 VRLA 蓄电池的放电速率和放电终止电压，尤其是不同环境温度下的放电速率和放电终止电压的设定。由于不同的环境温度会极大地影响 VRLA 蓄电池中电解液的结冰点和活性物质的活性，为保证化学反应充分进行，VRLA 蓄电池的最低温度最好控制在 25℃左右。

VRLA 蓄电池放电时终止电压的设定是为了防止其在放电过程中，VRLA 蓄电池组内出现各单体 VRLA 蓄电池的电压和容量不平衡现象。通常，过放电越严重，下次充电时，落后的 VRLA 蓄电池越不容易恢复，这将严重影响 VRLA 蓄电池组的寿命。通常 VRLA 蓄电池的放电速率为 $0.02C_{10}$、$0.1C_{10}$、$0.2C_{10}$ 或 $0.3C_{10}$。为了防止过放电，不仅要尽可能地避免放电速率过小，而且还必须根据放电速率，同时结合环境温度，精确地设计放电的终止电压。一般情况下，如果放电速率为 0.01～0.025C，终止电压可设定为 2.00V；放电速率为 0.25～0.5C 时，可设定为 1.80V。由于浓差极化的存在，随着放电速率的增大，伴随着放电电流的增大，放电终止电压也应该越来越低。

3. 放电要求

VRLA 蓄电池实际放出的容量与放电电流有关，放电电流越大，VRLA 蓄电池的效率越低。例如，12V/24Ah 的 VRLA 蓄电池在以 0.4C 放电电流放电时，放电至终止电压的时间是 1 小时 50 分，实际输出容量 17.6Ah，效率为 73.3%。当以 7C 放电电流放电时，放电至终止电压的时间仅为 20s，实际输出容量 0.93Ah，效率为 3.9%。所以应避免 VRLA 蓄电池大电流放电，以提高 VRLA 蓄电池的效率。

（1）放电深度。放电深度对 VRLA 蓄电池使用寿命的影响也非常大，VRLA 蓄电池放电深度越深，其循环使用次数就越少。在使用 VRLA 蓄电池时，既要避免重载过流放电，又要避免长时间轻载造成 VRLA 蓄电池深度放电，更要避免 VRLA 蓄电池短路放电，否则，会严重损坏 VRLA 蓄电池的再充电能力、蓄电能力并缩短其使用寿命。在 VRLA 蓄电池的实际应用中，不是首先追求放出容量的百分之多少，而是要关注发现和处理落后的 VRLA 蓄电池，经对落后的 VRLA 蓄电池处理后再作核对性放电实验。这样可防止事故，以免在放电过程中使落后的 VRLA 蓄电池恶化为反极 VRLA 蓄电池。

（2）放电检验。放电检验是为了检查 VRLA 蓄电池容量是否正常，一般采用 10 小时率放电，有条件的，可用假负载放电；从应用方便考虑，也可直接用负载进行放电，考虑到安全性，放电深度控制在 30%～50% 为宜，当然，有条件可放电更深一些，更容易暴露 VRLA 蓄电池潜在的问题。并每小时检测一次单体 VRLA 蓄电池电压，通过计算 VRLA 蓄电池放出的容量，对照表 3-2 电压值，判断 VRLA 蓄电池是否正常。

表 3-2　　　　　　　　VRLA 蓄电池放出不同容量的标准电压值（10 小时率）

放出容量（%）	10	20	30	40	50	60	70	80	90	100
支持时间（h）	1	2	3	4	5	6	7	8	9	10
单体 VRLA 蓄电池电压（V）	2.05	2.04	2.03	2.01	1.99	1.97	1.95	1.93	1.88	1.80

VRLA 蓄电池放出容量计算为：电流（A）×时间（h）；在放出相应容量下，测出的单体 VRLA 蓄电池电压值应等于或大于相应电压值，即 VRLA 蓄电池容量为正常，反之，VRLA 蓄电池容量不足。

3.3.3　离网太阳能、风能发电系统中蓄电池组的工程设计

离网太阳能、风能发电系统采用的储能装置是蓄电池，与太阳能电池方阵、风力发电机配套的蓄电池通常工作在浮充状态下，其电压随太阳能电池组件发电量、风力发电机发电量和负载用电量的变化而变化。蓄电池的容量比负载所需的电量大得多，蓄电池提供的能量还受环境温度的影响。为了与太阳能电池组件和风力发电机匹配，要求蓄电池工作寿命长且维护简单。能够和太阳能电池组件和风力发电机配套使用的蓄电池种类很多，目前广泛采用的有阀控密封式铅酸蓄电池、普通铅酸蓄电池和碱性镍镉蓄电池三种。国内目前主要使用阀控密封式铅酸蓄电池，因为其固有的"免"维护特性及对环境较少污染的特点，很适合用于要求性能可靠的太阳能、风能发电系统。普通铅酸蓄电池由于需要经常维护及其对环境污染较大，所以主要适于有维护能力或低档场合使用。碱性镍镉蓄电池虽然有较好的低温、过充、过放性能，但由于其价格较高，仅适用于较为特殊的场合。离网太阳能、风能发电系统必须配备蓄电池才能工作，这是因为：

（1）太阳能电池组件和风力发电机只能在有日照辐射和风速大于风力发电机启动风速时才能进行光—电和风—电转化，为了在太阳能电池组件和风力发电机不能进行光—电和风—电转换期间，为用电负载提供电能，离网太阳能、风能发电系统必须配置蓄电池，而蓄电池必须储备当地连续几个阴天与低于风力发电机启动风速天数之差期间的用电负载所需的电能。

（2）太阳能电池组件和风力发电机输出的电能极不稳定，配备蓄电池后，用电负载才能稳

定正常工作。

太阳能电池组件和风力发电机及蓄电池容量的优化组合，是在保证用电负载可靠性需要的前提下，确定使用最少的太阳能电池组件、风力发电机功率和蓄电池容量，以优化设计达到可靠性和经济性的最佳结合。对于可靠性，国内外大多采用负载缺电率（LOLP）来衡量，其定义为系统停电与实际所需要用电时间比值。LOLP 值在 0~1 之间，数值越小，可靠性越高。

确定蓄电池容量的基本条件是保证在太阳光照连续低于平均值、风力低于风力发电机启动风速的情况下，用电负载仍可以正常工作。若蓄电池是在充满电的状态下，在光照度低于平均值、风力低于风力发电机启动风速的情况下，太阳能、风能发电系统发出的电能不能完全补充由于负载从蓄电池中消耗能量，蓄电池就会处于未充满状态。如果连续光照度仍然低于平均值、风力连续低于风力发电机启动风速，蓄电池不但不能补充电能，还要继续为用电负载供电，蓄电池的荷电状态将继续下降，直到蓄电池的荷电状态到达设定的终止放电值。为了量化评估太阳光照连续低于平均值、风力连续低于风力发电机启动风速的情况，在进行蓄电池设计时，需要引入一个不可缺少的参数：自给天数，即系统在没有任何外来能源的情况下负载仍能正常工作的天数，依据这个参数可选择所需使用的蓄电池容量的最小值。

一般来讲，自给天数的确定与两个因素有关：负载对电源的要求程度；太阳能、风能发电系统安装地点的气象条件即最大连续阴雨天数及最大风力低于风力发电机启动风速的天数。通常可以将太阳能、风能发电系统安装地点的最大连续阴雨天数和连续风力低于风力发电机启动风速天数的差值天数作为系统设计中的自给天数，但还要综合考虑负载对电源的要求。对于对电源要求不是很严格的用电负载，在设计中通常取自给天数为 3~5 天。对于对电源要求很严格的用电负载，在设计中通常取自给天数为 5~7 天。所谓用电负载要求不严格通常是指可通过调节用电负载需求以适应恶劣天气带来的不便，而严格系统指的是用电负载比较重要，例如用于通信、导航或者重要的设施如医院、诊所等。此外还要考虑太阳能、风能发电系统的安装地点，如果在很偏远的地区，必须设计较大的蓄电池容量，因为维护人员要到达现场需要花费很长时间。

1. 蓄电池及负载的匹配

蓄电池的容量对保证连续供电是很重要的，在一年内，太阳能电池组件和风力发电机发电量各月份有很大差别。太阳能电池组件与风力发电机的发电量互补不能满足用电需要的月份，要靠蓄电池的电能给以补足，在超过用电需要的月份，是靠蓄电池将多余的电能储存起来。所以太阳能、风能发电系统发电量的不足和过剩值，是确定蓄电池容量的依据之一。同样，在连续阴雨天和连续风力低于风力发电机启动风速差值期间的负载用电也必须从蓄电池取得。所以，这期间的耗电量也是确定蓄电池容量的因素之一。蓄电池的容量由下列因素决定：

（1）蓄电池单独工作天数。在特殊气候条件下，蓄电池允许放电达到蓄电池所剩容量占正常额定容量的 20%。

（2）蓄电池每天放电量。对于日负载稳定且要求不高的场合，日放电周期深度可限制在蓄电池所剩容量占额定容量的 80%。

（3）蓄电池要有足够的容量，以保证不会因过充电所造成蓄电池失水。一般在选择蓄电池容量时，只要蓄电池容量大于太阳能电池组件、风力发电机发电峰值电流和的 25 倍，则蓄电池在充电时就不会造成失水。

（4）蓄电池自放电率。随着蓄电池使用时间的增长及电池温度的升高，自放电率会增加。对于新的蓄电池自放电率通常小于容量的 5%，但对于旧的质量不好的蓄电池，自放电率可增至每月 10％～15％。

太阳能、风能发电系统中的蓄电池组设计包括蓄电池容量计算和蓄电池组的串并联设计，计算蓄电池容量的基本步骤是：

（1）将每天负载需要的用电量乘以根据实际情况确定的自给天数就可以得到初步的蓄电池容量。

（2）将计算得到的蓄电池容量除以蓄电池的允许最大放电深度（因为不能让蓄电池在自给天数中完全放电，所以需要除以最大放电深度）得到所需要的蓄电池容量。最大放电深度的选择需要参考太阳能、风能发电系统中选择使用蓄电池的性能参数，可以从蓄电池供应商得到详细的有关该蓄电池最大放电深度的资料。通常情况下，如果使用的是深循环型蓄电池，推荐使用 80％放电深度（DOD）；如果使用的是浅循环蓄电池，推荐选用使用 50％DOD。设计中蓄电池容量的计算公式为

$$B_C = (P_1 \times 24 \times N_1)/(K_b \times U) \tag{3-8}$$

式中：P_1 为日平均耗电量，N_1 为最长连续阴雨天数，K_b 为安全系数；U 为工作电压。

$$B_C = A \times Q_1 \times N_1 \times T_0/C_C \tag{3-9}$$

式中：A 为安全系数 1.1～1.4；Q_1 为日耗电量，为工作电流乘以日工作小时数；T_0 为温度系数，一般在 0℃以上取 1，－10℃以上取 1.1，－10℃以下取 1.2；C_C 放电深度，一般铅酸蓄电池取 0.75。

$$B_C = Q_1 \times (N_1 + 1) \tag{3-10}$$

式中：Q_1 为日耗电量；N_1 为自给天数（最长连续阴雨天数与最长连续风力低于风力发电机启动风速的天数之差）。

式（3-8）一般用于 24h 工作的负载，式（3-9）一般用于风光互补发电站的计算，式（3-10）一般是估算。式（3-8）和式（3-9）实质上一样的，只是表达方式不同：第一个蓄电池容量单位为 Ah，第二个为 Wh，第二个日平均耗电量 Q_1（准确说应该是平均功率）单位为 W，第一个为 Wh，安全系数 K_b 包括了温度修正系数 T_0 与放电深度 C_C 的修正系数。

蓄电池的容量不是一成不变的，蓄电池的容量与两个重要因素相关：蓄电池的放电率和环境温度。在设计中，首先考虑放电率对蓄电池容量的影响。蓄电池的容量随着放电率的改变而改变，随着放电率的降低，蓄电池的容量会相应增加，这样就会对容量设计产生影响。在太阳能、风能发电系统设计时，要为所设计的系统选择适当放电率下的蓄电池容量。通常，生产厂家提供的蓄电池容量是 10 小时放电率下的蓄电池容量，但是在太阳能、风能发电系统中，因为蓄电池中存储的能量主要是为了满足自给天数中的负载需要，蓄电池放电率通常较慢，太阳能、风能发电系统中蓄电池典型的放电率为 100～200h。根据蓄电池生产商提供的该型号蓄电池在不同放电速率下的蓄电池容量，就可以对蓄电池的容量进行修正。

蓄电池的容量会随着蓄电池温度的变化而变化，当蓄电池温度下降时，蓄电池的容量会下降。通常，铅酸蓄电池的容量是在 25℃时标定的。随着温度的降低，0℃时的容量大约下降到额定容量的 90％，而在－20℃的时候大约下降到额定容量的 80％，所以必须考虑蓄电池的环境温度对其容量的影响。

如果太阳能、风能发电系统安装地点的气温很低，这就意味着按照额定容量设计的蓄电池容量在该地区的实际使用容量会降低，也就是无法满足系统负载的用电需求。在实际工作的情况下就会导致蓄电池的过放电，减少蓄电池的使用寿命，增加维护成本。这样，在设计时需要的蓄电池容量就要比根据标准情况（25℃）下蓄电池参数计算出来的容量要大，只有选择相对

于 25℃时计算容量多的容量，才能够保证蓄电池在温度低于 25℃的情况下，还能完全提供所需的能量。

蓄电池生产商一般会提供相关的蓄电池温度—容量修正曲线，在该曲线上可以查到对应温度的蓄电池容量修正系数，除以蓄电池容量修正系数就能对上述的蓄电池容量的初步计算结果加以修正。

因为低温的影响，在蓄电池容量设计上还必须要考虑的一个因素就是修正蓄电池的最大放电深度，以防止蓄电池在低温下凝固失效，造成蓄电池的永久损坏。铅酸蓄电池中的电解液在低温下可能会凝固，随着蓄电池的放电，蓄电池中不断生成的水稀释电解液，导致蓄电池电解液的凝结点不断上升，直到纯水的 0℃。在寒冷的气候条件下，如果蓄电池放电过多，随着电解液凝结点的上升，电解液就可能凝结，从而损坏蓄电池。即使系统中使用的是深循环工业用蓄电池，其最大的放电深度也不要超过 80%。

在设计时要掌握太阳能、风能发电系统所在地区的最低平均温度，从蓄电池生产商提供的最大放电深度与蓄电池温度关系曲线上找到该地区使用蓄电池的最大允许放电深度。通常，只是在温度低于−8℃时才考虑进行校正。

一般而言，浅循环蓄电池的最大允许放电深度为 50%，而深循环蓄电池的最大允许放电深度为 80%。如果在严寒地区，就要考虑到低温防冻问题对此进行必要的修正。设计时可以适当地减小蓄电池的最大允许放电深度以增大蓄电池的容量，以延长蓄电池的使用寿命。例如，如果使用深循环蓄电池，在设计时，将使用的蓄电池容量最大可用百分比定为 60%而不是 80%，这样既可以提高蓄电池的使用寿命，减少蓄电池系统的维护费用，同时又对系统初始成本不会有太大的改变。

2. 蓄电池组串并联设计

每个蓄电池都有它的标称电压，为了达到负载所需的标称工作电压，将蓄电池串联起来给负载供电，需要串联的蓄电池的只数按下式计算

$$串联蓄电池数 = 负载标称电压 / 蓄电池标称电压 \qquad (3-11)$$

当计算出所需的蓄电池的容量后，下一步就是要决定选择多少个单体蓄电池进行并联得到所需的蓄电池容量。这样可以有多种选择，例如，如果计算出来的蓄电池容量为 500Ah，那么可以选择一个 500Ah 的单体蓄电池，也可以选择两个 250Ah 的蓄电池并联，还可以选择 5 个 100Ah 的蓄电池并联。从理论上讲，这些选择都可以满足要求，但是在实际应用当中，要尽量减少并联数目。也就是说最好选择大容量的蓄电池以减少所需的并联数目。这样做的目的是为了尽量减少蓄电池之间的不平衡所造成的影响，因为一些并联的蓄电池在充放电的时候可能造成蓄电池不平衡。并联的组数越多，发生蓄电池不平衡的可能性就越大。一般来讲，并联的数目不要超过 4 组。

目前，很多太阳能、风能发电系统采用的是两组蓄电池并联模式。这样，如果有一组蓄电池出现故障，不能正常工作，就可以将该组蓄电池断开进行维修，而使用另外一组正常的蓄电池，虽然电流有所下降，但系统还能保持在标称电压正常工作。总之，蓄电池组的并联设计需要考虑不同的实际情况，根据不同的需要作出不同的选择。

第4章

家庭太阳能光伏发电系统工程设计实例

4.1 家庭太阳能光伏发电系统设计要素及太阳能电池方阵设计

4.1.1 影响太阳能光伏发电系统设计的因素及设计要素

1. 影响太阳能光伏发电系统设计的因素

设计一个完善的太阳能光伏发电系统需要考虑很多因素，进行各种设计，如电气系统设计、防雷接地设计、静电屏蔽设计、机械结构设计等，对地面应用的独立太阳能光伏发电系统来说，最主要的是根据使用要求，决定太阳能电池方阵和蓄电池的容量，以满足用电负载正常工作的需求。太阳能光伏发电系统总的设计原则是在保证满足负载用电需要的前提下，确定最少的太阳能电池组件和蓄电池容量，以尽量减少投资，即同时考虑可靠性及经济性。

独立的太阳能光伏发电系统的设计思路是，先根据用电负载的用电量，确定太阳能电池组件的功率，然后计算蓄电池的容量，但对于并网太阳能光伏发电系统又有其特殊性，需要确保太阳能光伏发电系统运行的稳定性和可靠性，所以在设计时需要注意以下事项：

（1）太阳照在地面太阳能电池方阵上辐射光的光谱和光强受到大气层厚度（即大气质量）、地理位置、所在地的气候和气象、地形地物等影响，其能量在一日、一月和一年内都有很大的变化，甚至各年之间的每年总辐射量也有较大的差别。了解并掌握使用地的气象资源，如太阳能光伏发电系统使用地日光辐射情况，太阳能电池使用地的经度与纬度。月（年）平均太阳能辐照情况、平均气温、风雨等资料，根据这些资料可以确定当地的太阳能标准峰值时数（h）和太阳能电池组件的倾斜角与方位角。

（2）由于用途不同，耗电功率、用电时间、对电源可靠性的要求等各不相同。有的用电设备有固定的耗电规律，有些负载用电则没有规律。而太阳能光伏发电系统输出功率（W）的大小直接影响着整个系统的参数。太阳能电池方阵的光电转换效率，受到太阳能电池本身的温度、太阳光强和蓄电池浮充电压的影响，而这三者在一天内都会发生变化，所以太阳能电池方阵的光电转换效率也是变量，因而太阳能电池方阵的输出功率也随着这些因素的改变而出现一些波动。

（3）太阳能光伏发电系统工作的时间（h）是决定太阳能光伏发电系统中太阳能电池组件容量的核心参数，通过确定工作时间，可以初步计算负载每天的功耗和与之相应的太阳能电池组件的充电电流。

（4）太阳能光伏发电系统使用地的连续阴雨天数，决定了蓄电池容量的大小及阴雨天过后恢复蓄电池容量所需要的太阳能电池组件的功率。两个连续阴雨天之间的间隔天数 D，决定了太阳能光伏发电系统在一个连续阴雨天过后充满蓄电池所需要的太阳能电池组件的功率。

（5）蓄电池组是工作在浮充电状态下，其电压随太阳能电池方阵发电量和负载用电量的变化而变化，蓄电池提供的能量还受环境温度的影响。

（6）太阳能电池充放电控制器、光伏逆变器由电子元器件组成，它本身运行时具有能耗影响其工作的效率，控制器、光伏逆变器选用元器件的性能、质量等也关系到耗能的大小，从而影响到太阳能光伏发电系统的效率。

这些因素相当复杂，原则上需要对每个影响太阳能光伏发电系统的因素进行单独分析计算，对一些无法确定数量的影响因素，只能采用一些系数来进行估量。由于考虑的因素及其复杂程度不同，采取的方法也不一样。

地球上各地区受太阳光照射及辐射的变化周期为一天 24h，处在某一地区的太阳能电池方阵的发电量也在 24h 内周期性的变化，其规律与太阳照在该地区辐射的变化规律相同。但是天气的变化将影响太阳能电池方阵的发电量。如果有几天连续阴雨天，太阳能电池方阵就几乎不能发电，只能靠蓄电池来供电，而蓄电池深度放电后又需尽快地将其补充。设计中应以气象台提供的太阳每天总的辐射能量或每年的日照时数的平均值作为设计的主要数据。由于一个地区各年的数据不相同，为了提高系统的可靠性，应取近十年内的最小数据。根据负载的耗电情况，在有日照和无日照时，因均需由蓄电池供电，所以气象台提供的太阳能总辐射量或总日照时数对确定蓄电池的容量大小是不可缺少的数据。

对太阳能电池方阵而言，负载应包括系统中所有耗电装置（除用电器外还有蓄电池及线路、控制器、光伏逆变器等）的耗用量。太阳能电池方阵的输出功率与组件串并联的数量有关，串联是为了获得所需要的工作电压，并联是为了获得所需要的工作电流，根据负载所消耗的电量，对适当数量的太阳能电池组件，经过串并联即组成所需要的太阳能电池方阵的输出功率。

2. 太阳能光伏发电系统设计要素

（1）场地数据。从当地气象站、气象部门等途径获取太阳能光伏发电系统建设场地的太阳能资源和气候状态的数据，其中太阳能资源包括年太阳总辐射量（辐照度）和辐射强度的每月、日平均值，气候状态包括年平均气温、年最高气温、年最低气温、一年内最长连续阴雨天（含降水或下雪天）、年平均风速、年最大风速、年冰雹次数、年沙暴日数。

太阳能电池方阵的安装位置应选择在太阳光不被遮挡的位置，为了施工方便应选择地势平坦的地方，应尽量避开山石区，远离树木，以防止阴影对太阳能电池组件的遮蔽，同时太阳能电池方阵的位置应尽量避开水流通道和易积水的部位。为了减少供电线路上的损耗和压降，太阳能光伏发电系统应尽量建设在负载附近。并应对太阳能光伏发电系统周边土壤进行测量，以确定土壤电阻。并能根据当地地形及土壤电阻率确定接地装置的位置和接地体的埋设方案。

（2）用户数据。了解并计算太阳能光伏发电系统所供应负载的详细情况，包括负载额定功率、峰值功率、供电方式、供电电压、供用时间、日平均用电量、负载性质等。在保证满足负载供电需要的前提下，确定使用最少的太阳能电池组件功率和蓄电池容量，以尽量减少初始的投资。并应了解当地市电的情况，包括有无市电、市电距太阳能光伏发电系统用电负载距离、市电质量等。

4.1.2　太阳能电池方阵设计

1. 太阳能电池组件

太阳能电池组件的日输出功率与太阳能电池组件中电池片的串联数量有关，太阳能电池在光照下的电压会随着温度的升高而降低，根据这一物理现象，太阳能电池组件生产商根据太阳能电池组件工作的不同气候条件，设计了不同的组件：36 片串联组件与 33 片串联组件。

36 片的太阳能电池组件主要适用于高温环境应用，36 片的太阳能电池组件即使在高温环境下也可以在 I_{mp} 附近工作。通常，太阳能光伏发电系统使用的蓄电池的系统电压为 12V，36 片串联就意味着在标准条件（25℃）下，太阳能电池组件的 U_{mp} 为 17V，大大高于蓄电池充电所需的 12V 电压。当这些太阳能电池组件在高温下工作时，由于高温太阳能电池组件的损失电压约为 2V，这样 U_{mp} 为 15V，即使在最热的气候条件下也可以给各种类型的 12V 蓄电池充电。在炎热的地区应选用 36 片串联的太阳能电池组件，36 片串联的太阳能电池组件也可应用于安装了峰值功率跟踪设备的太阳能光伏发电系统中，这样可以最大限度的发挥太阳能电池组件的潜力。

33 片串联的太阳能电池组件适宜于在温和气候环境下使用，33 片串联组件在标准条件（25℃）下，太阳能电池组件的 U_{mp} 为 16V，稍高于蓄电池充电所需的 12V 电压。当 33 片串联的太阳能电池组件工作在 40～45℃时，由于高温导致太阳能电池组件损失电压约为 1V，这样 U_{mp} 为 15V，也可以给各种类型的 12V 蓄电池充电。但如果在非常热的气候条件下工作，太阳能电池组件电压就会降低更多。如果到 50℃ 或者更高，电压会降低到 14V 或者以下，就会发生电流输出降低。这样对太阳能电池组件没有害处，但是产生的电流就不够理想，所以 33 片串联的太阳能电池组件最好应用于温和气候条件下。

因为太阳能电池组件的输出是在标准状态下标定的，但在实际使用中，日照条件以及太阳能电池组件的环境条件是不可能与标准状态完全相同，因此有必要找出一种可根据气象数据来估算实际情况下太阳能电池组件输出的方法。在家庭太阳能光伏发电系统设计中可采用峰值小时数方法来估算太阳能电池组件的日输出，该方法是将实际太阳能电池倾斜面上的太阳辐射转换成等同标准太阳辐射（$1000W/m^2$）照射的小时数。将该小时数乘以太阳能电池组件的峰值输出电流 I_{mp}，就可以估算出太阳能电池组件每天输出的安时数。

在太阳能光伏发电系统设计中，使用峰值小时方法存在一些缺点，因为在峰值小时方法中做了一些简化，导致估算结果和实际情况有一定的偏差。首先，太阳能电池组件输出的温度效应在该方法中被忽略。在计算中需要对太阳能电池组件的峰值输出电流 I_{mp} 进行补偿，因为在太阳能光伏发电系统工作时，蓄电池两端的电压通常是低于 U_{mp}，这样太阳能电池组件输出电流就会高于峰值输出电流 I_{mp}，使用峰值输出电流 I_{mp} 作为太阳能电池组件的输出就会比较保守。

温度效应对由较少的太阳能电池片串联的太阳能电池组件输出的影响就比对由较多的电池片串联的太阳能电池组件的输出影响要大，所以峰值小时方法对于 36 片串联的太阳能电池组件比较准确，对于 33 片串联的太阳能电池组件则较差，特别是在高温环境下。

在峰值小时方法中，是利用了气象数据中测量的总太阳辐射，将其转换为峰值小时。实际上，在每天的清晨和黄昏，有一段时间因为太阳辐射很低，太阳能电池组件产生的电压太低，而无法供给负载使用或给蓄电池充电，这就将会导致估算偏大。

在利用峰值小时方法进行太阳能电池组件输出估算时默认了一个假设，即假设太阳能电池组件的输出和光照完全成线性关系，并假设所有的太阳能电池组件都会同样地把太阳辐射转化为电能。但实际上不是这样的，这种使用峰值小时数乘以电流峰值的方法有时候会过高地估算某些太阳能电池组件的输出。不过，总的来说，在已知本地太阳能电池倾斜斜面上太阳能辐射数据的情况下，峰值小时估算方法是一种很有效的对太阳能电池组件输出进行快速估算方法。

在太阳能光伏发电系统设计中，主要是确定太阳能电池组件的工作电压和功率这两个参数。同时还要根据目前太阳能电池材料、工艺水平和寿命要求，让太阳能组件面积比较合适，并让单体太阳能电池之间的连接可靠，且组合损失较小。

2. 太阳能电池组件串联数 N_s

太阳能电池组件按一定数目串联起来，就可获得所需要的工作电压，但是，太阳能电池组件的串联数必须适当。串联数太少，串联电压低于蓄电池浮充电压，太阳能电池方阵就不能对蓄电池充电。如果串联数太多使输出电压远高于蓄电池浮充电压时，蓄电池充电电流也不会有明显增加。因此，只有当太阳能电池组件的端电压等于合适的蓄电池浮充电压时，才能达到最佳的充电状态。太阳能电池组件串联数 N_s 计算方法如下

$$N_s = U_R/U_{oc} = (U_F + U_D + U_c)/U_{oc} \tag{4-1}$$

式中：U_R 为太阳能电池方阵输出最小电压；U_{oc} 为太阳能电池组件的最佳工作电压；U_F 为蓄电池浮充电压，蓄电池的浮充电压和所选的蓄电池参数有关，应等于在最低温度下所选蓄电池单体的最大工作电压乘以串联的蓄电池数；U_D 为二极管压降，一般取 0.7V；U_c 为其他因数引起的压降。

3. 太阳能电池组件并联数 N_p

在确定 N_p 之前，先确定以下相关量：

（1）将太阳能电池方阵安装地点的太阳能日辐射量 H_t，转换成在标准光强下的平均日辐射时数 H

$$H = H_t \times 2.778/10\,000 \tag{4-2}$$

式中：2.778/10 000（h·m²/kJ）为将日辐射量换算为标准光强（1000W/m²）下的平均日辐射时数的系数。

（2）太阳能电池组件日发电量 Q_p

$$Q_p = I_{oc} \times h \times K_{op} \times C_z \tag{4-3}$$

式中：I_{oc} 为太阳能电池组件最佳工作电流；h 太阳能电池故障时间，h；K_{op} 为斜面修正系数，按太阳能电池组件安装地纬度不同，斜面日辐射量修正系数 K_{op} 取 1.09～1.14；C_z 为修正系数，主要为组合、衰减、灰尘、充电效率等的损失，一般取 0.8。

（3）两次最长连续阴雨天之间的最短间隔天数 N_w，此数据主要考虑要在此段时间内蓄电池需补充的容量 B_{cb} 为

$$B_{cb} = A \times Q_1 \times N_1 \tag{4-4}$$

式中：A 安全系数，取 1.1～1.4；Q_1 日耗电量，为工作电流乘以日工作小时数；N_1 为最长连续阴雨天数。

（4）太阳能电池组件并联数 N_p 的计算方法为

$$N_p = (B_{cb} + N_w \times Q_1)/(Q_p \times N_w) \tag{4-5}$$

N_p 个太阳能电池组件并联后的发电量，应大于光伏发电系统两次连续阴雨天之间的最短间隔天数内所需发的电量，不仅供负载使用，还需补足蓄电池在最长连续阴雨天内所亏损电量。

（5）太阳能电池方阵的功率计算。根据太阳能电池组件的串并联数，即可得出所需太阳能电池方阵的功率

$$P = P_0 \times N_s \times N_p \tag{4-6}$$

式中：P_0 为太阳能电池组件的额定功率。

太阳能电池组件设计的基本思想就是满足年平均日负载的用电需求，计算太阳能电池组件的基本方法是用负载平均每天所需要的能量（安时数）除以一块太阳能电池组件在一天中可以产生的能量（安时数），这样就可以计算出系统需要并联的太阳能电池组件数，使用这些组件并联就可以产生太阳能光伏发电系统中负载所需要的电流。将太阳能光伏发电系统中负载的标称电压除以太阳能电池组件的标称电压，就可以得到太阳能电池组件需要串联的太阳能电池组件数，使用这些太阳能电池组件串联就可以产生用电负载所需要的电压。

太阳能电池组件的输出会受到一些外在因素的影响而降低，根据上述基本公式计算出的太阳能电池组件，在实际情况下通常不能满足太阳能光伏发电系统用电的需求，为了得到更加正确的结果，有必要对上述基本公式进行修正。

（1）将太阳能电池组件输出降低 10%。太阳能电池组件的输出会受到环境因素的影响而降低，泥土、灰尘的覆盖和太阳能电池组件性能的慢慢衰变都会降低太阳能电池组件的输出。通常的做法就是在计算时将太阳能电池组件的输出减少 10%，以解决上述的不可预知和不可量化的因素，可以将这看成是太阳能光伏发电系统设计时需考虑的工程安全系数。因太阳能光伏发电系统的运行依赖于天气状况，所以有必要对这些因素进行评估，因此设计上留有一定的余量将使太阳能光伏发电系统可以长期稳定安全运行。

（2）将用电负载增加 10%。在铅酸蓄电池的充放电过程中，铅酸蓄电池会电解水，产生气体，也就是说太阳能电池组件产生的电流将有一部分不能转化为电能储存起来而是耗散掉，可用铅酸蓄电池的库仑效率来评估这种电流损失。不同的铅酸蓄电池其库仑效率不同，通常可以认为有 5%～10% 的损失，所以在保守的设计中有必要将太阳能光伏发电系统中的负载功率增加 10%，以补偿蓄电池的耗散损失。

考虑到上述因素，必须修正太阳能电池组件输出功率的计算公式，将每天的负载除以蓄电池的库仑效率，这样就增加了每天的负载，实际上给出了太阳能电池组件需要负担的真正负载；将衰减因子乘以太阳能电池组件的日输出，这样就考虑了环境因素和组件自身衰减造成的太阳能电池组件日输出的减少，给出了一个在实际情况下太阳能电池组件输出的保守估算值。

在进行太阳能电池组件的设计计算时，对于全年负载不变的情况，太阳能电池组件的设计计算是基于辐照最低的月份。如果负载的工作情况是变化的，即每个月份的负载对电力的需求是不一样的，那么在设计时采取的最好方法就是按照不同的季节或者每个月份分别来进行计算，计算出所需的最大太阳能电池组件数目。

通常在夏季、春季和秋季，太阳能电池组件的电能输出相对较多，而冬季相对较少，但是负载的需求可能在夏季比较大，所以在这种情况下只是用年平均或者某一个月份进行设计计算是不准确的，因为每个月份负载需要的太阳能电池组件数是不同的，那么就必须按照每个月所需要的负载计算出该月所必需的太阳能电池组件，其中的最大值就是一年中所需要的太阳能电池组件数目。例如，在冬季计算出需要的太阳能电池组件数是 10 块，但是在夏季可能只需要 5 块，但是为了保证太阳能光伏发电系统全年的正常运行，就不得不安装较大数量的太阳能电池组件，即 10 块组件来满足全年的负载的需要。

太阳能电池串并连方法如图 4-1（a）所示，这种连接方法的缺点是：一旦其中一片太阳能电池损坏、开路或被阴影遮住，损失的不是一片太阳能电

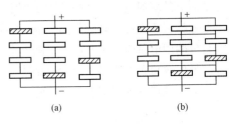

图 4-1　太阳能电池连接的方法
（a）太阳电池串并联；（b）太阳电池混联

池的功率，而是整串太阳能电池都将失去作用，这在串联太阳能电池数目较多时影响尤为严重。为了避免这种情况，可以用混联（或称网状连接）方式，如图4-1（b）所示，这样，即使有少数太阳能电池失效（如有阴影线的），也不至于对太阳能电池组件的整个输出造成严重损失。

4. 太阳能电池方阵设计中必须注意的问题

在太阳能电池方阵设计中，主要关心的是太阳能电池的外特性，首先，对于单片太阳能电池来说，它是一个PN结，除了当太阳光照射在上面时，它能够产生电能外，它还具有PN结的一切特性。在标准光照条件下，单片太阳能电池的额定输出电压为0.48V。在太阳能光伏发电系统中使用的太阳能电池组件都是由多片太阳能电池组合连接构成的。它具有负的温度系数。

（1）太阳能电池方阵方位角与倾斜角。由于太阳能是一种清洁能源，它的应用正在世界范围内快速地增长。可是目前建设一个太阳能光伏发电系统的成本还是较高的，从我国现阶段的太阳能光伏发电成本来看，花费在太阳能电池组件的费用为60%～70%，因此，为了充分有效地利用太阳能，如何选取太阳能电池方阵的方位角与倾斜角是一个十分重要的问题。为了让太阳能电池方阵在一年中接收到的太阳辐射能尽可能的多，要为太阳能电池方阵选择一个最佳的方位角与倾斜角。

在太阳能光伏发电系统的设计中，太阳能电池方阵的放置形式和放置角度对太阳能电池方阵接收到的太阳辐射有很大的影响，从而影响到太阳能光伏发电系统的发电能力。太阳能电池方阵的放置形式有固定安装式和自动跟踪式两种形式，其中自动跟踪装置包括单轴跟踪装置和双轴跟踪装置。

1）方位角。太阳能电池方阵的方位角是太阳能电池方阵的垂直面与正南方向的夹角（向东偏设定为负角度，向西偏设定为正角度）。一般在北半球，太阳能电池方阵朝向正南（即太阳能电池方阵垂直面与正南的夹角为0°）时，太阳能电池发电量是最大的。在偏离正南（北半球）30°度时，太阳能电池方阵的发电量将减少10%～15%。在偏离正南（北半球）60°时，太阳能电池方阵的发电量将减少20%～30%。但是，在晴朗的夏天，太阳辐射能量的最大时刻是在中午稍后，因此太阳能电池方阵的方位稍微向西偏一些时，在午后时刻可获得最大发电功率。

在不同的季节，各个方位的日辐射量峰值产生时刻是不一样的。太阳能电池方阵的方位稍微向东或西一些都可获得最大发电量。太阳能电池方阵设置场所受到许多条件的制约，如果要将方位角调整到在一天中负载的峰值时刻与发电峰值时刻一致时，可参考下述的公式

方位角 ＝［一天中负载的峰值时刻(24小时制)－12］×15＋(经度－116)　　(4-7)

2）倾斜角。太阳能电池方阵通常是面向赤道放置，相对地平面有一定倾角，即太阳能电池方阵平面与水平地面的夹角。对于全年负载均匀的固定式太阳能电池方阵，如果太阳能电池方阵斜面上的辐射量小，意味着需要更多的太阳能电池来保证向负载供电；如果各个月份太阳能电池方阵斜面上接收到的太阳辐射量差别很大，意味着需要大量的蓄电池来保证太阳辐射量低的月份的用电供应，这些都会提高整个太阳能光伏发电系统的成本。因此，确定太阳能电池方阵的最优倾角是太阳能光伏发电系统中不可缺少的一个重要环节。

目前有观点认为太阳能电池方阵倾角等于当地纬度为最佳，这样做的结果是：夏天太阳能电池方阵发电量往往过盈而造成浪费，冬天时发电量又往往不足而使蓄电池处于欠充电状态，所以这不是最佳的选择。也有的观点认为所取太阳能电池方阵倾角应使全年辐射量最弱的月份能得到最大的太阳辐射量为好，推荐太阳能电池方阵倾角在当地纬度的基础上再增加15°～

20°。国外有的设计手册也提出，设计月份应以辐射量最小的 12 月（在北半球）或 6 月（在南半球）作为依据。其实，这种观点也有其局限性，这样往往会使夏季获得的辐射量过少，从而导致太阳能电池方阵全年得到的太阳辐射量偏小。同时，最佳倾角的概念，在不同的应用中是不一样的，在离网太阳能光伏发电系统中，由于受到蓄电池荷电状态等因素的限制，要综合考虑太阳能电池方阵斜面上太阳辐射量的连续性、均匀性和极大性，而对于并网太阳能光伏发电系统通常总是要求在全年中得到最大的太阳辐射量。

设计中希望得到太阳能电池方阵在一年平均发电量最大时的最佳倾斜角度，而一年中的最佳倾斜角与当地的地理纬度有关，当纬度较高时，相应的倾斜角也大。但是，和方位角一样，在设计中也要考虑到屋顶的倾斜角及积雪滑落的倾斜角（斜率大于 50%～60%）等方面的限制条件。对于积雪滑落的倾斜角，即使在积雪期发电量少而年总发电量也存在增加的情况，对于正南（方位角为 0°），倾斜角从水平（倾斜角为 0°）开始逐渐向最佳的倾斜角过渡时，其日辐射量不断增加直到最大值，然后再增加倾斜角其日辐射量不断减少。特别是在倾斜角大于50°～60°以后，日辐射量急剧下降，直至到最后垂直放置时，发电量下降到最小。对于方位角不为 0°度的情况，斜面日辐射量的值普遍偏低，最大日辐射量的值是在与水平面接近的倾斜角度附近。对于太阳能电池方阵倾角的选择应结合以下要求进行综合考虑：

1) 连续性。一年中太阳辐射总量大体上是连续变化的，多数是单调升降，个别也有少量起伏，但一般不会大起大落。

2) 均匀性。选择倾角，最好使太阳能电池方阵斜面上全年接收到的日平均辐射量比较均匀，以免夏天接收辐射量过大，造成浪费；而冬天接受到的辐射量太小，造成蓄电池过放以至损坏，降低系统寿命，影响系统供电稳定性。

3) 极大性。选择倾角时，不但要使太阳能电池方阵斜面上辐射量最弱的月份获得最大的辐射量，同时还要兼顾全年日平均辐射量不能太小。

同时，对特定的情况要作具体分析。如有些特殊的负载（灌溉用水泵、制冷机等，）夏天消耗功率多，太阳能电池方阵倾角的取值应使太阳能电池方阵夏日接收辐射量相对冬天要多才合适。可用一种较近似的方法来确定太阳能电池方阵倾角，一般在我国南方地区，太阳能电池方阵的倾角可取比当地纬度增加 10°～15°；在我国的北方地区，太阳能电池方阵的倾角可比当地纬度增加 5°～10°，纬度较大时，增加的角度可小一些。在青藏高原，倾角不宜过大，可大致等于当地纬度。同时，为了太阳能电池方阵支架的设计和安装方便，方阵倾角常取成整数。

以上所述为方位角、倾斜角与发电量之间的关系，对于具体设计，某一个太阳能电池方阵的方位角和倾斜角还应综合地进一步同实际情况结合起来考虑。对于固定式太阳能光伏发电系统，一旦安装完成，太阳能电池方阵倾角和方位角就无法改变。而安装了跟踪装置的太阳能光伏发电系统，太阳能电池方阵可以随着太阳的运行而跟踪移动，使太阳能电池一直朝向太阳，增加了太阳能电池方阵接受的太阳辐射量。但在目前太阳能光伏发电系统中，使用跟踪装置的相对较少，因为跟踪装置比较复杂，初始成本和维护成本较高，安装跟踪装置获得额外的太阳能辐射产生的效益无法抵消安装该系统所需要的成本。

(2) 阴影对太阳能电池方阵的影响。一般情况下，在计算太阳能电池发电量时，是在太阳能电池方阵斜面上完全没有阴影的前提下得到的。因此，如果太阳能电池不能被日光直接照到时，那么只有散射光用来发电，此时的发电量比无阴影时要减少 10%～20%。针对这种情况，要对理论计算值进行校正。通常，在太阳能电池方阵周围有建筑物及山峰等物体时，太阳出来后，建筑物及山的周围会存在阴影，因此在选择安装太阳能电池方阵的地点时应尽量避开阴影。如果实在无法躲开，也应从太阳能电池的接线方法上进行解决，使阴影对发电量的影响降低到最低程度。另外，如果太阳能电池方阵是前后放置时，后面的太阳能电池方阵与前面的太阳能电池方阵之间距离接近后，前边太阳能电池方阵的阴影会对后边太阳能电池方阵的发电量产生影响。如有一个高为 L_1 的竹竿，其南北方向的阴影长度为 L_2，太阳高度（仰角）为 A，在方位角为 B 时，假设阴影的倍率为 R，则

$$R = L_2/L_1 = \text{ctg}A \times \cos B \tag{4-8}$$

式（4-8）应按冬至那一天进行计算，因为，那一天的阴影最长。例如太阳能电池方阵的上边缘的高度为 h_1，下边缘的高度为 h_2，则方阵之间的距离

$$a = (h_1 - h_2) \times R \tag{4-9}$$

当纬度较高时，太阳能电池方阵之间的距离应加大，相应地设置场所的面积也会增加。对于有防积雪措施的太阳能电池方阵，因其倾斜角度大，因此使太阳能电池方阵的高度增大，为避免阴影的影响，相应地也会使太阳能电池方阵之间的距离加大。通常在排布太阳能电池方阵时，应分别选取每一个太阳能电池方阵的构造尺寸，将其高度调整到合适值，从而利用其高度差使太阳能电池方阵之间的距离调整到最小。具体的太阳能电池方阵设计，在合理确定方位角与倾斜角的同时，还应进行全面的考虑，才能使太阳能电池方阵的设计达到最佳状态。

4.2　家庭太阳能光伏发电系统设计方法

4.2.1　离网太阳能光伏发电系统设计方法

1. 太阳能光伏发电系统设计方法 1

（1）确定负载功耗

$$W = \sum I \times h \tag{4-10}$$

式中：I 为负载电流；h 为负载工作时间，h。

（2）确定蓄电池容量

$$C = W \times d \times 1.3 \tag{4-11}$$

式中：d 为连续阴雨天数；C 为蓄电池标称容量（10 小时放电率）。

（3）确定太阳能电池方阵倾角。推荐太阳能电池方阵的倾角与纬度的关系见表 4-1。

表 4-1　　　　　　　　　　太阳能电池方阵的倾角与纬度的关系

当地纬度 Φ	0°～15°	15°～20°	25°～30°	30°～35°	35°～40°	＞40°
方阵倾角 β	15°	Φ	$\Phi+5°$	$\Phi+10°$	$\Phi+15$	$\Phi+20$

（4）计算太阳能电池方阵 β 倾角下的辐射量

$$S_\beta = S \times \sin(\alpha+\beta)/\sin\alpha \tag{4-12}$$

式中：S_β 为在 β 倾角下太阳能电池方阵斜面上太阳直接辐射分量；α 为中午时太阳高度角；$\alpha = 90° - \Phi \pm \delta$；$\Phi$ 为纬度；δ 为太阳赤纬度（北半球取＋号）；S 为水平面太阳直接辐射量（查气象资料）。

$$R_\beta = S \times \sin(\alpha+\beta)/\sin\alpha + D \tag{4-13}$$

式中：R_β 为在 β 倾角下太阳能电池方阵斜面上的太阳总辐射量；D 为散射辐射量（查阅气象资料）。

（5）计算太阳能电池方阵电流

$$I_{\min} = W/(T_{\mathrm{m}} \times \eta_1 \times \eta_2) \tag{4-14}$$

$$I_{\max} = W/(T_{\min} \times \eta_1 \times \eta_2) \tag{4-15}$$

式中：$I_{\min}$ 为太阳能电池方阵最小输出电流；T_{m} 为平均峰值日照时数；η_1 为蓄电池充电效率；η_2 为太阳能电池方阵表面灰尘遮散损失。

（6）确定太阳能电池方阵电压。太阳能电池方阵的工作电压为浮充电压和线路损耗引起的电压降以及太阳能电池因温升引起的电压降之和。蓄电池浮充电压为额定电压的 1.125 倍，线路电压降为负载电压的 3%，硅 PN 结的压降为 0.7V，温升电压降的系数为 $-0.002\,3\mathrm{V/℃}$，当负载电压为 12V 时，其压降小于 2.07V。所以，太阳能电池方阵工作电压一般为负载工作电压的 1.4 倍。太阳能电池方阵的输出电压要足够高，以保证全年能有效地对蓄电池充电。太阳能电池方阵在任何季节的工作电压应满足

$$U = U_{\mathrm{F}} + U_{\mathrm{d}} \tag{4-16}$$

式中：U_{F} 为蓄电池浮充电压（25℃）；U_{d} 为线路电压损耗。

（7）确定太阳能电池方阵功率。由于温度升高时，太阳能电池方阵的输出功率将下降，因此要求系统即使在最高温度下也能确保正常运行，所以在标准测试温度下（25℃）太阳能电池方阵的输出功率应为

$$P = I_{\mathrm{m}} \times U/[1 - \alpha(t_{\max} - 25)] \tag{4-17}$$

式中：α 为太阳能电池的温度系数。对一般的硅太阳能电池，$\alpha = 0.5\%$；$t_{\max}$ 为太阳最高工作温度。

2. 太阳能光伏发电系统设计方法 2

（1）确定安装地点的日照量 $Q'[\mathrm{mWh}/(\mathrm{cm}^2 \cdot 天)]$。为了使太阳能电池方阵尽可能多的接收日照，通常太阳能电池方阵是按一定的倾角安装的，一般是以安装纬度设置倾角。太阳能电池方阵斜面上的日照量通常采用查询当地日照记录方法，若计算可按下式

$$Q' = Q \times K_1 \times 1.16 \times [\cos|(\theta - \beta - \delta)|/\cos|(\theta - \delta)|] \tag{4-18}$$

式中：Q 为水平面的月平均日照量 $[\mathrm{cal}/(\mathrm{cm}^2 \cdot 天)]$；$K_1$ 为日照修正系数（一般为 0.9）；1.16 为单位变换系数数 $[\mathrm{cal}/(\mathrm{cm}^2 \cdot 天) \rightarrow \mathrm{mWh}/\mathrm{cm}^2]$；$\theta$ 为设置场所的纬度；β 为太阳能电池方阵的倾角（相对于水平面）；δ 为太阳的月平均赤纬度。

如果只有日照时间的数据，日照量可以按以下方式进行换算

$$Q = Q_0 \times (a + b \times S/S_0) \tag{4-19}$$

式中：Q_0 为大气圈外的日照量（理论值为 1.382kW/m^2）；S 为被记录的日照时间（日出到日没时间）；S_0 为可照时间（日出到日没时间）；a、b 需要根据当地气候、纬度、季节而定。

（2）确定负载的消耗功率。负载消耗功率按负载的日平均消耗功率计算，为了计算日平均消耗功率，必须了解负载的使用时间，日平均消耗功率可按下式计算

$$P_{\mathrm{L}} = [P_1 \times h_1 + P_2 \times h_2 + \cdots + P_n \times h_n]/24 \quad (n = 1, 2, \cdots, n) \tag{4-20}$$

式中：P_{L} 为负载日平均消耗功率；P_n 为系统内某负载的功率；h_n 为负载的使用时间。

（3）确定太阳能电池组件容量 P_{m}（W_{p}）。太阳能电池容量按下式计算

$$P_{\mathrm{m}} = 2400/Q'_{\min} \times P_{\mathrm{L}} \times 1/K \tag{4-21}$$

式中：$Q'_{\min}$ 为太阳能电池安装地点日照量 Q' 的年最小值，mWh/(cm²·天)；P_{L} 为负载的日平均消耗功率，W；K 为系数 $K = K_1 \times K_2 \times K_3 \times K_4 \times K_5 \times K_6 \times K_7 \times K_8 \times K_9$，其中 K_1 为充电效率 0.97；K_2 为太阳能电池组件脏污系数 0.9；K_3 为太阳能电池组件温度补正系数 0.9；K_4 为直并联接线损失系数 12V/0.90、24V/0.95；K_5 为最佳输出补正系数 0.9；K_6 为蓄电池充放电效率 0.9；K_7 为变换器效率(视容量和设备而定)；K_8 为变压器效率(视容量和设备而定)；K_9 为 DC 电能损耗率 0.95。

（4）蓄电池容量 B_{e}(Ah)。蓄电池的容量由下式计算

$$B_{\mathrm{e}} = (P_{\mathrm{L}} \times 24 \times D)/(K_{\mathrm{b}} \times U) \tag{4-22}$$

式中：D 为连续不日照天数（一般为 3～7 天）；K_{b} 为安全系数（放电深度一般为 70%，控制器效率根据厂家数据，电能损耗一般为 5%）；U 为系统电压，V。

3. 太阳能光伏发电系统设计方法 3

太阳能电池的发电容量是指平板式太阳能电池的发电功率 W_{P}，太阳能电池的发电功率量值取决于负载 24h 所能消耗的电能 $H_{(\mathrm{WH})}$，由负载额定电压与负载 24h 所消耗的电能，决定了负载 24h 消耗的容量 $P_{(\mathrm{AH})}$，再考虑到平均每天日照时数及阴雨天造成的影响，计算出太阳能电池方阵工作电流 $I_{\mathrm{P(A)}}$。

由负载额定电压，选取蓄电池标称电压，由蓄电池标称电压来确定蓄电池串联只数及蓄电池浮充电压 U_{F}，再考虑到太阳能电池因温度升高而引起的温升电压 U_{T} 及反充二极管 PN 结的压降 U_{D} 所造成的影响，则可计算出太阳能电池方阵的工作电压 U_{P}，由太阳能电池方阵工作电流 I_{PA} 与工作电压 U_{P}，便可计算出太阳能电池方阵的输出功率 W_{P}，由计算出的太阳能电池方阵的输出功率 W_{P} 与太阳能电池方阵工作电压 U_{P}，可确定太阳能电池的串联块数与并联组数。

（1）计算负载 24h 所能消耗的容量 $P_{(\mathrm{AH})}$

$$P_{(\mathrm{AH})} = H_{(\mathrm{WH})}/U \tag{4-23}$$

式中：U 为负载额定电压；$H_{(\mathrm{WH})}$ 为负载 24h 消耗的电能。

（2）选定每天日照时数 T (h)。

（3）计算太阳能电池方阵的工作电流

$$I_{\mathrm{P}} = P_{(\mathrm{AH})}(1+Q)/T \tag{4-24}$$

式中：Q 为阴雨期富余系数，$Q = 0.21 \sim 1.00$。

（4）确定蓄电池浮充电压 U_{F}。铅酸蓄电池的单体浮充电压为 2.2V。

（5）太阳能电池温度补偿电压 U_{T}

$$U_{\mathrm{T}} = \frac{2.1}{430}(T-25)U_{\mathrm{F}} \tag{4-25}$$

（6）计算太阳能电池方阵工作电压 U_{P}

$$U_{\mathrm{P}} = U_{\mathrm{F}} + U_{\mathrm{D}} + U_{\mathrm{T}} \tag{4-26}$$

式中：$U_{\mathrm{D}} = 0.5 \sim 0.7$。

（7）太阳能电池方阵输出功率 W

$$W = I_{\mathrm{P}} \times U_{\mathrm{P}} \tag{4-27}$$

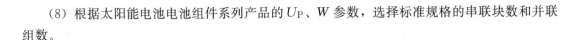

（8）根据太阳能电池电池组件系列产品的 U_P、W 参数，选择标准规格的串联块数和并联组数。

4.2.2　太阳能光伏发电系统中的控制器及逆变器选择

1. 控制器选择

控制器是整个太阳能光伏发电系统中控制、管理的关键设备，它的最大功能是对蓄电池进行全面的管理，高性能的控制器应当根据蓄电池的特性，设定各个关键参数点，比如蓄电池的过充点、过放点，恢复连接点等。在选择控制器时，特别需要注意控制器恢复连接点参数，由于蓄电池有电压自恢复特性，当蓄电池处于过放电状态时，控制器切断负载，随后蓄电池电压恢复，如果控制器各参数点设置不当，则可能缩短蓄电池和用电负载的使用寿命。

太阳能光伏发电系统中的控制器必须具备蓄电池过充、过放、防反接等保护功能，蓄电池防过充、过放保护是在蓄电池的端电压达到保护设定值后就改变电路的状态。一个性能良好的控制器为了延长蓄电池的使用寿命，必须对蓄电池的充电放电条件加以限制，防止蓄电池过充电及深度放电。在温差较大的地方，控制器还应具备温度补偿功能。对于太阳能光伏发电系统的设计，成功与失败往往就取决于控制器的选型设计，没有一个性能良好的控制器，就不可能有一个性能良好的太阳能光伏发电系统。

控制器防止反充电功能的实现方法是在太阳能电池回路中串联一个二极管防止反充电，这个二极管应选用肖特基二极管，肖特基二极管的压降比普通二极管低。另外，还可以用场效应晶体管实现防止反充电功能，它的管压降比肖特基二极管更低。

控制器的防过充电控制功能的实现方法是在输入回路中串联或者并联一个泄放晶体管，由电压鉴别电路控制晶体管的开关，将太阳能电池产生的过盈的电能通过晶体管泄放，保证没有过高的电压给蓄电池充电。

控制器防过放电功能的实现方法是设置放电截止电压，因太阳能光伏发电系统的负载功率相对于蓄电池是小倍率放电，所以放电截止电压不宜过低。由于蓄电池电压的控制点是随着环境温度而变化的，所以太阳能光伏发电系统的控制器应该有一个受温度控制的基准电压。对于单节铅酸蓄电池是 $-3 \sim -7\mathrm{mV/^\circ C}$，通常选用 $-4\mathrm{mV/^\circ C}$。

2. 光伏逆变器选择

为了保证太阳能光伏发电系统正常运行，光伏逆变器的选型非常重要，选择光伏逆变器时要了解产品型号、额定电压、额定功率、性能特点等，特别要与整个太阳能光伏发电系统匹配。光伏逆变器的容量可按下式计算

$$P = L \times N \times M / (S \times \eta) \tag{4-28}$$

式中：L 为负载功率；N 为用电同时率（80%）；M 为各相负载不平衡系数（取 1.2）；S 为负载功率因数（0.8）；η 为光伏逆变器效率（取 0.85）。

在选用离网太阳能光伏发电系统用的光伏逆变器时，应注意以下几点：

（1）额定输出容量和负载能力。光伏逆变器的额定输出功率表示光伏逆变器向负载供电的能力，额定输出功率高的光伏逆变器可以带更多的用电负载。选用光伏逆变器时应首先考虑具有足够的额定功率，以满足最大负荷下设备对功率的要求，以及系统的扩容及一些临时负载的接入。

在选择光伏逆变器时，对于以单一设备为负载的光伏逆变器，其额定容量的选取较为简

单，当用电设备为纯阻性负载或功率因数大于 0.9 时，选取光伏逆变器的额定容量为用电设备容量的 1.1～1.15 倍即可。在光伏逆变器以多个设备为负载时，光伏逆变器容量的选取要考虑几个用电设备同时工作的可能性，即"负载同时系数"。

对一般电感性负载，如电机、冰箱、空调、洗衣机、大功率水泵等，在启动时，其瞬时功率可能是其额定功率的 5～6 倍，此时，光伏逆变器将承受很大的瞬时浪涌。针对此类负载，选用的光伏逆变器的额定容量应留有充分的余量，以保证负载能可靠启动，高性能的光伏逆变器可做到连续多次满负荷启动而不损坏功率器件。小型光伏逆变器为了自身安全，有时需采用软启动或限流启动方式。

另外，光伏逆变器还要有一定的过载能力，当输入电压与输出功率为额定值，环境温度为 25℃ 时，光伏逆变器连续可靠工作时间应不低于 4h；当输入电压为额定值，输出功率为额定值的 125％ 时，光伏逆变器安全工作时间应不低于 1min；当输入电压为额定值，输出功率为额定值的 150％ 时，光伏逆变器安全工作时间应不低于 10s。

（2）具有较高的电压稳定性能。光伏逆变器输出电压的调整性能表示光伏逆变器对输出电压的稳压能力，一般光伏逆变器产品都给出了当直流输入电压在允许波动范围变动时，该光伏逆变器输出电压的波动偏差的百分率，通常称为电压调整率。高性能的光伏逆变器应同时给出当负载由零向 100％ 变化时，该光伏逆变器输出电压的偏差百分率，通常称为负载调整率。性能优良的光伏逆变器的电压调整率应小于等于 ±3％，负载调整率应小于等于 ±6％。

在离网太阳能光伏发电系统中，均以蓄电池为储能设备，当标称电压为 12V 的蓄电池处于浮充电状态时，端电压可达 13.5V，短时间过充电状态可达 15V。蓄电池带负荷放电终止时的端电压可降至 10.5V 或更低。蓄电池端电压的起伏可达标称电压的 30％ 左右。这就要求光伏逆变器具有较好的调压性能，才能保证离网太阳能光伏发电系统以稳定的交流电压供电。

（3）在各种负载下具有高效率。光伏逆变器整机效率表示其自身功率损耗的大小，容量较大的光伏逆变器还要给出满负荷工作和低负荷工作下的效率值。光伏逆变器效率高低对太阳能光伏发电系统提高有效发电量和降低发电成本有重要影响，因此选用光伏逆变器要尽量进行比较，选择整机效率高的产品。整机效率高是光伏发电用光伏逆变器区别于通用型光伏逆变器的一个显著特点。

光伏逆变器的自身功耗是决定系统效率的最关键因素，光伏逆变器自身功耗是恒定不变的。国标要求，光伏逆变器自身功耗不允许超过额定功率的 3％。国产光伏逆变器没有待机模式，也就是说光伏逆变器自身功耗是 24h。例如，国产 700VA 光伏逆变器，自身功耗应在 20W 左右。1 天自身功耗就是 480Wh（损耗 150～200W 太阳能电池组件的发电量）。进口光伏逆变器有待机模式，自身耗电只有 1W 左右。在选用光伏逆变器时有两点需要注意：

1）光伏逆变器的逆变效率是随着负载变化而变化的，因此，光伏逆变器最大逆变效率对系统不具有决定意义。

2）负载长时间工作点对应的光伏逆变器效率才具有评估意义。

如 700VA 国产高频光伏逆变器最大效率点在其满载时，若实际负载运行区间是 100～350VA，则其效率不高。进口工频光伏逆变器在小功率输出时，效率非常高。鉴于实际情况，若负载波动非常大，选用的光伏逆变器在小负荷输出时（长期运行）的效率更加具有评估意义。

在专用光伏逆变器设计中应特别注意减少自身功率损耗，提高整机效率，这是提高太阳能光伏发电系统技术经济指标的一项重要措施。在整机效率方面对光伏发电专用逆变器的要求是：千瓦级以下光伏逆变器的额定负荷效率 ≥80％～85％，低负荷效率 ≥65％～75％；10kW

级光伏逆变器额定负荷效率≥85％～90％，低负荷效率≥70％～80％。

（4）具有良好的过电流保护与短路保护功能。太阳能光伏发电系统在正常运行过程中，因负载故障、人员误操作及外界干扰等原因而引起的供电系统过电流或短路是完全可能的，光伏逆变器对外电路的过电流及短路现象最为敏感，是太阳能光伏发电系统中的薄弱环节。因此，在选用光伏逆变器时，必须要求光伏逆变器具有良好的过电流及短路的自我保护功能。

（5）维护方便。高质量的光伏逆变器在运行若干年后，因元器件失效而出现故障属于正常现象。除生产厂家需有良好的售后服务系统外，还要求生产厂家在光伏逆变器生产工艺、结构及元器件选型方面具有良好的可维护性。例如，损坏元器件有充足的备件或容易买到，元器件的互换性好；在工艺结构上，元器件容易拆装，更换方便。这样，即使光伏逆变器出现故障，也可迅速排除故障恢复正常。

4.2.3　并网太阳能光伏发电系统设计方法

1. 并网太阳能光伏发电系统

并网太阳能光伏发电系统是目前发展最为迅速的太阳能光伏发电应用方式，随着光伏建筑一体化的飞速发展，各种各样的并网太阳能光伏发电系统都得到了广泛的应用。并网太阳能光伏发电系统包括如下几种形式：

（1）纯并网太阳能光伏发电系统。

（2）具有 UPS 功能的并网太阳能光伏发电系统。

（3）并网光伏发电混合系统。

并网太阳能光伏发电系统通过把太阳能转化为电能，不经过蓄电池储能，直接通过并网光伏逆变器，把电能馈入电网。并网太阳能光伏发电系统代表了太阳能光伏发电系统的发展方向，是 21 世纪最具吸引力的能源利用技术。与离网太阳能光伏发电系统相比，并网太阳能光伏发电系统具有以下优点：

（1）利用清洁干净、可再生的太阳能发电，不耗用不可再生资源，使用中无温室气体和污染物排放，与生态环境和谐，符合经济社会可持续发展战略。

（2）所发电能馈入电网，以电网为储能装置，省掉蓄电池，比离网太阳能光伏发电系统的建设投资减少 35％～45％，从而使发电成本大为降低。省掉蓄电池并可提高系统的平均无故障时间和蓄电池的二次污染。

（3）在设计中使太阳能电池组件与建筑物完美结合，既可发电又能作为建筑材料和装饰材料，使物质资源充分利用发挥多种功能，不但有利于降低建设费用，并且还使建筑物科技含量提高。

（4）分布式建设，就近就地分散供电，并入和退出电网灵活，既有利于增强电力系统抵御自然灾害的能力，又有利于改善电力系统的负载平衡，并可降低输电线路损耗。

（5）可起调峰作用。并网太阳能光伏发电系统是世界各发达国家在光伏应用领域竞相发展的热点和重点，是世界太阳能光伏发电的主流发展趋势，市场巨大，前景广阔。

2. 并网发电的控制原理

20 世纪 80 年代末日本学者 S. Nonaka 等率先研制成功一种电流源型并网光伏逆变器，这种并网光伏逆变器较好地适应了太阳能电池组件的特性，取得了较好的性能。由于其采用电流源逆变主电路，使主电路及控制复杂化，因而没有得到很好的发展。20 世纪 90 年代以来，随着电力电子及控制技术的发展，电压型 PWM 可逆变流技术越趋成熟。由于其优越的双向功率变流及电流控制性能，使这类技术直接应用于太阳能光伏并网发电系统，并获得了网侧正弦波电流特性，真正实现了"绿色"电能变换。单相电压型太阳能光伏并网逆变控制原理如图 4-2 所示。

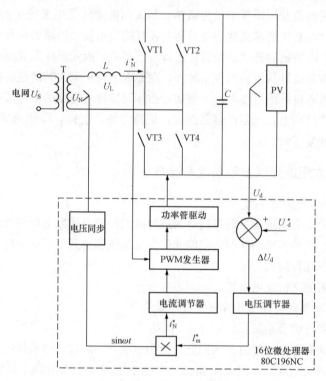

图 4-2　并网逆变控制原理图

当并网运行时，控制单元控制太阳能电池方阵直流侧电压 U_d，控制单元在太阳能电池方阵的激励下向电网馈电。从图 4-2 中看出，并网逆变系统由并网变压器 T、交流电感 L、功率管（VT1～VT4）、直流储能电容 C、微处理器控制单元及太阳能电池方阵 PV 等组成。并网运行时网侧电流正弦化控制过程如下：

首先直流给定电压 U_d^* 与反馈电压 U_d 相比较得到的误差电压信号 ΔU_d 经电压调节后输出的电流调节信号为 I_m^*，其相位由与电网电压同步的单位正弦波信号 $\sin\omega t$ 获得，两者相乘得正弦电流信号 i_N^*，经电流调节器控制后，由 PWM 发生器输出控制信号以强迫输出电流跟踪输入电流，当 i_N 与 U_N 反相时，电能将从太阳能电池方阵向电网馈送。

3. 并网系统实现方案

目前，常见的太阳能光伏发电系统的并网方案根据太阳能电池方阵的工作电压可以分为低压并网系统和高压并网系统。低压并网系统常由 3～5 块太阳能电池组件串联组成，直流电压小于 120V。这种方式的优点是每一串太阳能电池组件串联的数量较少，对太阳阴影的耐受性比较强；缺点是直流侧电流较大，在设计中需要选用大截面的直流电缆。高压并网系统常用于太阳能电池方阵的额定功率较大的系统，太阳能电池组件串联的数量较多，直流电压比较高，该方式的缺点是对太阳阴影的耐受性比较差；优点是高电压，低电流，使用电缆的线径较小，和光伏逆变器的匹配更佳，使得光伏逆变器的转换效率更高，目前大型的太阳能光伏发电系统多采用高压系统。

集中式并网方式适合于安装朝向相同且规格相同的太阳能电池方阵，在电气设计时，采用单台光伏逆变器实现集中并网发电的原理框图如图 4-3 所示。对于大型并网太阳能光伏发电系统，如果太阳能电池方阵安装的朝向、倾角和阴影等情况基本相同，通常采用大型的集中式三相光伏逆变器，该方式的主要优点是：整体结构中使用光伏并网光伏逆变器较少，安装施工较简单；使用的集中式光伏逆变器功率大，效率较高，通常大型集中式光伏逆变器的效率比分布式光伏逆变器要高大约 2% 左右，对于集中式太阳能光伏发电系统而言，因为使用的光伏逆变器台数较少，初始成本比较低；并网接入点较少，输出电能质量较高。该方式的主要缺点是一旦并网光伏逆变器故障，将造成大面积的太阳能光伏发电系统停用。

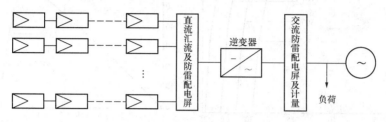

图 4-3　集中式并网发电原理框图

4. 并网太阳能光伏发电系统的太阳能电池方阵的设计

并网太阳能光伏发电系统的太阳能电池方阵设计需要考虑以下几点：

（1）太阳能电池方阵的朝向。太阳能电池方阵正向赤道是其获得最多太阳辐射能的主要条件之一，一般情况下，太阳能电池方阵朝向正南（即太阳能电池方阵垂直面与正南的夹角为 0°），在北半球一般应按正南偏西设置。

（2）太阳能电池方阵倾角。在并网太阳能光伏发电系统中，太阳能电池方阵相对于水平面的倾斜角度，一般应该按照使太阳能电池方阵获得全年最多太阳辐射量为设计原则。太阳能电池组件厂商将根据不同地区的地理位置及气象环境，会推荐最佳的安装角度。

并网太阳能光伏发电系统有着与离网太阳能光伏发电系统不同的特点，在有太阳光照射时，太阳能光伏发电系统向电网馈电，而在阴雨天或夜晚太阳能光伏发电系统不能满足负载用电需要时，负载转为由电网供电。这样就不存在因倾角的选择不当而造成夏季发电量浪费、冬季对负载供电不足的问题。在并网太阳能光伏发电系统中唯一需要关心的问题就是如何选择最佳的倾角使太阳能电池方阵全年的发电量最大。

对于并网太阳能光伏发电系统中太阳能电池方阵最佳倾角的选择，应根据实际情况综合考虑，需要考虑太阳能电池方阵安装地点的限制，尤其是光伏建筑一体化（BIPV）工程，太阳能电池方阵倾角的选择还要考虑建筑的美观度，需要根据实际需要对倾角进行小范围的调整，而且这种调整不应导致太阳辐射吸收的大幅降低。

并网太阳能光伏发电系统在并网发电时，太阳能电池方阵必须实现最大功率点跟踪控制，以便太阳能电池方阵在任何当前日照下不断获得最大功率输出。在设计太阳能电池方阵串联数量时，应注意以下几点：

（1）接至同一台光伏逆变器的太阳能电池组件的规格类型、串联数量及安装角度应保持一致。

（2）需考虑太阳能电池组件的最佳工作电压（U_{mp}）和开路电压（U_{oc}）的温度系数，串联后的太阳能电池方阵的 U_{mp} 应在光伏逆变器 MPPT 范围内，U_{oc} 应低于光伏逆变器输入电压的最大值。

　　太阳能电池温度和日照强度对太阳能电池输出特性的影响如图 4-4 所示，由图 4-4 可知，温度上升将使太阳能电池开路电压 U_{oc} 下降，短路电流 I_{sc} 则轻微增大，总体效果会造成太阳能电池的输出功率下降。太阳能电池在不同日照量下的 $I\text{-}U$ 和 $P\text{-}U$ 特性曲线如图 4-5 所示。从图 4-5 可知，日照强度直接影响太阳能电池的输出电流，导致太阳能电池输出功率的变化。

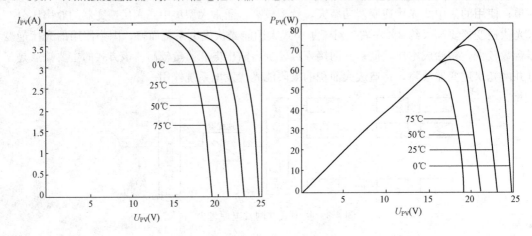

图 4-4　不同温度下的 $I\text{-}U$ 和 $P\text{-}U$ 特性曲线

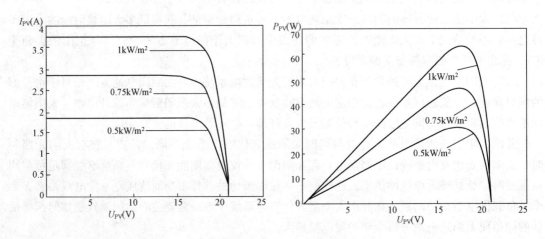

图 4-5　不同日照量下的 $I\text{-}U$ 和 $P\text{-}U$ 特性曲线

　　对于单晶硅和多晶硅太阳能电池，工作电压（U_{mp}）的温度系数约为 $-0.004\,5/℃$（折合 70℃时的系数为 0.8）；开路电压（U_{oc}）的温度系数约为 $-0.003\,4/℃$（折合 -10℃时的系数为 1.12）。

　　对于非晶硅薄膜电池，工作电压（U_{mp}）的温度系数约为 $-0.002\,8/℃$（折合 70℃时的系数为 0.874）；开路电压（U_{oc}）的温度系数约为 $-0.002\,8/℃$（折合 -10℃时的系数为 1.1）。

　　针对目前常见的晶体硅太阳能电池组件，结合光伏逆变器产品的技术参数及光伏逆变器推荐的 U_{oc} 和 U_{mp} 配置，设计中可根据实际太阳能电池方阵的参数进行计算和匹配。

　　以某公司的 170W 多晶硅太阳能电池组件为例（STC 条件下，25℃，$U_{mp}=35V$，$U_{oc}=44.5V$，$P_m=270W$），各款光伏逆变器推荐 U_{oc} 和 U_{mp} 的配置值及太阳能电池组件的串联推荐数量见表 4-2。

表 4-2　光伏逆变器型号的推荐 U_{oc} 和 U_{mp} 配置及太阳能电池组件的串联推荐数量

设备型号	U_{DC}范围(V)	推荐 U_{DC}范围(V)	推荐 U_{oc}范围(V)	推荐串联数 n
SG1K5TL	150~450	190~320	240~400	6、7、8、9
SG2K5TL	150~450	190~320	240~400	6、7、8、9
SG3K	200~450	250~320	310~400	7、8、9
SG5K	300~780	375~560	470~700	11、12、13、14、15
SG6K	320~780	400~560	500~700	12、13、14、15
SG10K3	220~450	275~320	340~400	8、9
SG30K3	220~450	275~320	340~400	8、9
SG50K3	450~880	560~620	700~780	16、17、18
SG100K3~G500K3	450~880	560~620	710~780	16、17、18

在设计中实际计算方法如下：

串联数最小值 $n_1 = U_1/U_{mp}$，使用进一法进行取整，U_1 为推荐 MPPT 范围的下限值。

串联数最大值 $n_2 = U_2/U_{oc}$，使用舍去法进行取整，U_2 为推荐 U_{oc} 范围的上限值。

式中：U_{mp} 和 U_{oc} 为厂家提供的在 STC 条件下（STC：lrradiance 1000W/m^2，Module temperature 25℃，AM=1.5）的数据。

对于非晶硅薄膜太阳能电池组件，以某公司的 40W 非晶硅太阳能电池组件为例（STC 条件下，U_{mp}=46V，U_{oc}=61V，P_m=40W），各款光伏逆变器型号的推荐 U_{oc} 和 U_{mp} 配置值及太阳能电池组件的串联推荐数量见表 4-3。

表 4-3　光伏逆变器型号的推荐 U_{oc} 和 U_{mp} 配置及太阳能电池组件的串联推荐数量

设备型号	U_{DC}范围(V)	推荐 U_{DC}范围(V)	推荐 U_{oc}范围(V)	推荐串联数 n
SG1K5TL	150~450	170~300	225~400	4、5、6
SG2K5TL	150~450	170~300	225~400	4、5、6
SG3K	200~450	230~300	305~400	5、6
SG5K－B	300~780	340~528	450~700	7、8、9、10、11
SG6K－B	320~780	365~528	480~700	8、9、10、11
SG10K3	220~450	250~300	330~400	6
SG30K3	220~450	250~300	330~400	6
SG30K3EV	450~880	290~540	380~720	6、7、8、9、10、11
SG50K3	450~880	515~600	680~800	12、13
SG100K3EV	300~880	340~600	450~800	7、8、9、10、11、12、13
SG100K3~G500K3	450~880	515~600	680~800	12、13

在设计中实际计算方法如下：

串联数最小值 $n_1 = U_1/U_{mp}$，使用进一法进行取整，U_1 为推荐 MPPT 范围的下限值。

串联数最大值 $n_2 = U_2/U_{oc}$，使用舍去法进行取整，U_2 为推荐 U_{oc} 范围的上限值。

式中：U_{mp} 和 U_{oc} 为厂家提供的在 STC 条件下（STC：lrradiance 1000W/m^2，Module temperature 25℃，AM=1.5）的数据。

5. 低压电网接入方案

并网系统接入三相 400V 或单相 230V 低压配电网，通过交流配电线路给当地负载供电，剩余的电力馈入公用电网。根据是否允许向公用电网逆向发电来划分，分为可逆流并网系统和不可逆流并网系统。

（1）可逆流并网系统。对于可逆流并网系统，一般发电功率不能超过配电变压器容量的 30%，并需要将原有的单向计量仪表改装为双向计量仪表，以便发、用电都能计量，如图 4-6 所示。

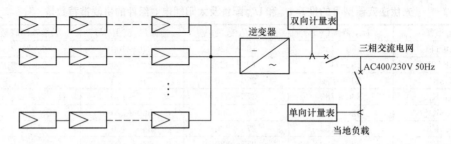

图 4-6 可逆流低压并网发电系统

（2）不可逆流并网系统。对于不可逆流并网系统，一般有两种解决方案：

1）使系统安装逆功率检测装置与光伏逆变器进行通信，当检测到有逆流时，光伏逆变器自动控制发电功率，实现最大利用并网发电且不出现逆流，如图 4-7 所示。

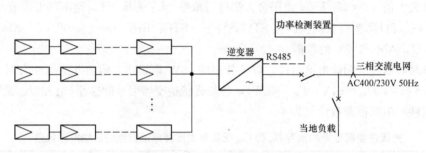

图 4-7 防逆流并网发电系统

2）采用双向光伏逆变器＋蓄电池组，实现可调度式并网发电系统，如图 4-8 所示。可调度式并网发电系统配有储能环节（目前一般采用蓄电池组）。太阳能电池方阵经双向光伏逆变器给蓄电池充电，同时并网发电。并网发电功率由测控装置根据当地负载的实际功率来调整，在光照能量不足时，可由蓄电池提供能量。

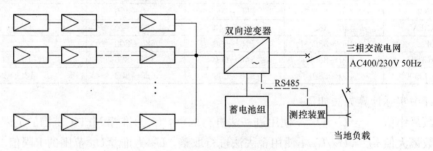

图 4-8 可调度式并网发电系统

4.3 家庭太阳能光伏发电系统防雷设计

4.3.1 雷电对太阳能光伏发电系统的影响及防护

1. 雷电对太阳能光伏发电系统的影响

太阳能光伏发电系统作为一种新兴的发电系统，在新能源发电领域中已备受关注及广泛应用，由于太阳能光伏发电系统本身安装位置和环境的特殊性，其设备遭受雷电损坏的隐患也越来越突出。因此，根据实际情况对太阳能光伏发电系统防雷的研究有助于提高整个发电系统安全、高效运行。雷电对太阳能光伏发电系统设备的影响，主要由以下几个方面造成：

（1）直击雷。太阳能电池方阵大多都是安装在室外屋顶或是空旷的地方，所以雷电很可能直接击中太阳能电池方阵，造成设备的损坏，从而无法发电。

（2）传导雷。远处的雷电闪击，由于电磁脉冲在空间传播的缘故，会在太阳能电池方阵到控制器或者是光伏逆变器、控制器到直流负载、光伏逆变器到电源分配电柜以及配电柜到交流负载等的供电线路上产生浪涌过电压，损坏电气设备。

（3）地电位反击。在有外部防雷保护的太阳能光伏发电系统中，由于外部防雷装置将雷电引入大地，从而导致地网上产生高电压，高电压通过设备的接地线进入设备，从而损坏控制器、光伏逆变器或者是交、直流用电设备。

2. 太阳能光伏发电系统雷电防护

太阳能光伏发电系统主要由太阳能电池方阵、控制器、光伏逆变器、蓄电池组、交流配电柜和低压架空输电线路组成，其易遭受雷击的部位有：

（1）太阳能电池方阵。太阳能电池方阵是由真空钢化玻璃夹层和四周的铝合金框架组成，太阳能电池方阵铝合金框架与金属支架连接。因太阳能电池方阵安装在室外，易遭受直击雷侵袭，也易遭受感应雷侵袭。

（2）室内设备。太阳能光伏发电系统的室内设备主要有控制器、光伏逆变器、交流配电柜、蓄电池等，室内的电气设备若不采取相应的雷电防护措施，易遭受侵入室内的感应雷和雷电波的危害。

太阳能光伏发电站为三级防雷建筑物，防雷和接地涉及到以下方面（可参考 GB 50057《建筑防雷设计规范》）：

（1）太阳能光伏发电站站址的选择。

（2）尽量避免将太阳能光伏发电站建设在雷电易发生的和易遭受雷击的位置。

（3）尽量避免防雷针的投影落在太阳电池组件上。

太阳能光伏发电系统外部雷电防护的作用是提供直击雷电流泄放通道，使雷电不会直接击中太阳能电池方阵，外部雷电防护系统由接闪器、引下线和接地网组成。太阳能光伏发电系统必须有相对完善的外部防雷措施，以保证裸露在室外的太阳能电池方阵不被直击雷损坏，太阳能光伏电站综合防雷的主要措施如图 4-9 所示。

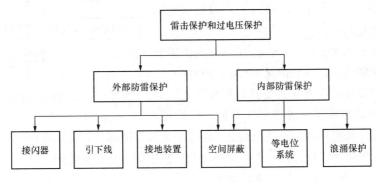

图 4-9　综合防雷的主要措施

4.3.2　太阳能光伏发电系统的雷电防护设计

1. 直击雷防护设计

太阳能电池方阵防直击雷原理如图 4-10 所示，其中，R_{AI} 为太阳能电池方阵铝框架电阻，$R_{AI}=0$；R_C 为电池方阵电阻，$R_C \geqslant 100M\Omega$；R_g 为接地电阻，$R_g \leqslant 10\Omega$。

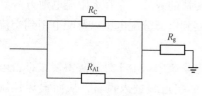

图 4-10　防直击雷原理图

由于太阳能电池组件是由抽真空的钢化玻璃夹层组成，其本身就是绝缘体，$R_C \gg R_{AI}$。所以当雷击发生时，强大的电磁场在太阳能电池组件平面内会出现磁通量的急剧变化，该平面内的导体上会产生过电压和过电流，该过电压和过电流只会产生于铝合金框架闭合回路上，并通过 R_{AI} 和 R_g 进入大地。

因在直击雷发生时，其感应电荷主要集中在太阳能电池方阵的铝框架上。在太阳能电池方阵直击雷防护设计中，将太阳能电池组件四周的铝合金框架与支架导通连接，所有支架均采用等电位连接接地，来防护直击雷。

2. 雷电浪涌防护设计

太阳能光伏发电系统的雷电浪涌入侵途径，除了太阳能电池方阵外，还有配电线路、接地线等，所以太阳能光伏发电系统需要采取以下雷电浪涌防护措施：

（1）在光伏逆变器的每路直流输入端装设浪涌保护装置。

（2）在并网接入控制柜中安装浪涌保护器，以防护沿连接电缆侵入的雷电波。为防止浪涌保护器失效时引起电路短路，必须在浪涌保护器前端串联一个断路器或熔断器，过电流保护器的额定电流不能大于浪涌保护器产品说明书推荐的过电流保护器的最大额定值。

当太阳能电池方阵架设在接闪器保护范围内时，配电设备和光伏逆变器必须置于 LPZ1 区内，为此应在光伏逆变器的直流输入端配置直流电源浪涌保护器，如图 4-11 所示，直流电源浪涌保护器可选用专门用于直流配电系统的浪涌保护器，也可选用交流配电系统的浪涌保护器，并按换算公式 $U_{dc}=1.414U_{ac}$ 计算。

作为第一级浪涌保护应该选择开关型浪涌保护器以泄放大的雷电流，直流浪涌保护器的主要技术参数应满足如下要求：

（1）额定放电冲击电流 $I_{imp} \geqslant 5kA$（10/350μs）；

（2）最大持续运行电压 $U_C \geqslant 1.15U_{oc}$（U_{oc} 为太阳电池方阵开路电压）；

（3）电压保护水平 $U_P \leqslant 0.8U_W$（U_W 为光伏逆变器耐冲击过电压额定值，一般情况下 $U_W=4000V$）。

为保护用电设备，在光伏逆变器与并网点之间必须加装第二级电源防雷器，可选限压型浪涌保护器，

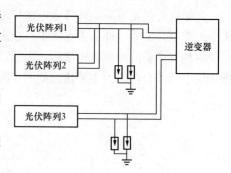

图 4-11　直流浪涌保护器安装示意图

具体型号应根据工作电压和现场情况确定。综合采用以上措施可以逐级将雷电流降低，最终控制在设备能承受的电压范围之内，大量实践证明这些措施是非常有效的。

3. 直流输入、输出电缆的防雷设计

太阳能电池方阵背面引出的导线采用 BV-1×6mm² 型电缆线，导线的脉冲绝缘耐压大于30kV，与供电系统设备达到绝缘配合。同时在太阳能电池方阵后面的汇线箱内加装过电压保

护器，即分别在正极对地、负极对地间安装过电压保护器 MYS5-385/40 与 MYS8-FD2 串联组合体。太阳能电池方阵至控制器的直流电缆采用铠装电缆，其金属外皮均同太阳能电池方阵支架连接，并可靠接地，同时在控制器的直流输入端同样将铠装电缆的金属外皮可靠接地，这样就避免了雷电波通过直流输入、输出线进入室内，从而避免了控制器等电气设备遭受感应雷的侵袭。

为了避免太阳能电池方阵、供配电系统和架空线输电系统之间的电位反击，须将太阳能电池板四周铝合金边框、支架、供配电设备外壳保护接地，架空线路电杆均应采用等电位连接接地。

4. 室内设备的防雷设计

(1) 控制器防雷设计。控制器内被保护的器件主要是 IGBT，其正负极间直流耐压一般大于 500V，其脉冲耐压预计是 1300V，太阳能电池方阵正负极间正常工作电压为直流 260V（但在很长时间达到 390V），要达到雷电防护目的，太阳能电池方阵背后的汇线箱与控制器间距应大于 10m，控制器必须采用两级防护，控制器防雷保护原理如图 4-12 所示。

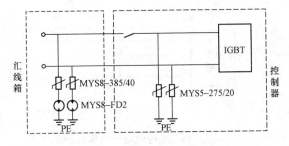

图 4-12　控制器防雷保护原理图

1) 在太阳能电池方阵背后的汇线箱内进行一级防雷保护，分别在正极对地、负极对地间安装过电压保护器 MYS8-385/40 与 MYS8-FD2 串联组合体。

2) 在控制器内的输入端，分别在正极对地、负极对地间安装过电压保护器 MYS5-275/20。

(2) 光伏逆变器输入端与蓄电池并联，输出端和交流配电柜输入端连接，光伏逆变器的对地脉冲绝缘耐压 2.5kV。根据感应雷分配原则，在光伏逆变器的输出端须进行纵横向全模保护，即在相线与地间、零线与地间安装过电压保护器 MYS5-385/20 与 MYS5-FD2 串联组合体；在相线与零线间安装过电压保护器 MYS5-320/20 与 MYS5-FD2 串联组合体，如图 4-13 所示。

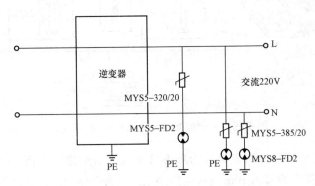

图 4-13　逆变器防雷保护原理图

(3) 交流配电柜的输出电压为 220V，为防止感应雷电流从外界直接进入供电系统，分别在交流配电柜输出端，即架空线的相线与地间、零线与地间安装过电压保护器 MYS8-385/40 与 MYS8-FD2 串联组合体；相线与零线间安装过电压保护器 MYS5-320/20 与 MYS5-FD2 串联组合体。此防雷器件全部安装于防雨防尘的防雷箱内，固定在架空线杆上，距架空线接地处越近越好，防雷箱距光伏逆变器的输出端应大于10m。交流配电柜防雷保护原理如图4-14所示。

5. 输电线路的防雷设计

在架空线路的相线与零线间安装防雷器件（电压保护器 MYS5-320/20 与 MYS5-FD2 串联组合体），此防雷器件安装在防尘防雨的防雷箱内，固定在架空线路出线杆上，防止雷电波通过输出线进入机房，避免交流配电柜等电气设备遭受雷电波的侵袭，如图4-15所示。

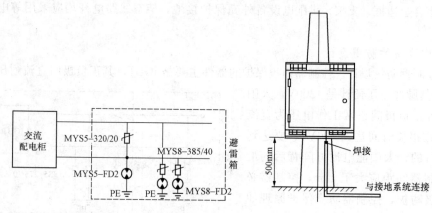

图 4-14　交流配电柜防雷保护原理图　　　图 4-15　避雷箱安装示意图

6. 太阳能光伏发电系统的接地设计

良好的接地可把雷电流导入大地，减小地电位，各接地装置都要通过接地排相互连接以实现共地，防止地电位反击。太阳能光伏发电系统接地装置的作用是把雷电流尽快地散逸到大地，接地装置包括接地体、接地线和接地引入线，对接地装置的要求是要有足够小的接地电阻和合理的布局。埋在地下的钢管、角钢或钢筋混凝土基础等都可作为接地极使用，太阳能光伏发电系统接地示意图如图4-16所示。

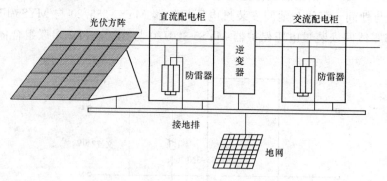

图 4-16　太阳能光伏发电系统接地示意图

太阳能光伏发电系统的地网应设计为环形接地极（水平接地电极），网络大小为20m×20m。固定的金属支架大约每隔10m连接至接地系统。太阳能光伏发电设备和建筑的接地系统通过镀锌钢相互连接（在焊接处要进行防腐防锈处理），这样既可以减小总接地电阻又可以通过相互网状交织连接的接地系统形成一个等电位面，以减小雷电流在各地线之间产生的过电压。

太阳能光伏发电系统的所有金属结构和设备外壳连通并接地，即进行等电位连接，以实现各金属物体之间等电位，防止互相之间发生闪络或击穿。具体的做法是：太阳电池组件和支架及设备的外壳直接接到等电位母线上，直流和交流电缆通过安装电涌保护器间接接到等电位母线上。为防止部分雷电流侵入建筑物，等电位连接应尽可能靠近系统的入口或建筑物的进线处。

4.3.3 太阳能光伏发电系统的浪涌过电压防护

1. 简易型太阳能光伏发电系统的浪涌过电压防护

简易型太阳能光伏发电系统以其供电稳定可靠，安装方便，操作、维护简单等特点，已得到越来越广泛的应用。简易太阳能光伏发电系统的防雷示意图如图 4-17 所示，其防雷要求如下：

（1）在设备的外部做简易防雷装置，以保护太阳能电池方阵及用电设备不被直接雷击击中。

（2）对设备与太阳能电池方阵之间的供电线路，加装防雷器，型号根据直流负载的工作电压选择。

（3）防雷装置的引下线以及防雷器的接地线都必须良好的接地，以达到快速泄流的目的。

2. 太阳能光伏发电系统的浪涌过电压防护

（1）建筑物无外部防雷装置。建筑

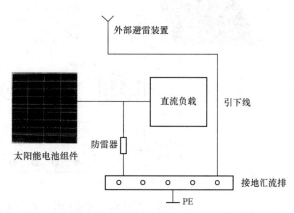

图 4-17　简易型太阳能光伏发电系统的防雷示意图

物无外部防雷装置的太阳能光伏发电系统多用于民用的自建住宅，其防雷示意图如图 4-18 所示，采用的防雷措施如下：

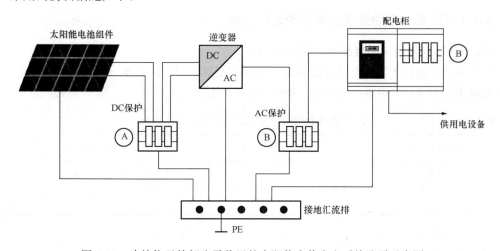

图 4-18　建筑物无外部防雷装置的太阳能光伏发电系统防雷示意图

1）在太阳能电池方阵和光伏逆变器之间加装第一级防雷器，型号根据光伏逆变器最大空载电压选择。

2）在光伏逆变器与配电柜之间以及配电柜与负载设备之间加装第二级防雷器，型号根据配电柜以及供电设备的工作电压选择。

3）所有的防雷器必须良好的接地。

（2）建筑物有外部防雷装置保护。对于有外部防雷装置建筑物的太阳能光伏发电系统，考虑到整个太阳能光伏发电系统可能遭受直击雷的缘故，所以必须首先保证直击雷的防护措施一定要到位。建筑物外部防雷装置的接地线应与太阳能电池方阵的接地线、太阳能光伏发电系统接地汇流排直接连接，如图 4-19 所示。太阳能光伏发电系统采用的防雷措施，与建筑物无外部防雷装置的太阳能光伏发电系统相同。

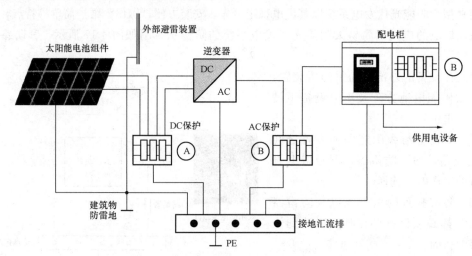

图 4-19   有外部防雷装置建筑物的太阳能发电系统防雷示意图

4.4   家庭太阳能光伏发电系统设计实例

4.4.1   离网太阳能光伏发电系统设计实例

实例 1：25W 离网太阳能光伏发电系统设计

25W 离网太阳能光伏发电系统安装地点纬度：北纬 $34°18'$，东经 $108°56'$，海拔 396.9m，25W 离网太阳能光伏发电系统的负载工作情况见表 4-4。

表 4-4   **25W 离网太阳能光伏发电系统负载工作情况**

负载功率（W）	电压（V）	每天工作时间（h）
5	24	9
20	24	15

每天耗电量 $Q = \sum I \times h = 20 \times 15/24 + 9 \times 5/24 = 14.4 \text{Ah}$

蓄电池的自供电时间为 10 天，放电深度 $\alpha = 75\%$。

$$C = 10 \times Q/d = 10 \times 14.4/75\% = 205.7 \text{Ah}$$

根据蓄电池的规格，取 $C = 200 \text{Ah}$。

因当地纬度 $\Phi = 34°18'$，取 $\beta = \Phi + 10° = 45°$，根据当地 20 年各月平均太阳辐射气象资料计

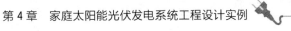

算出 45°倾斜面上各月太阳辐射量 H_T 值，见表 4-5。

表 4-5　　　　　　　　　　　倾斜面上各月太阳辐射总量

月份	H	H_B	H_d	N	δ	R_B	H_{BT}	H_{dT}	H_{rT}	H_T
1	219.0	91.6	127.4	16	−21.10	2.033	186.2	108.7	6.4	301.3
2	264.2	106.2	158.0	46	−18.29	1.899	201.7	134.9	7.7	344.3
3	327.6	123.7	203.9	75	−2.42	1.261	156.0	174.0	9.6	339.6
4	398.9	156.0	242.9	105	9.41	0.956	149.1	207.3	11.7	368.1
5	465.4	215.1	250.3	136	19.03	0.766	164.8	213.7	13.6	392.1
6	537.9	279.1	258.8	167	23.35	0.690	192.6	220.9	15.8	429.3
7	506.5	268.3	238.2	197	21.35	0.726	194.8	203.3	14.8	412.9
8	505.9	294.2	211.7	228	13.45	0.871	256.2	180.7	14.7	451.7
9	328.2	157.9	170.3	258	2.22	1.129	178.3	145.4	9.6	333.3
10	272.8	129.0	143.8	289	−9.97	1.514	195.3	122.7	8.0	326.0
11	224.3	98.6	125.7	319	−19.15	1.922	189.5	107.3	6.6	303.4
12	200.4	83.9	116.5	350	−23.37	2.173	182.3	99.4	5.9	287.6

表 4-5 中，H 为水平面上的辐射量；H_B 为直接辐射量；H_d 为散射辐射量；N 为从一年开头算起的天数；δ 为太阳赤纬角；R_B 为倾斜面上的直接辐射分量与水平面上直接辐射分量的比值；H_{BT} 为直接辐射分量；H_{dT} 为天空散射辐射分量；H_{rT} 为地面反射辐射分量；H_T 为倾斜 45°平面上的辐射量，单位为 mWh/cm^2。

由表 4-5 可知，倾斜面上全年平均日辐射量为 357.5 $mWh/(cm^2 \cdot d)$，故全年平均峰值日照时数为

$$T_m = \frac{357.5}{100} = 3.58 h/ 天$$

取蓄电池充电效率为 $\eta_1 = 0.9$；方阵表面的灰尘损失为 $\eta_2 = 0.9$，算出方阵应输出的最小电流为

$$I_{min} = \frac{Q}{T_m \eta_1 \eta_2} = \frac{14.4}{3.58 \times 0.9 \times 0.9} = 4.97A$$

由表 4-5 查出在 12 月份倾斜面上的平均日辐射量最小，为 287.6 $mWh/(cm^2 \cdot d)$，相应的峰值日照数最少，只有 2.88h/天。则方阵输出的最大电流为

$$I_{max} = \frac{Q}{T_{min} \eta_1 \eta_2} = \frac{14.4}{2.88 \times 0.9 \times 0.9} = 6.17A$$

根据 $I_{min} = 4.97A$ 和 $I_{max} = 6.17A$，选取 $I = 5.4A$，将太阳能电池方阵各月输出电量及负载耗电量以及蓄电池的荷电状态见表 4-6。

表 4-6　　　　方阵各月输出电量及负载耗电量以及蓄电池的荷电状态

月份	月安时数			蓄电池状态		
	方阵输出	负载消耗	差值	开始	终了	全充
1	408.6	446.4	−37.8	200	162.2	81.1
2	421.7	403.2	18.5	162.2	187.7	90.4
3	460.5	446.4	14.1	180.7	194.8	97.4
4	482.9	432.0	50.9	194.8	200	100

月份	月安时数			蓄电池状态		
	方阵输出	负载消耗	差值	开始	终了	全充
5	531.7	446.4	85.3	200	200	100
6	563.2	432.0	131.2	200	200	100
7	559.9	446.4	113.5	200	200	100
8	612.5	446.4	166.1	200	200	100
9	437.3	432.0	5.3	200	200	100
10	442.1	446.4	−4.3	200	195.7	97.9
11	398.1	432.0	−33.9	195.7	161.8	80.9
12	390.0	446.4	−49.2	161.8	112.6	56.3
1	408.6	446.4	−37.8	112.6	74.2	37.1
2	421.7	403.2	18.5	74.2	92.7	46.4
3	460.5	446.4	14.1	92.7	106.8	53.4
4	482.9	432.0	50.9	106.8	157.7	78.9
5	531.7	446.4	85.3	157.7	200	100

由表 4-6 可见，即使从 10 月份开始，连续 7 个月蓄电池未充满，但最少时容量仍有 37.1%，即放电深度最大只有 62.9%，未超过 75%，所以取 $I=5.4A$ 是合适的。如果计算结果放电深度远小于规定的 75%，则可减少方阵输出电流或蓄电池容量，重新进行计算。

单只铅酸蓄电池工作电压为 2V，故需 12 只单体电池串联才可满足系统的工作电压 24V。每只单体铅酸电池的工作电压为 2.0~2.35V，取线路压降 $U_\alpha=0.8V$，则方阵工作电压为

$$U = U_f + U_d = 12 \times 2.35 + 0.8 = 29V$$

设太阳能电池的最高温度为 60℃，则可算出需的方阵的输出功率为

$$P = I_m \times U/[1 - \alpha(t_{max} - 25)] = 5.4 \times 29/[1 - 0.5\%(60 - 25)] = 189.8W$$

取太阳能电池方阵的输出功率为 192W，可用 6 块 32W 的组件（每块电压约为 16V）2 串 3 并构成太阳能电池方阵。蓄电池容量为 24V、200Ah，选用 4 只 6Q-100 铅酸电池以 2 串 2 并的方式连接即可满足需要。

实例 2：60W 离网太阳能光伏发电系统设计

1. 蓄电池容量计算

60W 负载的工作电流为（24V 供电）

$$I = 60/24 = 2.5A$$

60W 负载每天 24h 消耗的电量（Ah）为（24V 供电）

$$2.5 \times 24h = 60(Ah)$$

设蓄电池容量应满足负载工作 15 天，则蓄电池容量最小为

$$60 \times 15 = 900(Ah)$$

虽然蓄电池的标称容量就是其额定放电容量，但仅按 75% 的放电量来设计，以便有一定

的富裕量，则设计的蓄电池总容量为

$$900/0.75 = 1200(Ah)$$

至于蓄电池的组合则有多种方式：如 12V×120Ah×20(首先 2 只 12V/120Ah 蓄电池串联，再将 10 组 2 只 12V/120Ah 串联的蓄电池组并联)；24V×120Ah×10(10 只 24V/120Ah 的蓄电池并联)；2V×1200Ah×12(12 只 2V/1200Ah 蓄电池组串联)，可根据工程实际选择不同的方式。

2. 太阳能电池方阵选择

一块标准的太阳能电池组件的充电电流为 4A，我国大部分地方在有太阳的情况下，太阳能电池组件的最大充电电流为 3A，且以 3A 充电的时间每天仅有 4h，其他时间的充电电流则达不到 3A。在阴天时，太阳能电池组件的充电电流只有约 0.7A/块，假设在较恶劣的天气里，15 天内晴天为 4 天，阴天为 6 天，雨天为 5 天（不充电）。

每天太阳能电池可充电时间按 8h 计算，晴天充电不足 3A 时的充电电流 I_{QB} 按下式计算

$$I_{QB} = (I_Q + I_Y)/2$$

式中：I_Q 为太阳能电池组件晴天最大充电电流；I_Y 为太阳能电池组件阴天充电电流。

则晴天时每块太阳能电池组件的输出电流为

$$3A×4h + (3A+0.7)÷2×4h = 19.4(Ah/天)$$
$$19.4×4 = 77.6(Ah)$$

阴天时每块太阳能电池组件的输出电流为

$$0.7A×8h = 5.6(Ah/天)$$
$$5.6×6 = 33.6(Ah)$$

共计：77.6+33.6=111.2(Ah)。

设采用输出电压为 17V/4A 的太阳能电池组件 18 块，则 15 天内的总充电量为

$$18÷2×111.2 = 1008(Ah) > 900Ah$$

因而可满足系统供电的需要。验证：假设天气为连续雨天，太阳能板不能充电，则系统连续工作时间为

$$900/60 = 15 天$$

实例 3：90W 离网太阳能光伏发电系统设计

1. 蓄电池组容量的选择

假设用电设备的平均功耗为 90W，太阳能光伏发电系统采用 12V 直流蓄电池经逆变为交流 220V 负载供电，负载每天消耗的电量为

$$90W/12V×24h = 180(Ah)$$

设蓄电池组容量能满足负载在阴雨天气连续工作 3 天，则蓄电池组容量最小为

$$180Ah×3 = 540(Ah)$$

虽然蓄电池的标称容量就是其额定放电容量，太阳能光伏发电系统用蓄电池最佳选择为深循环型 VRLA 蓄电池，一般情况下放电深度在 50%～80% 系统可靠性最好。仅按 50% 的放电深度来设计，以便有一定的富裕量，则设计的蓄电池总容量为

$$540Ah/0.5 = 1080Ah$$

需要 1200Ah 的容量才能达到系统连续 24h 运行，并有 3 天连续阴雨天也能正常运行的供

电要求，蓄电池组两端电压是 DC12V，蓄电池组的最佳组合应该是：2V/1200Ah 蓄电池 6 只串联。

2. 太阳能电池组件的选择

太阳能光伏发电系统安装地每日有效日照时间为 6h，再考虑到充电效率和充电过程和逆变过程中的损耗来计算太阳能电池组件的输出功率。系统每天 24h 连续工作，平均负载功率为 90W，则每天消耗的额定电量为

$$90W \times 24h = 2160Wh$$

考虑到系统中有充电控制和光伏逆变器的损耗，按充电控制和逆变效率为 0.9 计算，则每天需要太阳能电池组件提供的总电量应该为

$$2160Wh/0.9 = 2400Wh$$

太阳能电池在实际充电过程中，会受到各种天气原因的影响，太阳能电池的实际功率一般按 0.7 计算，按每天有效日照时间是 6h 计算需要太阳能电池组件的总功率是

$$2400Wh/6h/0.7 = 571.43W$$

所以太阳能电池方阵设计为 600W，采用 12V/100W 电池组件 6 块并联安装。

3. 太阳能充电控制器的选择

选择的太阳能电池方阵的峰值功率为 600W，充电电压是 12V，通过这个数据可以计算出太阳能充电控制器最大的工作电流是

$$600W \times 12V = 50A$$

所以太阳能控制器应该选择 12V/50A 的控制器。

4. 太阳能智能光伏逆变器的设计

系统的总功率为 90W，考虑到负载启动的瞬间冲击电流，光伏逆变器的功率应该选择为 200～300W。

实例 4：100W 离网太阳能光伏发电系统设计

首先计算出每天消耗电能的瓦时数（包括光伏逆变器的损耗，若光伏逆变器的转换效率为 90%），则当输出功率为 100W 时，则实际需要输出功率应为 100W/90%＝111W；若按每天使用 5h，则耗电量为 111W×5h＝555Wh。

按每日有效日照时间为 6h 计算，再考虑到充电效率和充电过程中的损耗，太阳能电池组件的输出功率应为 555Wh/(6h×70%)＝130W。

太阳能电池的额定输出功率与转换效率有关，一般来讲，单位面积的太阳能电池组件转换效率越高，其输出功率越大。太阳能电池目前的转换效率一般为 14%～17%，每平方厘米的电池片，其输出功率为 14～16mW，每平方米的太阳能电池组件输出功率约 120W。130W 的太阳能电池组件它的最大输出电流是 7.7A。因此应该选取充电电流至少为 8A 的充电控制器。

若采用 12V 的蓄电池，其放电深度为 50%，则蓄电池容量为

$$555Wh/(12V \times 50\%) = 90Ah$$

若选择 24V 的蓄电池，则蓄电池的容量应为

$$555Wh/(24V \times 50\%) = 45Ah$$

4.4.2　10kW 并网太阳能光伏发电系统工程设计实例

1. 并网太阳能光伏发电系统设计总则及组成

（1）并网太阳能光伏发电系统设计总则。并网太阳能光伏发电系统设计的总则是：

1）并网太阳能光伏发电系统的配电系统通常是在原有配电系统的基础上增加的，在设计中应遵循尽量不改造原有配电回路的原则。因此，应将太阳能光伏发电系统的并网点选择在低压配电柜母线上。

2）考虑到并网太阳能光伏发电系统在安装及使用过程中的安全及可靠性，在并网光伏逆变器直流输入端加装直流配电接线箱。

3）并网光伏逆变器采用三相四线制输出方式。

（2）并网太阳能光伏发电系统组成。10kW 级的并网太阳能光伏发电系统采用集中并网方案，通过 1 台 SG10K3 并网光伏逆变器接入 AC380V/50Hz 三相交流低压电网进行并网发电。并网太阳能光伏发电系统的主要组成包括：太阳能电池方阵及其支架、直流防雷配电柜、光伏并网光伏逆变器（带工频隔离变）、交流防雷配电柜、系统通信及监控装置、系统发电计量装置、系统防雷接地装置、土建及配电房等基础设施、整个系统的电缆连接线。

10kW 级的并网太阳能光伏发电系统的太阳能电池方阵，采取经过直流防雷配电柜汇流后再接入光伏并网光伏逆变器的输入端，再经过交流防雷配电柜接入 AC380V/50Hz 三相交流低压电网。另外系统配有通信软件和监控装置，实时检测系统的运行状态和工作参数，并存储相关的历史数据。

2. 光伏并网光伏逆变器的选择

针对 10kW 的并网太阳能光伏发电系统，整个系统选用型号为 SG10K3 的光伏并网光伏逆变器 1 台。SG10K3 光伏并网光伏逆变器采用美国 TI 公司 32 位专用 DSP（LF2407A）控制芯片，主电路采用智能功率 IPM 模块，运用电流控制型 PWM 有源逆变技术和优质高效隔离变压器，实现太阳能电池方阵和电网之间的相互隔离，可靠性高，保护功能齐全，且具有电网侧高功率因数正弦波电流、无谐波污染供电等特点。该并网光伏逆变器的主要技术性能特点如下：

（1）具有直流输入手动分断开关，交流电网手动分断开关。

（2）具有先进的孤岛效应检测方案。

（3）具有过载、短路、电网异常等故障保护及告警功能。

（4）宽直流输入电压范围（220～450V），整机效率高达 93%。

（5）人性化的 LCD 液晶界面，通过按键操作，液晶显示屏（LCD）可清晰显示实时信息。

（6）光伏逆变器具有完善的监控功能，可实时显示和上传运行数据、故障数据、历史故障数据、总发电量数据、历史发电量数据。

（7）可提供 RS485 或 Ethernet（以太网）远程通信接口，其中 RS485 遵循 Modbus 通信协议，Ethernet（以太网）接口支持 TCP/IP 协议，支持动态（DHCP）或静态获取 IP 地址。

SG10K3 的光伏并网光伏逆变器主电路的拓扑结构如图 4-20 所示。

SG10K3 并网光伏逆变器技术参数见表 4-7。

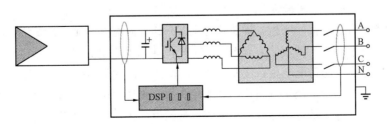

图 4-20　SG10K3 的光伏并网逆变器主电路的拓扑结构图

表 4-7   **SG10K3 并网光伏逆变器技术参数**

型 号	SG10K3	夜间自耗电	<10W
隔离方式	工频变压器	保护功能	极性反接保护、短路保护、孤岛效应保护、过热保护、直流过载保护、接地保护等
最大太阳能电池方阵功率	12kW	通信接口	RS485 或以太网（选配）
最大方阵开路电压	450VDC	使用环境温度	−10～+40℃
太阳电池最大功率点跟踪（MPPT）范围	220～450VDC	使用环境湿度	0～95％，不结露
最大方阵输入电流	50A	噪声	≤45dB
MPPT 精度	>99％	尺寸（深×宽×高）	350×569×243mm
额定交流输出功率	10kW	防护等级	IP20（室内）
总电流波形畸变率	<3％（额定功率时）	电网监控	按照 UL1741 标准
功率因数	>0.99	电磁兼容	EN50081 part1 EN50082 part1
最大效率	94％	电磁干扰	EN6-1000-3-4
允许电网电压范围（三相）	320～440VAC	认证	CE
允许电网频率范围	47～51.5Hz		

3. 太阳能电池方阵的设计

根据 10kW 的并网太阳能光伏发电系统安装地点的气象信息，选用的单块太阳能电池组件的主要技术参数如下：功率 180W；开路电压 40V；最佳工作电压 34V。如采用 180W 组件，太阳能电池子串列的组件数量 $N_s = 280/34 \approx 8$（块），这样单个太阳能电池方阵的功率

$$P_C = 8 \times 180W = 1440W$$

一台 SG10K3 光伏逆变器需要配置太阳能电池子串列的数量

$$N_p = 10\ 000/1440 \approx 7(组)$$

则 10kW 的太阳能电池方阵单元设计为 7 个子串列并联，共计 56 块太阳能电池组件，实际功率达到 10080W。共需要 56 块 180W 的太阳能电池组件，组成 10kW 的太阳能电池方阵。

4. 直流、交流防雷配电柜设计

系统配置 1 台直流防雷配电柜，按照 1 个 10kW 的直流配电单元进行设计，每个直流配电单元经过直流断路器和防雷器后输入到 SG10K3 光伏并网光伏逆变器。

系统配置 1 台交流防雷配电柜，按照 1 个 10kW 的交流配电单元进行设计，光伏逆变器的交流输出接入交流配电柜，经交流断路器并入单相交流低压电网。交流配电柜配有交流电压表和电流表，可以直观地显示电网侧电压及电流，配置电能表用来计量系统的发电量，并在电网侧配置总防雷器。

5. 监控装置

　　系统采用高性能工业控制 PC 机作为系统的监控主机，可以连续每天 24h 不间断对并网光伏逆变器进行运行数据的监测。工控机和光伏并网光伏逆变器之间的通信可采用 RS485 总线或 Ethernet（以太网）。并网太阳能光伏发电系统的监测软件使用光伏并网系统专用网络版监测软件 SPS-PVNET（Ver2.0），该软件可连续记录运行数据和故障数据。

第5章

家庭风力发电系统工程设计实例

5.1 家庭风力发电系统设计步骤及设计实例

5.1.1 风力发电系统的应用环境及设计步骤

1. 家庭风力发电系统应用环境及影响设计的因素

(1) 家庭风力发电系统应用环境。为了使风力发电系统适应不同使用环境，降低因为环境原因造成的风力发电机组故障，将风力发电系统的使用环境分成三类，在风力发电系统的设计中应根据不同的环境实际需要选择相适应的产品。

Ⅰ类地区：沿海地区。抗风能力强，风力发电机在承受 60m/s 风速时，不至于损坏；耐腐蚀，要求在沿海地区耐腐蚀年限为 10 年。

Ⅱ类：高寒、高海拔地区。要求可以适应低温环境；适应高海拔低气压环境。

Ⅲ类：沙漠、戈壁地区。要求可以适应高温酷热环境；适应沙尘天气。

Ⅰ类地区选择的风力发电机组的安全风速不小于 60m/s；Ⅱ类和Ⅲ类地区选择的风力发电机组的安全风速不小于 50m/s。风力发电机的启动风速和额定风速应根据年平均风速频率分布图来确定，无年平均风速频率分布图时，应根据平均风速最低月份确定，风力发电机的噪声应不高于 70dB。

(2) 影响家庭风力发电系统设计的因素。由于风力资源随地点而变，因此即使在很相近的两个地点，风力资源特性也会很不相同，因此，对于任何风力发电系统，必须进行实地短期风力测量、长期风力资源预测、风流模拟计算和发电量估算等。

如果需要安装超过一台风力发电机，每台风力发电机在特定风向下都可能成为其他风力发电机的障碍物，造成尾流效应，在其总发电量估算时须考虑尾流效应的影响，此外，湍流强度也影响风力发电机的选择。在风力资源中等的地方，使用可变速型号比固定速度型号能够有更好的发电量。

只有结合安装地点的实际环境条件选择使用风力发电机，才能充分地利用当地的风力资源，最大限度地发挥风力发电机的效率，取得较高的经济效益。应该指出的是，在风力资源丰富地区，最好选择风力机额定设计风速与当地最佳设计风速相吻合的风力发电机。如能做到这一点无论是从风力发电机的选择上，还是利用风力资源的经济意义上都有重要意义。风洞试验证明，风力机风轮的转换功率与风速的立方成正比，也就是说，风速对功率影响最大。例如，在当地最佳设计风速为 6m/s 的地区，安装一台额定设计风速为 8m/s 的风力发电机，结果其年额定输出功率只达到原设计输出功率的 42%，也就是说，风力发电机额定输出功率较设计值降低了 58%。若选用的风力发电机额定设计风速越高，那么其额定功率输出的效果就越加不理想。但也必须指出，风力发电机额定设计风速偏低，其风轮直径、电机相对要增大，整机造价相应也就加大，从制造和产品的经济意义上考虑都是不合算的。

小型风力发电机的启动风速一般为 3～4m/s，国产小型风力发电机的额定风速一般为 8～10m/s，欧洲小型风力发电机的额定风速一般为 12～15m/s。小型风力发电机的最大工作风速一般为 25m/s，小型风力发电机可以安全工作的风速范围是从 3 级风到 9 级风，即风速在 3～24m/s 的小型风力发电机都可以安全工作。

2. 风力发电系统的设计步骤

风力发电系统设计的目标是确定发电系统各部件的容量及运行控制策略，合理的设计方案能降低系统成本，增加系统运行的可靠性。在风力发电系统的优化设计中，应该在获得安装点的气候数据和负载容量后，通过选择不同的系统部件组合方式确定系统容量，然后再选择在给定系统容量下的最优运行策略。风力发电系统的设计分为系统设计和硬件设计两部分。

系统设计内容包括：

(1) 负载的特性、功率和用电量的统计及相关计算。

(2) 风力发电机的日平均发电量的计算。

(3) 蓄电池容量的计算。

(4) 风力发电机、蓄电池之间相互匹配的优化设计。

(5) 系统运行情况的预测以及系统经济效益的分析等。

硬件设计内容包括：

(1) 风力发电机、控制器、逆变器和蓄电池的选型。

(2) 风力发电机组安装基础设计，安装工程设计，供配电等附属设备的选型和设计。

(3) 控制、监控系统的硬软件设计。

在进行风力发电系统设计时需要综合考虑系统设计和硬件设计两个方面，针对不同类型的风力发电系统，系统设计的内容也不一样。风力发电系统的系统设计的主要目的就是要计算出风力发电系统在全年内能够可靠工作所需的风力发电机和蓄电池的容量。同时要注意协调风力发电系统工作的最大可靠性和成本两者之间的关系，在满足的最大可靠性基础上尽量地减少风力发电系统的成本。风力发电系统设计步骤如下：

(1) 根据用电设备配置确定日平均用电量。

(2) 根据资源状况，无有效风速及连续间隔时间的长短，每天必用的最低电量，确定蓄电池的容量及型号。

(3) 根据日平均用电量，逆变器和蓄电池的效率等测算日平均发电量。

(4) 根据风能资源状况、系统可靠性要求以及投资的限额，确定风力发电机配置容量。

(5) 根据所需发电量和资源情况，进行风力发电机选型。

5.1.2　风力发电系统的发电量与用电量的匹配设计

家庭风力发电系统发出的电能首先经过蓄电池储存起来，然后再由蓄电池向用电器供电。所以，必须认真科学地考虑风力发电机功率与蓄电池容量的合理匹配和静风期贮能等问题。目前，家庭风力发电系统的输出功率与蓄电池容量一般都是按照输入和输出相等，或输入大于输出的原则进行匹配的。

风力发电系统的发电量完全取决于安装地点的实际自然资源情况，平均风速越高，风力发电机的发电量越多，需要的风力发电机容量越小，反之平均风速越低，风力发电机的发电量越少，则所需的风力发电机容量越大。

风力发电系统是为满足用户的用电要求而设计的，要为用户提供可靠的电力，就必须认真分析用户的用电负荷特征。主要是了解用户的最大用电负荷和平均日用电量。最大用电负荷是选择系统逆变器容量的依据，而平均日发电量则是选择风力发电机和蓄电池组容量的依据。

1. 设备日用电量计算

设备日用电量按下式计算

$$Q_i = P_i \times T_i \tag{5-1}$$

式中：Q_i 为日用电量；P_i 为设备额定功率；T_i 为日用电小时数。

2. 风力发电系统总用电量估算

风力发电系统总用电量计算按下式计算

$$Q_m = \sum P_i \times N_i \times T_i \tag{5-2}$$

式中：Q_m 为风力发电系统负荷最大日用电量，kWh；P_i 为每种相同设备的额定功率，kW；N_i 为具有相同额定功率设备的数量；T_i 为该类设备的日平均使用时间，h；i 为 1，2，…，n 个不同类的设备数量。

3. 发电能力的测算

风能的资源状况是风力发电机容量选择的另一个依据，一般根据资源状况来确定风力发电机的容量，在按用户的日用电量确定容量的前提下再考虑容量系数，最后确定风力发电机的容量。

日平均发电量则是由风力发电机的发电能力及当地风能资源状况决定的，风力发电机组的年平均发电量或日平均发电量的计算是比较复杂的问题，而且仅是平均值概念的计算值。如果要较为准确的测算出风力发电系统日平均或年平均发电量，则必须要有发电机的功率特性曲线和风速频率分布图，才能进行计算。利用风力发电机组输出功率特性曲线和风轮毂高处不同风速频率分布，可以估算出 1 台风力发电机在计算期间（年、月、日）的发电总量。计算中假设风力发电机设备利用率为 100%。具有风频图的风力机输出功率计算公式为

$$Q = \sum P_v \times T_v \tag{5-3}$$

式中：Q 为风力发电机在计算期间的发电总量，kWh；P_v 为在风速 v 时风力发电机的输出功率，W；T_v 为风速 v 的期间累计小时数，h。

如果不能得到风速频率分布图，则可用当地的年平均风速代替进行估算。用年平均风速值时的发电机输出功率值乘以年度总的小时值 8760h，即年发电量为

$$Q_1 = K \times 8760 \times P_v \tag{5-4}$$

式中：Q_1 为年发电量；P_v 为年平均风速值时发电机组输出功率；K 为修正系数，取 1.2～1.5。

根据经验，按年平均风速计算的发电量小于实际按风速频率分布图计算的年发电量，因此可按一定的比例进行适度修正。

风的动能与风速的立方成正比，对于风力发电机来讲，其输出功率与风速的立方成正比。这就是说，当风速值有较小的变化时，输出功率将产生较大的变化。因此选择风力发电机的一个最重要因素是要考虑使其设计风速值适合当地的风能资源，与之达到最大的吻合。这样，一是可以充分利用当地的风能资源，二是可以充分发挥风力发电机的能量输出，提高利用效益。

例如，在某风能可利用区，每天 4m/s 的风大约有 15h。一台设计风速为 7m/s 的 100W 风力发电机，根据风能公式计算其日均发电量为

$$100 \times (4/7)^3 \times 15 = 279.75(W)$$

若选择一台设计风速为 6m/s 的 100W 风力发电机,根据风能公式计算其日均发电量为
$$100×(4/6)^3×15=444(W)$$

从上面的计算可以看出,选择风力发电机的设计风速与当地的风能资源达到最大的吻合,可以提高风力发电机的能量输出。

大多数气象部门都建立了风能资源数据库,在选购风力发电机时可向该部门了解有关当地的风能资源资料。了解当地的年、月、日的平均风速,有效风速值日的平均小时数等,就可以利用风能公式估算出所选择的风力发电机组平均年、月、日的发电量,再根据用电需求量确定所选择的风力发电机是否适宜,这样,就可以选择合适的风力发电机。

选择风力发电机时,应考虑风力发电机的发电量是否能满足用电量的要求。并应对用电器平均耗电作一估算,可以把全年用电情况,按月画出用电量曲线,同时,根据当地风能资源情况,把风力发电机全年发电情况,按月绘出电能输出曲线。图 5-1 为风力发电机按月输出电能曲线和用户按月用电量曲线示意图。

从图 5-1 可以看出,风力发电机输出电能曲线 a 高于用电量曲线 b,表示该风力发电系统的发电量能满足用电需求。如果用电量曲线 b 高于风力发电机组输出电能曲线 a,表示该风力发电系统的发电量不能满足用电需求。这时必须增加风力发电机组的功率来满足用电需求,当然也可以减少用电器,使用电量减少。这种估算方法是比较粗略的,但可以指导选取发电量能满足需要的风力发电机。

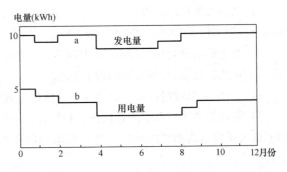

图 5-1　风力发电机发电量与用电量曲线

选择时不可简单地用风力发电机的额定功率值与用电设备的额定功率值直接作为选择风力发电机的依据,而应以风力发电机在当地风能资源条件下平均日、月、年发电量和用电器平均日、月、年用电量为依据,即:

(1) 根据风力资源情况选型。年平均风速低、风力 2 级(风速 2.5m/s)以上的地区,可选用小型永磁式风力发电机。年平均风速高、风力在 4~5 级(风速 6~8m/s)以上的地区,可选用励磁式风力发电机。

(2) 根据用电器负荷选型。一般所选发电机的额定功率应大于所有用电器的总功率,以保证各种用电器能正常工作。

(3) 根据自给天数的长短选购蓄电池。自给天数短的地区,可选购小容量的蓄电池;自给天数长的地区,可选购大容量的蓄电池。

在风力发电系统中,对方案和费用影响较大的主要因素是风力发电机的形式及蓄电池的配置,在风力发电机的选型中,可按连续 3 天或 6 天自给天数的情况进行蓄电池配备。由于水平轴风力机的启动风速高(小型风力机≥3m/s),需较高风速才能发电、能量转化效率低,垂直轴风力机在较低的风速时即可发电,同样的用电需求,所用水平轴风力机功率(5kW)大于垂直轴风力机功率(3kW),导致水平轴风力机费用较高。对于同样功率的风力发电机,垂直轴风力发电机费用高于水平轴风力发电机,但其体积、质量和所需运行空间均小于水平轴风力发电机,且具有运行稳定、噪声低、对风速要求低等优点。

5.1.3 风力发电系统设计实例及典型配置方案

1. 20kW 风力发电系统设计实例

在风力发电系统设计中，从风力发电机及储能系统容量的配置都有一个最佳配置设计问题，需要结合风力发电机安装地点的自然资源条件来进行系统最佳容量的配置设计。风力发电系统的设计要点如下：

1) 充分利用风能可再生能源，保证常年不间断供电。

2) 适用的环境工作条件：温度 $-15 \sim +45℃$；湿度 95%；海拔 $10 \sim 50m$；雨和沿海盐雾；风速 $3 \sim 30m/s$；瞬时极限风速 $40m/s$。

3) 运行平稳、安全可靠，在无人值守条件下能全天候使用。

4) 风力发电机及其控制器、逆变器不会对周围环境产生有害的电磁影响（符合 1ECCIS—RR11 要求）。

5) 风力发电机组的设计、制造、产品质量执行国家和行业有关标准，产品的质量保证体系符合标准 GB/T 19001—2000、ISO 9001：2000 规定。

6) 蓄电池组符合国家标准 GB 13337.1—1991 固定型铅酸蓄电池的规定，而且经过已取得 GB/T 15481 认证资格的检测机构的测试。

(1) 蓄电池总容量计算。风力发电系统中配置的蓄电池应满足以下要求：

1) 每只蓄电池应有生产合格证，合格证上应标明蓄电池型号和生产日期。制造商应提供国家认可质检机构出具的质检报告。蓄电池的生产时间靠近发货日期，存放时间应不超过 6 个月。

2) 同一路充放电控制的蓄电池应采用同一生产厂家、同一规格和容量的产品，生产日期的间隔时间应不超过 1 个月。

3) 蓄电池的工作环境气温宜保持在 $5 \sim 30℃$。

4) 蓄电池的外观无变形、漏液、裂纹及污迹，标志清晰。

5) 蓄电池的并联组数量最多不超过 6 组。

蓄电池总容量按下式计算

$$C \times 220V \times 70\% \times 90\%/P = 24h \times 3 \tag{5-5}$$

式中：220V 为蓄电池组充放电电压；70% 为蓄电池放电深度；90% 为蓄电池误差余量；P 为用电设备最大平均功耗，$P=20kW/85\%=23.5kW$；0.85 为逆变和交流线路供电效率。

将已知 P 代入式 (5-5)，可得出 $C=12.2kWh$。

因此可选工作电压为 2V 的 GFM 型系列蓄电池，蓄电池总容量为 12.2kWh，即 6.1kAh×2V。蓄电池串联块数为 220VDC/2V = 110 块。单位蓄电池容量选型：6100Ah/110 块 = 55.46Ah/块。选用 60Ah 蓄电池 110 块串联。实际蓄电池组总容量为 60Ah×2V×110 块 = 13.2kWh。

(2) 风力发电机功率计算。若风力发电机的工作条件为 4 级风（5.5 ～ 7.9m/s）4h/天，风力发电机功率按下式计算

$$(C \times 220V \times 70\% \times 90\% + P_1 \times 4 \times 12)/P = 12 \times 24h \tag{5-6}$$

将 C 和 P 代入式 (5-6)，计算得 $P_1=102.885kW$。

根据风力机的规格实际配置为：1 台 100kW 风力发电机。

（3）控制器、逆变器选择。对风力发电系统中控制器、逆变器的一般要求是：

1）控制器、逆变器的选型应满足风力发电系统设计功能的需要，各功能设备间应考虑功能和功率（容量）的协调及匹配。

2）控制器、逆变器应符合产品标准并通过检验的合格产品；出厂时应带有铭牌标志、接地标志、功能标志等，标识应清晰、正确。铭牌至少要标明制造商品名称、出厂编号、生产日期以及该设备的主要特征参数。

3）控制器、逆变器的外壳应有足够的刚性并设有安装孔，运行操作的面板应适宜人员操作，并应有可靠接地。

4）控制器、逆变器内部的元器件应选用符合产品标准并经过定型试验的合格产品，元器件的安装应符合产品说明书、设计文件或图样中的规定。指示仪表量程应选择适度，测量最大值应达到满量程 85% 以上。

5）控制器、逆变器的绝缘性能应符合 GB/T3859.1 要求。耐振动性能应满足频率在 10～55Hz 变化、振幅 0.35mm 的三轴向各振动 30min 后仍能正常工作。

控制器、逆变器的正常使用环境条件为：

a. 环境气温为 0～40℃。

b. 在环境气温 20℃ 以下时，相对湿度不大于 90%。

c. 可在无腐蚀性气体和导电尘埃的室内使用。当产品的实际使用环境条件超出正常使用范围时，应与制造商协商进行相应的修正处理。

在正常运行情况下，控制器最大自身耗电量不得超过其额定充电电流的 1%。充电或放电回路电压降不得超过系统额定电压的 5%。控制器的调节点须根据具体蓄电池的特性在出厂前预调好过充点或过放点。控制器应具有防止蓄电池过充电和过放电的保护、防止任何负载过流或短路保护、防止任何负载极性反接保护、防止控制器内部短路保护、在多雷区防止雷击引起击穿的保护、防止夜间蓄电池通过风力发电机反向放电保护等功能。本设计选用的控制器型号为 JKCK-220/150-300，其额定电压为 220VDC、负载电流为 150A。

逆变器功能是将直流电变换成交流电，具有断路、过流、过压、过热、防蓄电池过放电等保护功能。逆变器容量计算公式为

$$P = L \times N \times M/(S \times \eta) \qquad (5-7)$$

式中：L 为负载功率（20kW）；N 为用电同时率（80%）；M 为各相负载不平衡系数（取 1.2）；S 为负载功率因素（0.8）；η 为逆变器效率（取 0.85）。

逆变器功率为

$$P = 20 \times 0.8 \times 1.2/0.8 \times 0.85 = 28.24 (\text{kVA})$$

根据计算，可选用 15kVA 单相逆变器三台，其中一台为备用。

2. 风力发电系统配置方案

（1）300W 风力发电系统配置方案。

1）设计参考依据：年平均风速 3m/s 以上，供电量：1kWh/天（相当于 200W 用电设备每天工作 5h）。

2）可靠性：系统在连续没有风补充能量的情况下能正常供电 3 天。

3）供电系统参数：供电电压单相 220VAC；供电频率 50Hz。用电负载见表 5-1。

表 5-1 用电负载

名称	规格	标称功率（W）	平均日使用时间（h）	日用电量（kWh）
电灯（照明）	20W×3个	60	5	0.3
卫星接收设备		30	5	0.15
彩色电视机	54in	80	5	0.4
电风扇		60	2.5	0.15
总用电量				1

注 用电器工作时最大总工作功率不大于300W。

300W风力发电系统配置见表5-2。

表 5-2 300W风力发电系统配置

部件	型号及规格	数量	备注
垂直轴风力发电机	FD-300W/24V	1台	永磁，低速
控制逆变器	24V 300～500W	1台	正弦波
塔杆		1套	高6m，8m自选
蓄电池	200AH/12V	2只	铅酸阀控免维护式
控制箱		1只	

（2）2000W风力发电系统配置方案。

1）设计参考依据：年平均风速为4m/s。

2）系统供电量：风力发电机平均日发电量为：7.5kWh。平均日用电量为：5.68kWh，发电量是用电量的1.32倍，供电系统可靠。

3）可靠性：系统在连续没风补充能量的情况下能正常供电3天。

4）供电系统参数：220VAC/50Hz，系统用电负载见表5-3。

表 5-3 系统用电负载

名称	规格	标称功率（W）	平均日使用时间（h）	日用电量（kWh）
电灯（照明）	30W×6	180	6	1.08
卫星接收设备		30	6	0.18
彩色电视机	54cm	80	6	0.48
电风扇	40W×3	120	6	0.72
音响		150	3	0.45
电冰箱		120	12	1.44
电饭煲		300	1.5	0.45
小功率用电器		80	10	0.88
总用电量				5.68

注 用电器工作时最大总工作功率不大于2000W。

2000W风力发电系统配置见表5-4。

表 5-4 　　　　　　　　　　　　**2000W 风力发电系统配置**

部件	型号及规格	数量	备注
垂直轴风力发电机	FD-500W/48V	4	
蓄电池	200Ah/12V	12	铅酸阀控免维护式
控制逆变器	2000W/48V	1	正弦波
风力机塔杆		4	10m
控制箱		1	

（3）6000W 风力发电系统配置方案。

1）设计参考依据：年平均风速大约为 4m/s。

2）系统供电量：风力发电机平均日发电量为：19.74kWh/天，平均日用电量为：17.16kWh/天，发电量是用电量的 1.21 倍，供电系统可靠。

3）可靠性：系统在连续没风补充能量的情况下能正常供电 3 天。

4）供电系统参数：220VAC/50Hz，系统用电负载见表 5-5。

表 5-5 　　　　　　　　　　　　**系统用电负载**

名称	规格	标称功率（W）	平均日使用时间（h）	日用电量（kWh）
电灯（照明）	30W×30	900	6	5.6
卫星接收设备		30	6	0.18
饮水机	26L	450	16	7.2
收音机	5W×30	150	10	1.5
电风扇	20W×30	600	3	1.8
小功率用电器		80	10	0.88
总用电量				17.16

注 用电器工作时最大总工作功率不大于 5000W。

6000W 风力发电系统配置见表 5-6。

表 5-6 　　　　　　　　　　　　**6000W 风力发电系统配置**

部件	型号及规格	数量	备注
垂直轴风力发电机	FD-2000W/48V	3 台	3 台联网
蓄电池	200Ah/12V	24 节	铅酸阀控免维护式
控制逆变器	5000W/48V	1 台	正弦波
风力机塔杆		3	10m
控制箱		1 个	

（4）2kWh/d 风力发电系统配置方案。

1）负载情况：节能灯 3 盏（10W 盏）、21in 彩电一台、DVD 放映机一台、电冰箱一台。

2）全天用电情况：每天供节能灯、彩电、DVD 用电 5h，电冰箱全天供电，全天用电量为 2kWh；考虑无风天气 3 天连续供电。2kWh/d 风力发电系统配置方案见表 5-7。

表 5-7   2kWh/d 风力发电系统配置方案

配置	规格	单位	数量	备注
风力发电机	600W	1	1	设计寿命 20 年
风力机控制器	WD600	1	1	设计寿命 15 年
风力机塔架	—	—	—	斜拉塔架
蓄电池	12V 150Ah	只	2	阀控、免维护（设计寿命 3～5 年）
逆变器	SN242K	台	1	一体机设计寿命 5～8 年正弦波输出
连接导线		套	1	防腐、防紫外线

（5）2.4kWh/d 风力发电系统配置方案。基本用电负载 600W，一天累计运行 4h 左右，应用地环境资源情况：年平均风速 4m/s 以上，2.4kWh/d 风力发电系统配置方案见表 5-8。

表 5-8   2.4kWh/d 风力发电系统配置方案

配置	规格	单位	数量	备注
风力发电机	1kW/48V	台	2	设计寿命 20 年
风力发电控制器	1kW/DC48V	台	2	设计寿命 15 年
风力机塔架	6m	米		拉索式塔杆
蓄电池	12V/120Ah	只	8	阀控、免维护（设计寿命 3～5 年）
逆变器	DC48V/AC220V（50Hz）—2kW	台	1	一体机设计寿命 5～8 年正弦波输出

系统平均发电量/天为：3.47kWh；负载（电视、风扇等负载功率共 600W，一天运行 4h 左右）用电量/天为：600W×4h/天=2.4kWh，无风时保证系统 3 天以上正常运行

（6）0.21kWh/d 风力发电系统配置方案。应用地环境资源情况：年平均风速 3.5m/s 以上，0.21kWh/d 风力发电系统配置方案见表 5-9。

表 5-9   0.21kWh/d 风力发电系统配置方案

配置	规格	单位	数量	备注
风力发电机	300W/12V	台	1	设计寿命 20 年
风力发电控制器	300W/DC12V	台	1	设计寿命 15 年
风力机塔架	6m	米		拉索式塔杆
蓄电池	12V/100Ah	只	1	阀控，免维护（设计寿命 3～5 年）
逆变器	DC12V/AC220V（50Hz）—400W	台	1	一体机设计寿命 5～8 年正弦波输出

系统平均发电量/天：0.36kWh；负载用电量/天：AC220V/21W；每天工作 10h，即 0.21kWh/天；无风情况下，保证系统 3 天以上正常运行

（7）236.3kWh/d 风力发电系统配置方案。应用地环境资源情况：年平均风速 5m/s，236.3kWh/d 风力发电系统配置方案见表 5-10。

表 5-10   236.3kWh/d 风力发电系统配置方案

配置	规格	单位	数量	备注
风力发电机	10kW/DC480V	台	4	设计寿命 20 年
风力机控制器	10kW/DC480V	台	4	设计寿命 15 年
蓄电池	12V/240Ah	只	8	阀控，免维护（设计寿命 3～5 年）

系统平均用电量/天：236.3kWh

（8）0.048kWh/d 风力发电系统配置方案。应用地环境资源情况：年平均风速约 4m/s 左右，0.048kWh/d 风力发电系统配置方案见表 5-11。

表 5-11　　　　　　　　　　0.048kWh/d 风力发电系统配置方案

配置	规格	单位	数量	备注
风力发电机	300W/DC24V	台	1	设计寿命 20 年
风力发电控制器	300W/DC24V	台	1	设计寿命 15 年
蓄电池	100Ah/DC12V	只	2	阀控、免维护（设计寿命 3～5 年）
负载用电量：160W 每天工作 20min，每天耗电量为 0.048kWh；无风时能保证系统 3 天以上正常运行				

（9）0.35kWh/d 风力发系统配置方案。使用环境资源情况：年平均风速 3.5m/s 左右，0.35kWh/d 家庭风力发电系统配置方案见表 5-12。

表 5-12　　　　　　　　　　0.35kWh/d 风力发电系统配置方案

配置	规格	单位	数量	备注
风力发电机	400W/DC24V	台	1	设计寿命 20 年
风力发电控制器	400/DC24V	台	1	设计寿命 15 年
蓄电池	100Ah/DC12V	只	2	阀控，免维护（设计寿命 3～5 年）
系统平均发电量/天：0.76kWh；负载用电量/天：负载为 LVD35W/DC24V，每天工作 10h，耗电 0.35kWh；在无风情况下，能保证系统 3 天以上正常运作				

（10）3、6、9kWh/d 风力发电系统配置方案。3、6、9kWh/d 风力发电系统配置方案见表 5-13。

表 5-13　　　　　　　　　　3、6、9kWh/d 风力发电系统配置方案

配置方案	A 配置	B 配置	C 配置
系统配置	600W 微风发电机＋充电控制器＋200W 数控逆变电源，12V100Ah 免维护蓄电池 2 只	600W×2 微风发电机＋充电控制器＋500W 数控逆变电源，12V100Ah 蓄电池 4 只	600W×3 微风发电机＋充电控制器＋1kW 数控逆变电源，12V100Ah 蓄电池 6 只
适用	彩电、DVD、功放、电脑、小型新式冰箱、卫星接收机、照明等。每天可用电量：3kWh	彩电、小型新式冰箱、DVD、功放、电脑、卫星接收机、照明、电风扇等。每天可用电量：6kWh	彩电、冰箱、DVD、电脑、照明、卫星接收机、电风扇、电饭煲。每天可用电量：9kWh

（11）15、24kWh/d 风力发电系统配置方案。15、24kWh/d 风力发电系统配置方案见表 5-14。

表 5-14　　　　　　　　　　15、24kWh/d 风力发电系统配置方案

配置方案	A 配置	B 配置
系统配置	600W×5 微风发电机＋充电控制器＋2kW 数控逆变电源，12V100Ah 蓄电池 10 只	600W×8 微风发电机充电控制器＋3kW 数控逆变电源，12V100Ah 蓄电池 16 只
适用	电脑 1 台，彩电 2 台，卫星接收机 1 台，DVD2 台，40W 照明灯泡 8～10 只，短时使用电饭煲，可以满足 8h 的正常用电。每天可用电量：15kWh	每天可用电量：24kWh，满负荷可用 8h

（12）风力发电系统配置方案。30、60、80kWh/d 风力发电系统配置方案见表 5-15。

表 5-15　　　　　　　　30、60、80kWh/d 风力发电系统配置方案

配置方案	A 配置	B 配置	C 配置
系统配置	600W×10 微风发电机＋充电控制器＋5kW 数控逆变电源，12V 200Ah 蓄电池 10 只	600W×20 微风发电机＋充电控制器＋8kW 数控逆变电源，12V 200Ah 蓄电池 20 只	600W×30 微风发电机＋充电控制器＋10kW 数控逆变电源，12V 200Ah 蓄电池 30 只
适用	每天可用电量：30kWh。4kW 满负荷可用 8h 以上	每天可用电量：60kWh。6kW 满负荷可用 10h 以上，3kW 负荷可用 20h 以上	每天可用电量：80kWh。8kW 满负荷可用 10h 以上，4kW 负荷可用 20h 以上

5.2　家庭风力发电系统的防雷接地设计

5.2.1　风力发电系统的防雷设计

风力发电机安装在室外，塔架加风轮和轮毂的高度达十几米，易遭受雷击，特别是在雷电多发地区，雷电释放出巨大能量会造成风力机叶片损坏，并常常引起发电系统过电压，造成发电机击穿、控制设备烧毁、电气设备损坏等事故，甚至危及人员安全。所以，雷电威胁着风力发电机的安全运行。因此，在设计风力发电系统时，一定要做好防雷设计。

由于现代科学技术的迅猛发展，风力发电机组的单机容量越来越大，为了吸收更多能量，轮毂高度和叶轮直径随着增高，相对的也增加了被雷击的风险，雷击成了自然界中对风力发电机组安全运行危害最大的一种灾害。我国沿海地区地形复杂，雷暴日较多，应充分重视雷击给风力发电系统和运行人员带来的巨大威胁。

1. 风力发电系统的雷电防护

由于风力发电系统本身安装位置和环境的特殊性，其设备遭受雷电电磁脉冲损坏的隐患也越来越突出。因此，根据实际情况对风力发电系统防雷的研究有助于提高整个风力发电系统的安全、高效运行。雷电对风力发电系统设备的影响，主要由以下几个方面造成：

1）直击雷。风力发电机都安装在室外空旷的地方，所以雷电很可能直接击中风力发电机，造成设备损坏，而导致无法发电。

2）传导雷。远处的雷电闪击，由于电磁脉冲在空间传播的缘故，会在风力发电机至控制器或逆变器、控制器到直流负载、逆变器到电源分配电柜以及电源分配电柜到交流负载等的供电线路上产生浪涌过电压，损坏电气设备。

3）地电位反击。在有外部防雷保护的风力发电系统中，由于外部防雷装置将雷电引入大地，从而导致地网上产生高电压，高电压通过设备的接地线进入设备，从而损坏控制器、逆变器或交、直流用电设备。

（1）风力发电系统的直击雷防护。风力发电系统的直击雷防护系统主要包括塔架、叶片及接地系统的防护，风力发电系统通常位于开阔的区域，而且很高，所以整个风力发电机都暴露在直接雷击的威胁之下，风力发电机被雷电直接击中的概率是与风力发电机高度的平方值成正比。风力发电系统的直击雷防护设计的主要内容有：

1）风力机叶片的直击雷防护设计。

2）风力发电机机舱及塔架的等电位设计。

3）风力发电机的接地设计。

（2）风力发电系统的雷电电磁脉冲防护。风力发电系统的雷电电磁脉冲防护主要针对风力发电系统的控制系统，因风力发电系统集成了大量的电气、电子设备，因此，电涌将给风力发电系统带来相当严重的损坏。风力发电系统的雷电电磁脉冲防护设计的主要内容有：

1）电控系统的雷电电磁脉冲防护。

2）信号控制系统的雷电电磁脉冲防护。

3）等电位及屏蔽防护。

2. 外部防雷保护系统

风力发电系统外部防雷系统的作用是提供直击雷电流泄放通道，使雷电不会直接击中风力发电机。外部防雷系统包括三部分：接闪器、引下线和接地网。风力发电系统必须有相对完善的外部防雷措施，以保证裸露在室外的风力发电机不被直接雷击损坏。

外部防雷保护系统的作用是防止雷击对风力发电系统结构的损坏，风力发电系统的落雷点一般是在风力机的桨叶上，因此接闪器应预先布置在桨叶的预计雷击点处以接闪雷击电流。为了以可控的方式传导雷电流入地，桨叶上的接闪器通过金属连接带连接到中间部位，金属连接带可采用 30mm×3.5mm 镀锌扁钢。对于机舱内的滚珠轴承，为了避免雷电在通过轴承时引起的焊接效应，应将其两端通过碳刷或者放电间隙桥接起来。对于位于机舱顶部的设施（例如风速计）的防雷保护，采用避雷针安装在机舱顶部，保护该设备不受直接雷击。

如果风力发电系统的塔架是金属塔可以直接将塔架作为引下线来使用，如果是混凝土塔身，那么采用内置引下线（镀锌圆钢 $\phi8\sim\phi10$mm，或者镀锌扁钢 30mm×3.5mm）。

（1）叶片表面或者嵌入叶片表面的接闪器。在风力发电机叶片表面安装的接闪器及引下线必须有足够的截面积能够承受雷击电流，并且能够安全传导，一般使用的铜质导线的截面积为 50mm^2，但是如何将避雷线牢固的固定在叶片上也存在一定问题，因安装在叶片表面的导线会在叶片转动的过程中影响叶片的空气动力学特性，并产生噪声。而用铜或铝的避雷线或用铜或铝网制作成嵌入叶片的避雷带，必须将避雷线从叶根到叶尖进行可靠连接，并要包裹叶片的前缘和后缘。

（2）粘贴金属箔和分段式避雷带。在国外风力发电机叶片的防雷措施中，使用了一种在叶片表面粘贴铝箔的方式，这种方式唯一的问题就是无法长时间可靠固定，在粘贴几个月后就会脱落，如果能够解决固定问题，即达到其长期可靠固定，这种方式将成为成本低廉的有效措施，并且可以解决现有风力发电机叶片没有防雷措施的问题。分段式避雷带的提出是基于飞机用雷达天线罩的试验，试验表明安装在机翼上的分段式避雷带不会对雷达天线造成干扰，但是应用于风力发电机尚没有可靠的试验数据。目前，仅在丹麦的一些风力发电机上进行可行性测试。

（3）内部引下线（内嵌式避雷线）。这是一种传统的叶片防雷措施，主要是将足够面积的金属线预制在叶片中，在叶片的尖端流出特制的金属接闪器，但当叶片的长度超过 20m 时，这种方式就会因叶片内部的金属线的电磁张力而造成叶片的损坏。

对于采用固定在叶片表面的不连续的接闪器，要考虑其拦截效率，通过对直接雷的拦截效率计算，推导风力发电机电控系统可能产生的雷电电磁脉冲的预期冲击后果，在进行风力发电机电控系统的雷电电磁脉冲系统防护设计时，应具有针对性的进行电涌保护器的选择。

3. 内部防雷保护系统

内部防雷保护系统是由在内部防雷区域内衰减雷电电磁效应的设施组成，主要包括防雷击等电位连接、屏蔽措施和电涌保护。

防雷击等电位连接是内部防雷保护系统的重要组成部分，等电位连接可以有效抑制雷电引起的电位差。在防雷击等电位连接系统内，所有导电的部件都被相互连接，以减小电位差。在设计等电位连接时，应按照标准考虑其最小连接横截面积。一个完整的等电位连接网络也包括金属管线和电源、信号线路的等电位连接，这些线路应通过雷电流保护器与主接地汇流排相连。

屏蔽可以减少电磁干扰，由于风力发电系统结构的特殊性，如果能在设计阶段就考虑到屏蔽措施，那么屏蔽设施就可以较低成本实现。风力发电机的机舱应该制成一个封闭的金属壳体，相关的电气和电子器件都装在开关柜，开关柜和控制柜的柜体应具备良好的屏蔽效果，在塔基和机舱的不同设备之间的线缆应带有外部金属屏蔽层。对于干扰的抑制，只有当线缆屏蔽的两端都连接到等电位连接带时，屏蔽层对电磁干扰的抑制才是有效的。

除了使用屏蔽措施来抑制辐射干扰源以外，对于防雷保护区边界处的传导性干扰也需要有相应的保护措施，这样才能让电气和电子设备可靠的工作。在防雷保护区 LPZ0A～LPZ1 的边界处必须使用防雷器，它可以导走大量的雷电流而不会损坏设备。这种防雷器也称为雷电流保护器（I 级防雷器），它可以限制接地的金属设施和电源、信号线路之间由雷电引起的高电位差，将其限制在安全的范围之内。雷电流保护器的最重要的特性是：按照 $10/350\mu s$ 脉冲波形测试，可以承受雷击电流。对风力发电系统来说，电源线路 LPZ0A～LPZ1 边界处的防雷保护是在 400/690V 电源侧完成的。

在防雷保护区以及后续防雷区，仅有能量较小的脉冲电流存在，这类脉冲电流是由外部感应过电压产生，或者是系统内部产生的电涌，对于这一类脉冲电流的保护设备称为电涌保护器（Ⅱ 级防雷器）。Ⅱ 级防雷器采用 $8/20\mu s$ 脉冲电流波形进行测试。从能量协调的角度来说，电涌保护器需要安装在雷电流保护器的下游。该电涌保护器是由附带热脱扣装置的金属氧化物压敏电阻组成。

当在信号系统安装电涌保护器时，应考虑电涌保护器与信号系统的兼容性及信号系统本身的工作特性。从通流量上考虑，一条信号线上的分雷电流应按照 5% 来预估，对于 Ⅲ/Ⅳ 级防雷保护系统，就是 5kA（$10/350\mu s$）。

风力发电机组的雷电分区如图 5-2 所示，对于风力发电机组的防护可以按照其防雷分区进行差异化设计，考虑到雷暴活动的特点，对电涌保护器的选择上重点考虑产品的 U_P 对后续设备的影响。

在多雷区可选用限制电压型 SPD，对处于 LPZ0B 与 LPZ1 区的逆变器输出端、配电系统进线端的 B 级 SPD 可选用 I_n 为

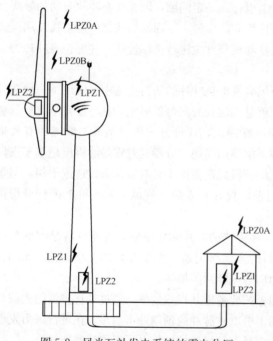

图 5-2　风光互补发电系统的雷电分区

15kA 的限压型 SPD，LPZ1 区 C 级环境下的发电机开关柜、主控柜、变桨柜等位置可选用 I_n 为 10kA 的限制电压型 SPD，而对处于 LPZ2 区的控制信号线路而言，I_n 为 5kA 的线路保护完全可以满足实际要求。

对于在高原低压条件下使用的电涌保护器而言，对其结构需要进行针对性的考虑，如开放间隙式电涌保护器不适合安装在风力发电机中。因为，该种结构的 SPD 在通流时会发生电火花外泄，容易造成机舱内设备的燃烧而在高空发生火灾。此外，低海拔地区使用的电涌保护器在高海拔条件下使用会发生爆裂或失效问题，在高海拔地区使用的 SPD 应通过《电工电子产品基本环境试验规程试验 M：低气压试验方法》标准中的规定的低气压实验，避免在实际的安装运行过程中造成保护失效或其他潜在隐患。

4. 配电系统的保护模式

SPD 的保护模式决定了 SPD 在动作后是否与电网脱离、是一次性保护还是冗余保护。保护模式从另一层面决定了系统的稳定性。优先保护与优先供电原理如图 5-3 所示，从图 5-3 中可以看出，对于优先保护或优先供电的区别仅是有无熔断器，针对于风力发电系统电压尖峰较多的实际情况，采用这种优先保护的方式是不妥的。因为 SPD 是电压敏感型器件，其启动周期一般为 20～25ns，当系统波动电压达到 SPD 启动电压时，SPD 就会反复启动，严重时会直接对地短路，造成系统开关 S 的短路保护动作，而造成系统停止供电。

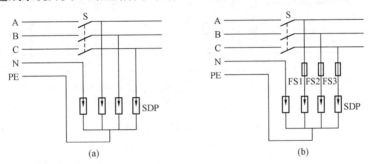

图 5-3　优先保护与优先供电原理图
(a) 优先保护；(b) 优先供电

优先供电保护模式是防止 SPD 在实际运行中因反复启动或者误动作造成系统对地短路时能够迅速脱离电网，避免造成开关 S 的跳闸，从而起到优先供电的作用。

而在优先供电保护模式中，SPD 输入端的断路器选择是有一定条件的，对于开关型 SPD，由于其启动后会形成工频续流，并不具备自动灭弧的功能，所以必须使用熔断器将开关型 SPD 与系统隔离，避免造成断电事故，而对于限压型 SPD，由于其不存在工频续流问题，但存在漏电流（一般小于 0.3mA）；同时，由于微型空气断路器在有雷电流通过时不会造成其断路，而雷电通过熔断器时会因熔断器所能够承受的雷电流等级不同而断路，所以当系统采用限压型 SPD 时应采用微型断路器。优先供电保护模式与优先保护模式的特点是：

(1) 优先供电模式。在 SPD 的安装时，需单独增加 SPD 的控制开关，这种安装方案有两种目的：

1) 防止 SPD 在发生故障时影响供电回路的正常工作，及时与供电系统脱离避免引起供电故障。

2) 使用微型断路器优先保证了供电的连续性，即 SPD 遭受一次雷击后，SPD 的漏流没有超过微型空气断路器的动作下限时，SPD 不会与电网脱离，能够多次雷电冲击，实现多次保护。

（2）优先保护模式。在 SPD 的安装时，与被保护设备共用分断器或熔断器，在系统遭受雷击时 SPD 启动后，使被保护设备处于断电状态，从而起到优先保护的目的，缺点在于会因系统电压波动导致 SPD 频繁启动使漏流增大，形成对地断路导致系统的断电。

5. 配电系统 SPD 配置方案

雷电会在风力发电系统的配电线路上感应雷电过电压，它可能是相线对地、中性线对地、也可能是相线与中性线间感应过电压，而在不同的配电系统中，SPD 的安装方法是不一样的。TN 系统一般采用相线及中性线分别对地加装过压型 SPD，TT 系统一般为相线分别对中性线加装过压型 SPD，中性线对地采用放电间隙 SPD。

TN 系统的 SPD 的安装方式如图 5-4 所示，TT 制配电系统的 SPD 安装方式如图 5-5 所示，为较重要的场合供电的配电系统应采用全模式接线，如图 5-6 所示。

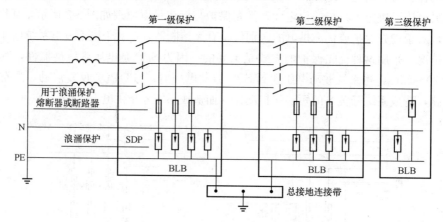

图 5-4　TN 系统中应用线路图

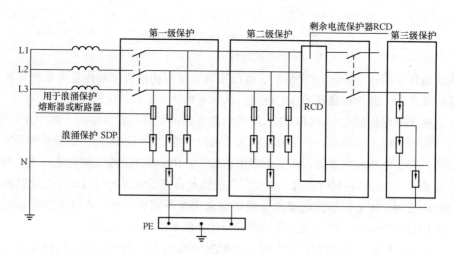

图 5-5　BLB 浪涌保护器在 TT 系统中的接线方式

SPD 的全模式的接线方式是：所有相与地、零［L-N、L-G、（地）L-L］之间都加以保护。优点是均衡节点电压，多路分流，使浪涌防护器残压更低。

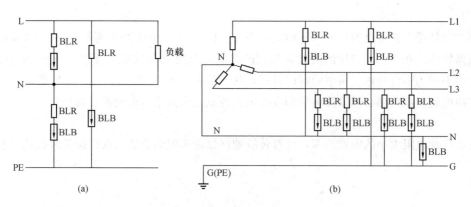

图 5-6　SPD 的全模式接线方式

BLR 为熔断器或断路器

(a) 单相；(b) 三相

5.2.2　风力发电系统的接地设计

接地网是接地系统的基础设施，由接地环（网）、接地极（体）和引下线组成，以往常有种误解，把接地环作为接地的主体，很少使用接地体，在接地要求不高或地质条件相当优越的情况下，接地环也能够起到接地的作用，但是通常的情况下，这是不可行的，接地环可以起到辅助接地体的作用，主导作用是由接地体来完成的。

1. 接地电阻

防雷界形成一种概念，就是接地电阻越小，防雷效果越好，可是实践并没有提供证据。接地电阻的定义与测量有关联：接地体的直流（或工频）接地电阻是指：当一定的直流（或工频）电流 I 流入接地体时，由接地体到无穷远处零位面之间必有电压 U，U/I 的值定义为接地电阻 R。显然，这里是把接地体和周围的大地一起看作是与金属导体相等同的导体了，并同时承认欧姆定律是适用的。因为欧姆定律是在金属导体上得到确证的，U/I 值定义为金属导体的电阻。所以一般从事防雷的人员在接受接地电阻这一物理概念时毫不费力地就会把它当作金属导体的电阻考虑，很少人会去思索两者间有很多差异。

在金属导体中欧姆定律之所以能够成立，完全可以从金属的电子理论得到解释，这个理论指出，金属导体内有密度非常大的自由电子，这个密度值是不随导体内的电场强度而变化的，所以导致电阻值 R 是与电压 U 及电流 I 无关的恒量。而大地并不是金属组成的，传导电流的微观机构和载流子等与金属有不少差异。当大地的土壤里的电流或电压足够高时，会出现火花效应，也就是出现击穿效应，载流子数量突然剧增，电阻突然下降，也就是说此种状态不满足欧姆定律。为此，防雷工程界引入"冲击接地电阻"概念，让人们注意到"接地电阻"概念不简单，却不能提出准确的科学的理论来定量描述闪电入地后的客观规律。这是由于自然界的落地雷是小概率的极端无规律的随机现象，目前仍没有通过实验观测来研究出它的规律性。

电阻这个物理概念是在直流电路范畴里建立的，在高频电路里就出现争议，到了高频和微波领域，就要增添种种补充说明，接地电阻这个物理概念就更加复杂。这里仅指出两点：

（1）由于电流与电压有相位差异，电阻应以复数取代实数来表征。

（2）导电媒质不限于金属导体，其在不同的频率下有不同的导电表现，可以是导体（当传导电流远大于位移电流），也可能是不良导体，也可能是电介质（当传导电流远小于位移电流）。

例如以低频下相对电容率 $\varepsilon = 14$ 和电导率 $g = 10^{-2}\,\Omega/m$ 的土壤来考察，在 $10^3\,Hz$ 频率它的性质像导体，在 $3 \times 10^{10}\,Hz$ 的微波频率它的性质为介质或者说是绝缘体，而在 $10^7\,Hz$ 的频率下它的表现为不良导体。雷电的频谱甚宽，从直流一直到 $10^{16}\,Hz$ 以上。既然雷电是一种频谱极广的电磁现象，那么仅以静电学和直流电路的概念来描绘雷电的种种物理过程已是太脱离实际。

决定接地电阻大小的因素很多，计算传统地网接地电阻的公式（仅以接地环接地时）如下

$$R = 0.5 \times \frac{\rho}{\sqrt{S}} \tag{5-8}$$

$$R = \frac{\rho}{2\pi L} \ln \frac{4L}{d} \tag{5-9}$$

$$R = \frac{\rho}{2\pi L}(\ln \frac{L^2}{dH} + A) \tag{5-10}$$

式中：ρ 为土壤电阻率，$\Omega \cdot m$；d 为钢材等效直径，m；S 为地网面积，m^2；H 为埋设深度，m；L 为接地极长度，m；A 为形状系数。

式 (5-8) 表明，对于传统的接地方式，在土壤电阻率已经确定的情况下，要想达到设计要求的电阻必须有足够的接地面积，要降低接地电阻只有扩大接地面积，每扩大 4 倍接地面积，接地电阻会降低一倍。

式 (5-9)、式 (5-10) 表明，在接地网中，要降低接地电阻的另一个方法是加大接地材料的尺寸，但是耗材太大而且效果并不理想。

在接地网设计中，单独使用接地环是不可能达到接地网要求的电阻值，因接地电阻与接地环包围的面积 S 和土壤电阻率有关。以常见的土壤电阻率为 $200\,\Omega \cdot m$ 来分析，要做接地电阻为 1Ω 的地网，需要占地面积为 $10000\,m^2$。对于大型建筑物而言，本身占地面积很大，但也最多可以建设一个这样的地网，若大型的建筑有要求独立地的设备，一个地网是远远不够的。在建筑林立的城市和地形复杂的山地要求大面积可供施工的土质空地是不太可能的，即使在地理条件许可的地方，由于开挖量大、耗材多，导致工程费用高，也是不可取的。所以，需要运用更好的接地材料、设计方法和施工技术。

防雷接地的接地电阻一般要求是 $<10\Omega$，实际上某些设备防感应雷的接地电阻要求 $<4\Omega$ 或 $<1\Omega$。这里常常有个误区，认为做到 10、4Ω 或 1Ω 的接地电阻就满足了设计要求，而没有考虑季节因数。因为，土壤电阻率是随季节变化的，规范所要求的接地电阻实际上是接地电阻的最大许可值，为了满足这个要求，地网的接地电阻要达到

$$R = R_{max}/\omega \tag{5-11}$$

式中：R_{max} 为接地电阻最大值，如要求值为 10、4Ω 或 1Ω 的接地电阻；ω 是季节因数，根据地区和工程性质取值，常用值为 1.45。

所以接地电阻实际值是：$R = 6.9\Omega$（$R_{max} = 10\Omega$）；$R = 2.75\Omega$（$R_{max} = 4\Omega$）；$R = 0.65\Omega$（$R_{max} = 1\Omega$）。这样，地网才是符合规范要求，在土壤电阻率最高的时候（常为冬季）也能满足设计要求。接地工程本身的特点是周围环境对工程效果有着决定性的影响，脱离了工程所在地的具体情况来设计接地工程是不可行的。设计的优劣取决于对当地土壤环境的诸多因素的综合考虑（如土壤电阻率、土层结构、含水情况、季节因素、气候以及可施工面积等因素决定了接地网形状、大小、工艺材料的选择等）。

2. 地网形式

地网的形状直接影响接地达到的效果和达到设计要求所需要的占地面积，首先应建立接地环（或接地面），提倡使用水平接地极（常用的是外部接地环）和水平垂直接地体配合使用。在很容易达到接地目的土质，要求低的接地工程中可以选用平面接地方法（接地环接地）。在要求较高的地网设计中，通常采用接地体和接地环配合使用，以构成三维接地。

（1）三维接地。三维接地有三种不同类型：等长接地、非等长接地和法拉第笼式接地，等长接地是采用相同长度的接地体，这种方式接地体的埋设深度基本一致，施工方便同时可以取得较好的效果。非等长接地是更科学的接地方式，采用不同长度的接地体相互配合，由于接地体长度和埋设深度不同，大大的加大了等势面积，突破地网面积局限。设计和施工并不困难，使用得当可以完成相当高标准的接地工程。非等长接地方法也叫"半法拉第笼"接地工艺。法拉第笼式接地是多层水平接地网，用垂直接地体相互连接形成笼式结构。由于施工量大，并不常用。在设计中还应考虑地网集肤效应、跨步电压等因数。

（2）岩土类型。接地网处的岩土条件直接关系接地系统的是否达到设计目标，设计中最重要的参数之一就是接地网施工地点岩土的土壤电阻率，但仅考虑土壤这个参数是不够的，还要考虑开挖（钻进）难度、破碎还是整体岩石、持水能力等因素。有的岩土电阻率高，但是在整体岩石之间常有较好的土壤间隙层，在这样的环境中，避开整体岩石，在间隙中开挖后再灌注降阻剂能取得较好的效果。

（3）地形制约。接地网的施工环境常受到各种条件的制约，按照理想的模式考虑大面积的地网是不现实的。有专家认为，接地面积一定后，如果接地极长度不超过地网 1/20，要想突破局限是不可能的，即使做成整块铜板也没有实际意义。实践中也印证了这一理论。所以，当地形局限时，可以考虑地网的纵深方向，使用离子接地系统或深井施工工艺。例如，西昌某航天观测站，土壤电阻率 $1100\Omega \cdot m$，设备需要接地电阻 $<4\Omega$，考虑季节因素，应作到 2.75Ω，而可供施工的面积只有 $8m^2$ 的狭长位置，在设计中选用加长（20m）离子接地系统 3 套，实施后经测试接地电阻达到 2.5Ω。

（4）含水情况。一般来说，湿润的土壤导电性较好，但是，在实际工程中发现，当含水量超过饱合以后，接地效果反而不好。当地底下有潮湿区域，接地体深入到这一潮湿区域时，降阻效果会好得多。例如，某移动通信站土壤电阻率测量值为 $1200\Omega \cdot m$，地表破碎沙石层，但是开挖 150mm 发现潮湿土层，埋设接地块 80 只，原预计接地电阻达到 4Ω 的地网，实测接地电阻达到 1.2Ω。

3. 接地材料的选型

接地材料是接地工程的主体材料，材料的选择很重要。广泛使用的接地工程材料有各种金属材料的接地环、接地体、降阻剂和离子接地系统等。金属材料如扁钢，也有用铜材替代的，主要用于接地环建设，这是大多接地工程都选用的；接地体有金属接地体（角钢、铜棒和铜板），这类接地体寿命较短，接地电阻上升快，地网改造频繁（有的地区每年都需要改造），维护费用比较高，但是从传统金属接地极（体）中派生出的特殊结构的接地体（带电解质材料），在实际使用中的效果比较好，一般称为离子或中空接地系统。另外就是非金属接地体，使用比较方便，几乎没有寿命约束，各方面比较认可。降阻剂分为化学降阻剂和物理降阻剂，化学降阻剂自从发现有污染水源事故和腐蚀地网的缺陷后，在接地工程设计中就不再被选用，现在广泛接受的是物理降阻剂（也称为长效型降阻剂）。

物理降阻剂是接地工程广泛接受的材料，属于材料学中的不定性复合材料，可以根据使用环境形成不同形状的包裹体，所以使用范围广，可以和接地环或接地体同时运用，包裹在接地环和接地体周围，达到降低接触电阻的作用。并且，降阻剂有可扩散成分，可以改善周边土壤的导电属性。现在较先进的降阻剂都有一定的防腐能力，可以延长地网的使用寿命，其防腐原理有牺牲阳极保护（电化学防护）、致密覆盖金属隔绝空气、加入改善界面腐蚀电位的外加防腐剂等几种。物理降阻剂有超过近 40 年的工程实践，经过不断的实践和改进，现在无论是性能还是施工工艺都已相当成熟。降阻剂的主要作用是降低与地网接触的局部土壤的电阻率，换句话说，是降低地网与土壤的接触电阻，而不是降低地网本身的接地电阻。

（1）稀土防雷降阻剂。稀土防雷降阻剂是由高分子导电材料制造而成的高科技产品，它是一种高导低阻、高效率的离子型降阻剂，降阻效果好，时效性长，性能稳定，无毒，无腐蚀，并能延缓土壤对接地体的腐蚀，起到保护接地体的作用。

目前，研发的稀土防雷降阻剂在原有降阻效率高的基础上，取得了最大的成功是在防腐蚀性能上的突破。当国内众多的接地体仍然依靠镀锌才能防腐蚀的情况下，稀土防雷降阻剂已不需要接地体镀锌就能达到防腐蚀效果。采用稀土防雷降阻剂后，不镀锌材料的年腐蚀率为 0.002 1～0.003 3mm/年，比国内同类产品用镀锌材料的年腐蚀率为 0.007 1～0.008 2mm/年还要小几倍。稀土防雷降阻剂不仅在防腐蚀方面取得了突破，还可为工程节省大量的镀锌费用，避免了因锌腐蚀对土壤产生的重金属污染。稀土防雷降阻剂的另一优势在于可直接采用干粉施工，效果与水拌和使用的情况相同，对在高山或缺水地区的使用提供了极大的便利。

先进的稀土防雷降阻剂需要与先进的接地设计理念和先进的施工工艺相协调才能达到理想的接地效果，过去那种靠挖泄流坑，将接地极板、角钢接地框架、降阻剂都通通倒入坑内，再用土盖上的施工方法，只能满足接地电阻值要求不高的系统。只有采用水平接地极加上垂直接地体形成复合接地网，在网上敷设降阻剂，以达到降低接地电阻值和瞬间泄流的目的。由于降阻剂的亲和作用和吸附作用，时间一长，接地电阻值会逐步下降并趋于稳定，不会受到季节变化的影响，无论干旱下雨，无论冬天夏天，接地电阻值几十年都会比较稳定。

（2）非金属接地体。非金属接地体是由导电能力优越的非金属复合材料加工成型的，加工方法有浇注成型和机械压模成型，一般来说浇注成型的产品结构松散、强度低、导电性能差，而且质量不稳定。机械模压成型是使用设备在几到十几吨的压力下成型的，不仅尺寸精度较高、外观较好，更重要的是材料结构致密、电学性能好、抗大电流冲击能力强，质量也相当稳定，但是生产成本较高。在非金属接地体选型时，应尽量选用机械模压成型的非金属接地体，特别是接地体有抗大电流或大冲击电流的要求时（如电力工作地、防雷接地），不要选用浇注成型的非金属接地体。非金属接地体的特点是稳定性优越，其性能和寿命是现有接地材料中受气候、季节变化影响最小的，是不受腐蚀的接地体，所以，不需要地网维护，也不需要定期改造，非金属接地体施工需要的地网面积比传统接地面积小很多，但是在不同地质条件下也需要保证足够接地面积才可以达到良好的效果。

（3）离子（中空）接地体。离子（中空）接地体是由传统的金属接地体改进而来，从工作原理到材料选用都发生了质的变化，形成各种形状的结构。这些接地体的共同点是主结构部分采用防腐性更好的金属，内填充的填料为电解物质，外包裹导电性能良好的不定性导电复合材料，一般称为外填料。接地系统的金属材料有不锈钢、铜包钢和纯铜材等。不锈钢的防腐较钢材好，但是在埋地环境中依然会锈蚀，所以以不锈钢为主体的接地系统不宜在腐蚀性严重的环境中使用。表面处理过的铜是很好的抗锈蚀材料，铜包钢是铜－钢复合材料，钢材表面覆盖铜，可以节约大量的铜材。采用套管法或电镀法生产，表面铜层的厚度为 0.01～0.50mm，厚度越厚防腐效果越好。纯铜材料防腐性能最好，但是要耗用大量的贵金属，通常在性能要求较高的接地工程中使用。由于接地系统大多向垂直方向伸展，所以接地面积大多要求很小，可以满足地形严重局限的接地工程需要。补偿类型的接地系统有加长设计，使用加长至 24m 的接地体，辅以深井法施工，可以达到非常好的效果。

以上介绍的接地材料各有优势，但是都有自身的局限，提倡各取所长，选择适当的材料满足不同的接地工程，各种接地材料特性见表 5-16。

表 5-16　　　　　　　　　　　　　　　　　接地材料特性

序号	项目	降阻剂	非金属接地体	离子（中空）接地体	传统接地
1	类型	地网与接地极	接地极	接地极	地网与接地极
2	新建地网施工	简单	简单	较简单	简单
3	改造地网施工	复杂	简单	较简单	复杂
4	适用环境	普通地网通用	恶劣地质条件腐蚀环境较高要求地网	地网面积小的城市或复杂山岩环境	通用
5	价格比较	低	较高	较高	土质好时价格低，土质不好时价格高
6	抗腐蚀	有防腐作用	不被腐蚀	较好抗腐能力	低
7	气候稳定性	普通	优异	较好	不好
8	使用寿命	较长	最长	长	短，常需要改造

4. 接地网布置

土壤电阻率的测量是接地工程设计中重要的第一手资料，由于受到测量设备、方法等条件的限制，土壤电阻率的测量往往不够准确。特别对地质结构复杂的地域，其多为不均匀地质结构。现在的实测往往只取 3～4 个测点，过于简单。采用设计手册中提供的计算平均电阻率的方法，可使设计误差值减小。接地电阻的经验计算公式为

$$R \approx 0.5\rho/S \tag{5-12}$$

式中：ρ 为土壤电阻率，$\Omega \cdot m$；S 为接地网面积，m^2，R 为地网接地电阻，Ω。

地网面积一旦确定，其接地电阻也就基本确定，因此，在地网布置设计时，应充分利用可利用的全部面积，如果地网面积不增加，其接地电阻是很难减小的。

在采用以水平接地线为主，带有垂直接地极的复合型地网的设计中，根据 $R = 0.5\rho/S$ 可知接地网的接地电阻与垂直接地极的关系不大。理论分析和试验证明面积为 30m×30m～100m×100m 的水平地网中附加长 2500mm×40mm 的垂直接地极若干，其接地电阻仅下降 2.8%～8%。但是，垂直接地极对冲击散流作用较好，因此，在独立避雷针、避雷线、避雷器的引下线处应敷设垂直接地极，以加强集中接地和泄放雷电流。

地网均压网的设计根据设计规程规定，当包括地网外围 4 根接地线在内的均压带总根数在 18 根以下时，宜采用长孔接地网，考虑均压线间屏蔽作用，均压线总根数一般为 8～12 根左右，故根据规程规定，一般采用长孔方式布置，但与方孔方式相比存在以下几个方面的问题。

（1）方孔地网纵、横向均压带相互交错，因此地网的分流效果优于长孔地网的均压效果，且可靠性高。

（2）长孔地网均压线与主网连接薄弱，均压线距离较长，发生接地故障时，沿均压线电压

降较大，易造成信号电缆及设备损坏。当某一条均压线断开时均压带的分流作用明显降低，而方孔地网的均压带纵横交错，当某条均压线断开时对地网的分流效果影响不大。

地网的敷设深度在规程和新规范中有明确的规定，接地网的埋设深度宜采用 0.6m，在设计手册中又补充到："在冻土地区宜敷设于冻土层以下"，现设计中一般将地网全部埋设于冻土层以下。地网敷设深度对最大接触系数的影响是接触电势，也是地网设计中的一个重要参数，在地网设计中应尽量降低地网的接触电势。地网接触电势的最大接触系数 K_{jm} 与地网的埋深有关，接地网的埋深由零开始增加时，其接触系数 K_{jm} 是减少的，但埋深超过一定范围后，K_{jm} 又开始增大。当埋深增加到一定深度后，电流趋向于地层深处流动，地面上的电流密度越来越小，因而网孔中心地面与地网之间的电位差又开始增大。

如地网处于季节性冻土地区，如按规程规定将地网敷设在 0.6m 深度时，冬季将使地网处于冻土层中。由于土壤冻结后其电阻率将增大为原来的 3 倍以上，对地网接地电阻有一定的影响。目前采用的地网是以水平接地线为主并带有垂直接地极的复合型地网，冬季垂直接地极大部分伸于下层非冻结土壤中，此时土壤结构可以等效为两层电阻率不同的土壤结构。

有研究表明，对于处于双层土壤介质中的垂直电极，其各部分的散流密度与周围介质的电阻率成反比，但在电极尖端处具有 $\rho_i \times J_i =$ 常数（其中 J_i 为电极尖端处的电阻率；ρ_i 为土壤中的电极部分的散流密度）的特性。此时，当电极有一部分进入下层土壤时，整个电极的散流电阻将主要取决于下层土壤。此时地网的接地电阻也将主要取决于地网的非冻结土壤。因此，在季节性冻土地区采用这种带有垂直接地极的复合型地网是有很大的优点的，如果在冬季由于土壤的冻结而对接地电阻没有很大的影响时，就没有必要把地网都埋于冻土层以下。但将接地网埋于冻土层以下，对降低接地电阻是有利的。

如果冻土深度为 2m，若单纯为地网敷设于冻土层以下，将使工程开挖土方量大大增加，使施工困难，工程造价也随之上升。对此可通过对其安全要求的各种因素进行综合比较合理控制。因此，在工程设计中应合理的确定地网的埋设深度。

风力发电系统的接地主要分为电源共用接地和防雷接地两个部分，其中电源共用接地主要是由于风力发电系统的供配电方式决定的。目前，大多数风力发电系统的低压端配电采用 TN-C 制式，即三相四线系统，而防雷接地即包括了建筑物基础部分，也包括了基础之外增加的地网的部分。

一般的设计是在基础上均布三条 60mm×6mm 的接地扁钢作为防雷地线与基础主筋连接，从防雷角度而言是增加了地网面积，而在土壤电阻率一定的前提下，降低了工频接地电阻。

目前，国内的风力发电系统提出的接地电阻一般在 2Ω 或 4Ω，一般推荐接地电阻为 2Ω。风力发电系统的防雷接地设计需要结合风力发电系统的规模，地质条件和气象条件进行整体考虑。此外，风力发电系统的接地需要结合实际进行联合接地。

5. 风力发电系统接地要求

(1) 风力发电系统的所有接地都要连接在一个接地体上，接地电阻应满足风力发电系统中设备对接地电阻要求的最小值，不允许各设备的接地端串联后再接到接地干线上。

(2) 风力发电系统对接地电阻值的要求较严格，因此要实测数据，并采用复合接地体，接地极的根数以满足实测接地电阻为准。

(3) 在中性点直接接地的系统中，要重复接地，接地电阻 $R \leqslant 10\Omega$。

(4) 防雷接地应该独立设置，要求接地电阻 $R \leqslant 10\Omega$，且和系统接地装置在地下的距离保持在 3m 以上。

风力发电系统的接地包括以下几个方面：

（1）防雷接地。包括避雷针、避雷带以及低压避雷器、架空线路上的绝缘子铁脚及连接架空线路的电缆金属外皮的接地。

（2）工作接地。工作接地是为了使风力发电系统以及与之相连的电气、电子设备均能可靠运行，并保证测量和控制精度而设的接地。它分为系统地、电子设备逻辑地、信号回路接地、屏蔽接地。

1）系统地。系统地是风力发电系统为保证电气设备正常工作而设置的工作接地，如风力发电系统中低压配电系统的工作接地。

2）电子设备逻辑地，也称为电子设备电源地，如电子设备内部的逻辑电平负端公共地，也是＋5V等电源的输出地。

3）信号回路接地，如各电子设备的负端接地，开关量信号的负端接地等。

4）屏蔽接地，数据信号传输电缆屏蔽层的接地。

（3）内部防雷接地。是内部防雷设施的接地系统，有信号（弱电）防雷地和电源（强电）防雷地之分，区分的原因不仅是因为要求接地电阻不同，而且在工程实践中信号防雷地与电源防雷地应分开设置。

（4）保护接地是将系统中平时不带电的金属部分（机柜外壳，操作台外壳等）与地之间形成良好的导电连接，以保护设备和人身安全。正常情况下设备外壳等是不带电的，当故障发生（如主机电源故障或其他故障）造成电源的供电相线与外壳等导电金属部件短路时，这些金属部件或外壳就成为带电体，如果没有很好的接地，那么这带电体和地之间就有很高的电位差，如果人不小心触到这些带电体，那么就会通过人身形成通路，产生危险。因此，必须将设备的金属外壳和地之间作良好的连接，使机壳和地等电位。此外，保护接地还可以防止静电的积聚。风力发电系统的控制器、逆变器、配电屏外壳、蓄电池支架、电缆金属外皮、穿线的金属管道都应作保护接地。

（5）重复接地。风力发电系统若采用低压架空线路输送电能，低压架空线路的中性线在每隔1km处应做一次重复接地。

6. 等电位连接

（1）钢结构支架的等电位连接。钢结构支架的等电位连接有两种类型：

1）连接器件将接地导体固定在连接器内，并将连接器的表面紧靠在钢结构上。

2）连接器件将接地导体固定在钢结构上。

风力发电系统的钢结构体的等电位连接一般包括：

1）将钢结构进行局部等电位连接。

2）将电力电缆和信号电缆进行局部等电位连接。

3）将上述局部等电位连接母线连接至风力发电系统的总等电位母线上。

钢结构体的等电位连接可以采用不同的连接件，如机械接线片、压扁接线片或放热式熔焊接线片。要做到连接良好，必须遵守如下规定：

1）要用双孔的接线片，不要用单孔的接线片。如果发生振动，会使单孔接线片发生扭曲或者使与钢件的连接发生松动。

2）要使用镀锡的接线片，不要使用镀锡的铜片，镀锡的铜片在与钢件接触时会引起局部腐蚀。

3）螺栓连接时要达到足够的紧固，并无歪曲变形。

4）接线片和钢结构连接处的表面应清洁干燥，否则在连接处表面上产生的腐蚀会增加电阻。

5）在设备、接地系统或装置的全部使用寿命期间，要定期检查所有机械的等电位连接处，还要进行测试和维护，以保证等电位连接有持续良好的电气性能。

机械接线片有两个双金属接触界面，一个接触界面是在接线片与导体之间，另一个接触界面是在接线片与钢结构表面之间。由于金属表面不可能是完全光滑的，当两个金属表面接触时，只有在凹凸不平处的凸起部分是接触的。因此，电流流通的实际接触表面积要比看到的接触面积要小得多，而增加了机械连接处的接触电阻值。所以，作为等电位连接端的钢构件表面上的所有绝缘物质（涂料、润滑脂等）和铁锈必须处理洁净，以保证连接良好。

因接地导体通常用铜导线，而接地端子通常是铜合金或钢制的，当使用一个接地端子时，就形成了双金属（铜和钢）电偶。在潮湿的情况，产生电化学局部腐蚀，钢的腐蚀对铜起着保护作用。不论把连接处的螺栓拧得多么紧，双金属接触界面总是存在的，因而也就存在着腐蚀作用，就会增加连接处的电阻。

（2）等电位连接方法。

1）放射式连接。放射式连接是把每种外部导电部分采用独立的连接线连接到总等电位连接端子板，这种连接方法的优点是能卸开每一个端子即可分别检查其导电的连续性，对抗噪声干扰要求比较高的电子设备，采用放射式连接较好，但施工比较复杂。

2）树干式连接。树干式连接是从总等电位连接端子板引出一根或两根连接线，然后各外部导电部分就近与引出的连接线连接。此种方式施工方便，材料也比放射式连接节省，但其导电的连续性和抗干扰等均不如放射式连接，一般用于没有信息数据传输的系统。

局部等电位连接线必须与所有可能同时触及的外部导电部分及外露导电部分相连接，局部等电位连接严禁直接通过外部导电部分或通过外部导电部分与大地电气接触。局部等电位连接范围内的地下管道、地下钢结构均不能与局部等电位连接线相连接，这些与地相连的金属管道也不能与外部导电部分相连，如必须连接，则需采用相互绝缘措施。当这些条件无法满足时，还要按照不同接地系统采用自动切断电源的措施，也就是在这种情况下，除了不接地的局部等电位连接外，还要采用自动切断电源措施。

为了保证进入局部等电位场的人不遭受危险的电位差，特别是在和大地绝缘的导电地坪与不接地的局部等电位连接的地方，可采用防止室内外电位差的措施。当建筑物内设置总等电位连接后，使建筑物内基本处于等电位状态。但此时室内对大地零电位并不是同一电位，可敷设与等电位连接毫无联系的均压带，以降低室内外电位差。

第6章

家庭风光互补发电系统配置方案与安装调试

6.1 风光互补发电技术

6.1.1 风能和太阳能互补性

风光互补发电技术是整合了中小型风电技术和太阳能光伏技术，综合了各种应用领域的新技术，其涉及的领域之多、应用范围之广、技术差异化之大，是各种单独技术所无法比拟的。风能和太阳能是目前全球在新能源利用方面，技术最成熟、最具规模化和已产业化发展的行业，单独的风能和单独的太阳能都有其开发的弊端，而风力发电和太阳能发电两者具有互补性，两种新能源结合可实现在自然资源的配置方面、技术方案的整合方面、性能与价格的对比方面都达到了对新能源综合利用的最合理性，不但降低了满足同等需求下的单位成本，而且扩大了市场的应用范围，还提高了产品的可靠性。

1. 风能和太阳能

风能和太阳能的利用和发展已有三千多年的历史，是一门古老而又年青的科学、实用而又和生活关系密切的科学、可再生而又能保护环境的科学、现时又为可持续发展的科学、是一次投资可多年受益的产业。在众多新能源领域中，风力发电和太阳能发电的开发和利用被首当其冲优先发展，是当今国际上的一大热点，因为风能和太阳能的利用，是不用开采、不用运输、不用排放垃圾、没有环境污染的技术，是保护地球，造福子孙后代的百年大计工程。

风能和太阳能都是清洁、储量极为丰富的重要的可再生能源，由于受季节更替和天气变化的影响，风能、太阳能都是不稳定、不连续的能源，单独的风力发电或太阳能光伏发电都存在发电量不稳定的缺陷。但风能和太阳能具有天然的互补优势，即白天太阳光强，夜间风多；夏天日照好、风弱而冬春季节风大、日照弱。风光互补发电系统充分利用了风能和太阳能资源的互补性，是一种具有较高性价比的新型能源发电系统。

随着光伏发电技术、风力发电技术的日趋成熟及实用化进程中产品的不断完善，为风光互补发电系统的推广应用奠定了基础。风光互补发电系统推动了我国节能环保事业的发展，促进资源节约型和环境友好型社会的建设。随着设备材料成本的降低、科技的发展、政府扶持政策的推出，风光互补这一清洁、绿色、环保的新能源发电系统将会得到更加广泛的应用。

风能和太阳能可独立构成发电系统，也可组成风能和太阳能混合发电系统，即风光互补发电系统，采用何种发电形式，主要取决于当地的自然资源条件以及发电综合成本，在风能资源较好的地区宜采用风能发电，在日照丰富地区可采用太阳能光伏发电，一般情况下，风能发电的综合成本远低于太阳能光伏发电成本，因而在风能资源较好地区应首选风能发电系统。近年来由于风光互补发电系统具有资源互补性、供电安全性、稳定性均好于单一能源发电系统，且价格居中而得到越来越广泛地应用。

风力发电存在着无风时（尤其是夏季白天长夜间短，太阳光强季节）不发电的问题，太阳能光伏发电也存在着无阳光时（尤其是冬季白天短夜间长，北风大的季节）不发电的问题，如果合理的将风力发电、太阳能光伏发电结合在一起，可实现365天连续不间断发电。

2. 风光互补

所谓风光互补是指将风力发电和光伏发电组合起来构成发电系统。在新能源领域的研究者和投资者看来，利用太阳能电池将太阳能转换成电能的光伏发电系统，虽然清洁，但造价相对高，且受日照时间影响；而风电系统虽然系统造价低，运行维护成本低，但质量可靠性也相对较差。将两者相结合，却能互补所短，各扬所长。然而，风光互补发电技术并不是简单地将风能和太阳能相加就可以，其间还涉及一系列复杂的技术及系统的匹配设计。

在风光互补发电技术的推广应用中，竞争的关键是综合配置能力。寻找最佳匹配方案需做大量的研究工作，反复推算、演示，进行市场摸排，选配组件、组装等，已构成最佳匹配的方案，以实现风能和太阳能的无缝对接，有光照的时候通过太阳能电池将光能转换为电能，有风的时候利用风力机发电，二者均无的时候，负载可以利用蓄电池储备的电能工作。

风能、太阳能都是无污染的、取之不尽用之不竭的可再生能源，中小型风力发电和太阳能光伏发电系统在我国已得到初步应用。这两种发电方式各有其优点，但风能、太阳能都是不稳定的，不连续的能源，用于无电网地区，需要配备相当大的储能设备，或者采取多能互补的办法，以保证发电系统能够稳定的供电。太阳能与风能在时间上和地域上都有很强的互补性，我国属季风气候区，一般冬季风大，太阳辐射强度小；夏季风小，太阳辐射强度大，在季节上可以相互补充利用。白天太阳光最强时，风很小，晚上太阳落山后，光照很弱，但由于地表温差变化大而使风能加强。夜间和阴雨天无阳光时由风能发电，晴天由太阳能发电，在既有风又有太阳的情况下两者同时发挥作用，实现了全天候发电，比单用风能和太阳能更经济、科学、实用。

风光互补发电的应用方向，不应是以联网发电为主，风光互补发电是针对边远牧区、无市电网地区及海岛，在远离大电网，人烟稀少，用电负荷低且交通不便的情况下，利用本地区充裕的风能、太阳能建设的一种经济实用性发电站。风光互补发电技术是解决这些无市电网供电问题的有效手段。偏远地区一般用电负荷都不大，所以用电网送电就不经济，在当地直接发电，最常用的就是采用柴油发电机。但柴油的储运对偏远地区成本太高，所以柴油发电机只能作为一种短时的应急电源。要解决长期稳定可靠的供电问题，只能依赖当地的自然能源。

风力发电和太阳能光伏发电系统都存在由于资源的不确定性，导致了发电与用电负荷的不平衡。利用风能和太阳能具有的互补性，开发风光互补发电系统，可以弥补太阳能和风能相互之间的不足，如图6-1所示。太阳能和风能在时间上的互补性，使风光互补发电系统在资源上具有最佳匹配的可能性，采用风光互补技术，可以在一定程度上减少太阳能电池组件容量，并降低了发电系统的成本。价格低、性能稳定的风光互补发电系统比单一能源的太阳能或风能发电系统更加容易被用户所接受，更利于推广。

图6-2为某地10月份的一天中太阳能和风能资源的分布，因此，采用风光互补发电，可以弥补风能、太阳能间歇性的缺陷，从而开发一种新

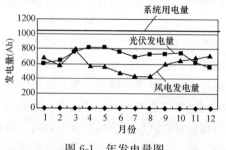

图6-1　年发电量图

的性能优越的绿色能源。风光互补发电是比单独风力发电、单独太阳能光伏发电更加有效的发电方式。采用风光互补发电系统，可实现能量之间的相互补充，不仅能提供更加稳定的电能输出，还可以在一定程度上削弱风力发电系统的反调峰特性。

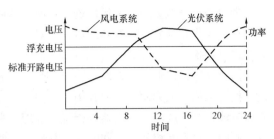

图 6-2　某地 10 月份典型日太阳
能和风能资源分布

3. 风光互补发电系统

风光互补发电系统是一种将光能和风能转化为电能的装置，由于太阳能与风能的互补性强，风光互补发电系统弥补了风能与太阳能独立发电系统在资源上的间断不平衡性、不稳定性，可以根据用户的用电负荷情况和资源条件进行系统容量的合理配置，既可保证供电的可靠性，又可降低发电系统的造价，不受地域限制，既环保又节能。

风光互补发电系统按是否并入公共电网系统可分为并网风光互补发电系统和离网风光互补发电系统。离网风光互补发电系统是独立于公共电网、自发自用的发电系统，常用于为边远无电用户供电；并网风光互补发电系统是为公共电网提供电力的发电系统。通常离网风光互补发电系统容量在 100W～100kW 级，并网风光互补发电系统容量可达数百千瓦甚至兆瓦级。

优化配置的风光互补发电系统可保证系统供电的可靠性，又可降低发电系统的造价。无论是怎样的环境和怎样的用电要求，风光互补发电系统都可作出最优化的系统设计方案来满足用户的要求。应该说，风光互补发电系统是最合理的独立电源系统。这种合理性表现在资源配置最合理，技术方案最合理，性能价格最合理。正是这种合理性保证了风光互补发电系统的高可靠性。目前，推广风光互补发电系统的最大障碍是中小型风力发电机的可靠性问题。

综合利用了风能、太阳能的风光互补发电系统，不仅能为电网供电不便的地区，提供低成本、高可靠性的电源，而且也为解决当前的能源危机和环境污染开辟了一条新路。风光互补发电系统是科学利用自然资源的新成果，它有如下诸多优势：

（1）利用风能、太阳能的互补性，弥补了独立风力发电和独立光伏发电系统的不足，可以获得比较稳定的和可靠性高的电源。

（2）充分利用土地资源。风力发电设备利用高空风能，光伏发电设备则利用风力机下的地面太阳能，实现地面和高空的有效结合。

（3）在保证同样供电的情况下，可大大减少储能蓄电池的容量。

（4）对风光互补发电系统进行合理的设计和匹配，可实现由风光互补发电系统可靠供电，很少或基本不用启动备用电源如柴油机发电机组等，可获得较好的社会效益和经济效益。

（5）由于风光互补发电系统共用一套配电设备，降低了工程造价；共用一批管理和工程技术人员，提高了劳动效率，降低了运行成本。

风光互补发电系统作为合理的独立电源系统，开创了一条综合开发风能和太阳能资源的新途径，标志着开发利用可再生能源发电进入了新的阶段。风光互补发电系统不仅适用于缺电的边远地区，因其利用可再生能源，无污染，且成本低、效率高，所以在条件具备的地方都有很好的开发应用前景。所以综合开发利用风能、太阳能，发展风光互补发电有着广阔的前景，受到了很多国家的重视。

早期的风光互补发电系统仅是简单地将风力发电系统和太阳能发电系统组合在一起，并没有考虑系统匹配、优化等问题。要进行风光互补发电系统设计、充分发挥风光互补发电的优势，首先要调查当地太阳能和风能资源状况，然后在基础资源数据的基础上，对互补系统进行优化设计，风光互补发电系统建成后，应对其进行系统匹配测试和发电量等性能参数的实际测试，并进行评价。

离网风光互补发电系统框图如图 6-3 所示，光伏发电单元采用所需规模的太阳能电池将太阳能转换为电能，风力发电单元利用中小型风力发电机将风能转换为电能，并通过智能控制中心对蓄电池充电、放电、逆变器进行统一管理，为负载提供稳定可靠的电力供应。两个发电单元在能源的采集上互相补充，同时又各具特色。风光互补发电系统可充分发挥风力发电和光伏发电各自的特性和优势，最大限度的利用好大自然赐予的风能和太阳能。对于用电量大、用电要求高，而风能资源和太阳能资源又较丰富的地区，选用风光互补发电系统无疑是一种最佳选择。

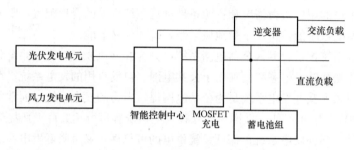

图 6-3　离网风光互补发电系统框图

离网风光互补发电系统是由风力发电机组、太阳能光伏电池组、蓄电池、控制器/逆变器、配电系统和用电设备等组成。风光互补发电系统的控制器/逆变器上设置了风力发电机和太阳能电池两个输入接口，风力发电机和太阳能光伏电池发出的电，通过充电控制器向蓄电池组充电；然后将蓄电池储存的直流电通过逆变器转换为适合通用电器使用的交流电。

根据不同地区的风能、太阳能资源，以及不同的用电需求，用户可配置不同的风光互补发电模式。做到完全利用自然资源自主发电，为照明或动力设备提供稳定的电能。从理论上来讲，利用风光互补发电，在设计上以风电为主，光电为辅是最佳匹配方案，前提是，要做到风能和太阳能的无缝对接，要做到无缝对接转换，也就是不停电，同时要能对抗恶劣天气，安全性能好。并且，在设计中还要考虑应用地的气候、日照时间、最高最低风速、噪声等一系列外部因素，优化配置风力发电机和太阳能电池，以充分利用太阳能和风能。一方面降低发电系统设备制造成本，另一方面，增加了利用自然能源的时间，则减少使用蓄电池的时间，提高蓄电池使用寿命。

随着风光互补发电系统应用范围的不断扩大，保证率和经济性要求的不断提高，国外相继开发出一些模拟风力、光伏及其互补发电系统性能的大型工具软件包。通过模拟不同系统配置的性能和供电成本，可以得出最佳的系统配置。Hybrid2 软件可对一个风光互补发电系统进行非常精确的模拟运行，根据输入的互补发电系统结构、负载特性以及安装地点的风速、太阳辐射数据，可获得一年 8760h 的模拟运行结果。但是 hybrid2 只是一个功能强大的仿真软件，本身不具备优化设计的功能，并且价格昂贵，需要的专业性较强。

目前，国外在风光互补发电系统的设计上，主要有两种方法来确定功率：一是功率匹配法，即在不同辐射和风速下对应的太阳能电池方阵的功率和风力发电机的功率之和大于负载功率，并实现系统的优化控制。另一是能量匹配的方法，即在不同辐射和风速下对应的太阳能电池方阵的发电量和风力发电机的发电量之和大于等于负载的耗电量，主要用于系统功率设计。目前，国内在风光互补发电系统进行研究的领域有：风光互补发电系统的优化匹配计算、系统优化控制等。

6.1.2　风光互补发电系统结构

离网风光互补发电系统是利用太阳能电池方阵、风力发电机（将交流电转化为直流电）将发出的电能存储到蓄电池组中，当用户需要用电时，逆变器将蓄电池组中储存的直流电转变为交流电，通过输电线路送到用户负载处。离网风光互补供电系统一般由风力发电机、太阳能电池组件、智能控制器、逆变器、交流、直流负载、蓄电池组等部分组成，该系统是集风能、太阳能发电技术及智能控制技术为一体的复合可再生能源发电系统，发电系统各部分容量的合理配置对保证发电系统的可靠性非常重要。

1. 发电部分

由一台或者几台风力发电机和太阳能电池方阵构成风—电、光—电发电部分，发电部分输出的电能通过充电控制器完成对蓄电池组进行自动充电工作。蓄电池储存的电能经过逆变器转换为交流电供给交流负载。经优化设计的风光互补发电部分，可实现供电的稳定性和可靠性，使蓄电池的循环效率大大提高，可使蓄电池长时间处于有电状态，甚至是饱和状态，有效的延长了蓄电池的使用寿命。

2. 蓄电部分

由于风能和太阳能的间歇性和不稳定性，如果用电器直接由风力发电系统或光伏发电系统直接供电，会出现供电时有时无、忽高忽低现象，这种电能是无法使用的。为建立一个供电电压稳定、能够为用电负载全天候提供均衡电力的供电系统，就必须在风力发电系统或光伏发电系统与用电器之间设置储能装置，把风力发电系统或光伏发电系统发出的电储存起来，稳定地向用电器供电。

理想的电能储存装置应当具有大的储存密度和容量，储存和供电具有良好的可逆性，有高的转换效率和低的转换损耗，运行要便于控制和维护，使用安全，无污染，有良好的经济性和较长的使用寿命。从目前中小型风光互补发电系统的实际应用看，最方便、经济和有效的储能方式是采用蓄电池储能。它能够把电能转变为化学能储存起来，使用时再把化学能转变为电能，变换过程是可逆的，充电和放电过程可以重复循环、反复使用，因此蓄电池又称为“二次电池”。由多节蓄电池组成蓄电池组来完成风光互补发电系统的全部电能储备任务，蓄电池组在风光互补发电系统中起到能量调节和平衡负载两大作用。

现在使用的蓄电池，虽然从外形看有大有小，形状不一，但从电解液的性质来区分，主要分为酸性蓄电池和碱性蓄电池两大类。酸性蓄电池也称为铅酸蓄电池，它是各种二次电池中使用最多的一种。由于铅资源丰富，铅酸蓄电池的造价较低，因而应用非常广泛。

作为风光互补发电系统中的储能设备，无论是酸性蓄电池还是碱性蓄电池，只有用户了解它们的性能和使用操作方法，才能延长蓄电池的使用寿命。早期的铅酸蓄电池的充放电循环次数只有 200～300 次，使用寿命只有 1～2 年。随着工艺及结构不断改进，其性能不断提高，目前充放电次数已超过 500 次，使用寿命可达 3～4 年，不过蓄电池的实际使用寿命和能否正确使用维护有很大关系。若能正确操作使用，按时维护，有的铅酸蓄电池可使用 5 年以上。

任何蓄电池的使用过程都是充电、放电周而复始地进行的，在使用中要防止蓄电池过充或过放。过放会造成活性物质结晶，增加极板的电阻，使蓄电池内阻增大；过充且电流过大时，则容易产生气泡过于剧烈，易使极板活性物质脱落而损坏，同时水分消耗也大。为此，蓄电池组应具有过充过放保护功能：

（1）过充保护。当风速持续较高或阳光充足时，在蓄电池组电压超过额定电压 1.25 倍时，控制器应停止向蓄电池充电，将多余的电能通过卸荷器消耗掉。这样就可以避免造成蓄电池过充电，以延长蓄电池的工作寿命。

（2）过放保护。当风速长期较低或阳光不充足时，蓄电池组电压低于额定电压 0.85 倍时，逆变器应停止工作，不再向负载供电。这样就可以避免蓄电池过放电，以延长蓄电池的工作寿命。

阀控密封式铅酸蓄电池具有成本低、容量大及免维护特性，是风光互补发电系统储能部分的首选。选择合理的蓄电池容量和科学的充放电方式是风光互补发电系统运行特性和寿命的保证，应采用双标三阶段充电方式，以实现对蓄电池的科学充电。对于采用双储能系统的风光互补独立发电系统（两套铅酸蓄电池组），通过智能控制器可以控制对负载的放电，同时又可以在充电条件到达时对备用蓄电池组充电，两组蓄电池之间的切换由控制系统实时监测其电压状态决定。

3. 控制及直流中心部分

控制及直流中心部分由风能和太阳能充电控制器、直流中心、控制柜、避雷器等组成，完成系统各部分的连接、组合以及对蓄电池组充放电的自动控制。控制部分根据日照强度、风力大小及负载的变化，不断对蓄电池组的工作状态进行切换和调节，一方面把调整后的电能直接送往直流或交流负载。另一方面把多余的电能送往蓄电池组存储。发电量不能满足负载需要时，控制器把蓄电池的电能送往负载，保证了整个系统工作的连续性和稳定性。

控制及直流中心的具体构成参数由最大用电负荷与日平均用电量决定，最大用电负荷是选择系统逆变器容量的依据，而平均日发电量则是选择风力发电机及太阳能电池容量和蓄电池组容量的依据。同时系统安装地点的风光资源状况也是确定风力发电机及太阳能电池容量的另一个依据。

在风光互补发电系统中，控制器主要包括风电控制单元、光电控制单元和蓄电池充放电控制单元三部分。它们主要是根据蓄电池的充电状况来控制风力发电机组、太阳能电池方阵的运行方式和开断情况，从而保证负载的正常供电以及系统各个部分的安全运行。

控制器是由一些电子元器件组成，如电阻、电容、半导体器件、继电器等，简单地说，控制器就是一个"开关"。对于风力发电部分，如蓄电池电压低于系统设定的电压时，控制器使充电电路接通，风力发电机发出的交流电经整流后，向蓄电池充电，当蓄电池电压上升达到保护电压时，充电控制开关电路截止，风力发电机停止向蓄电池充电，以免蓄电池过充电。但是，根据蓄电池的充电特性，这时，蓄电池电压会慢慢下降，为防止蓄电池充电不足，当其电压下降到一定值时，充电控制开关导通，对蓄电池进行自动补充充电，该状态一直保持到下一次充电保护为止。

对于光伏发电部分，充电控制器采用增量控制太阳电池方阵对蓄电池的充电过程。当蓄电池组的充电电压达到设定的最高充电电压时，自动依次切断一个或数个太阳能电池方阵供电支路，以限制蓄电池的充电电压继续增长，以免蓄电池过充电，并最大限度的利用和储存太阳电池发出的电能。

风光互补发电系统宜采用太阳能光伏/风力发电一体化控制器，控制器可同时利用太阳能和风能，以提高风能和太阳能的综合利用效率。控制器必须具有风力发电充电电路和光伏充电电路，两充电通道要各自独立和有效隔离。控制器的风电充电电路的最大功率要大于或等于风力发电机组额定输出功率的 2 倍。控制器的光伏充电电路的最大功率应大于光伏系统功率的 1.5 倍。控制器应具有通信接口，并预留直流充电接口。控制器的电磁兼容应符合相关规范要求。

4. 逆变器

由于蓄电池输出的是直流电，它只能为直流用电器供电。但是在日常生活和生产中很多用电器是用交流电的，因此，将直流电转换为交流电的设备称为逆变器。逆变器可把蓄电池中的直流电能转换为标准的 380/220V 交流电能，保证交流用电负载的正常使用。同时还具有自动稳压功能，以改善风光互补发电系统的供电质量。

逆变器主电路由大功率晶体管构成，采用正弦脉宽调制技术，抗干扰能力强，三相负载不平衡度可达 0~100%，还有很强的过载及限流保护功能。逆变器是风光互补发电系统的关键部件，系统对逆变器的要求很高。

逆变器的工作原理简单地说，就是通过控制一个开关，使直流电的电流方向以一定的频率不停地变化，那么，它就将直流电转换为交流电，再通过变压器将电压变成符合负载要求的电压，就可以向交流用电器供电。

逆变器的电路结构较为复杂，形式也较多，其主电路常用的有推挽逆变电路、全桥逆变电路、高频升压逆变电路等。随着智能型大规模集成电路成本降低，智能型充电控制逆变一体化电路已实现了商品化，提高了系统工作的可靠性。

逆变器主要分两类，一类是正弦波逆变器，另一类是方波逆变器。正弦波逆变器输出的是同日常使用的交流市电一样甚至更好的正弦波交流电（因为它不存在电网中的电磁污染）。方波逆变器输出的则是质量较差的方波交流电，其正向最大值到负向最大值几乎在同时产生，这样，对负载和逆变器本身造成不稳定的影响。同时，其带负载能力差，仅为额定负载的 40%~60%，不能带感性负载。如所带的负载过大，方波电流中包含的三次谐波成分将使流入负载中的容性电流增大，严重时会损坏负载的电源滤波电容。针对上述缺点，近年来出现了准正弦波（或称改良正弦波、修正正弦波、模拟正弦波等）逆变器，其输出波形从正向最大值到负向最大值之间有一个时间间隔，使用效果有所改善，但准正弦波的波形仍然是由折线组成，属于方波范畴，连续性不好。正弦波逆变器可提供高质量的交流电，能为任何种类的负载供电，但技术要求和成本均高。准正弦波逆变器可以满足大部分的用电需求，效率高，噪声小，售价适中，因而成为市场中的主流产品。方波逆变器的制作采用简易的多谐振荡器，其技术属于 20 世纪 50 年代的水平，将逐渐退出市场。

6.2　家庭风光互补发电系统设计条件及配置方案

6.2.1　风光互补发电系统设计条件及合理配置

1. 风光互补发电系统设计的条件及内容

（1）风光互补发电系统的设计条件。设计风光互补发电系统必须具备的三个设计条件：

1）当地的风能资源状况和太阳能辐射强度的资源状况，如日照强度、气温、风速等基础资源数据。

2）用电设备的配置、功率、供电电压范围、负载特征、是否连续供电等。

3）风力发电机和太阳能组件的功率特性。

（2）风光互补发电系统设计内容。风光互补发电系统设计内容包括：

1）负载的特性、功率和用电量的统计及相关计算。

2）风力发电机的日平均发电量的计算。

3）太阳能电池方阵日平均发电量的计算。

4）蓄电池容量计算及选型。

5）风力发电机、太阳能电池组件、蓄电池选型及之间相互匹配的优化设计，控制器、逆变器选型。

6）风力发电机组安装地点的选择及太阳能电池方阵安装倾角的确定。

7）系统运行情况的预测以及系统经济效益的分析等。

2. 风光互补发电系统设计步骤及合理配置

（1）风光互补发电系统设计步骤。

1）根据用电设备配置确定日平均用电量。

2）根据资源状况，无有效风速及连续阴天的长短，每天必用的最低电量，确定蓄电池的容量及型号。

3）根据日平均用电量，逆变器和蓄电池的效率等测算日平均发电量。

4）根据风能、太阳能资源状况、系统可靠性要求以及投资的限额，确定风力发电机和太阳能电池功率的比例关系。风力发电机和太阳能电池配置容量比例推荐为 3∶7～7∶3。

5）根据所需的风力发电量及太阳能光伏发电量和资源情况，进行发电机选型及太阳能电池方阵的匹配设计。

（2）风光互补发电系统的合理配置。风光互补发电系统的发电量完全取决于安装地点的实际自然资源情况，平均风速越高，风力发电机的发电量越多，需要的风力发电机台数越少，反之平均风速越低，风力发电机的发电量越少，则所需的风力发电机数量越多。日有效光照时间越长（我国各地日有效光照时间通常在 3.5～4h，该时间不是通常意义上的有阳光时间），太阳能光伏发电量越多，反之有效光照时间越短，则太阳能光伏发电量越少。风力和光伏发电部分容量的合理配置对保证发电系统的可靠性非常重要。一般来说，系统配置应考虑以下几方面因素：

1）用电负荷的特征。发电系统是为满足用户的用电要求而设计的，要为用户提供可靠的电力，就必须认真分析用户的用电负荷特征。主要是了解用户的最大用电负荷和平均日用电量。最大用电负荷是选择系统逆变器容量的依据，而平均日发电量则是选择风力发电机及太阳能电池组件容量和蓄电池组容量的依据。

2）太阳能和风能的资源状况。在风光互补发电系统设计中，太阳能和风能的资源状况是太阳能电池方阵和风力发电机容量选择的另一个依据，一般根据资源状况来确定太阳能电池方阵和风力发电机的容量，在按用户的日用电量确定发电容量的前提下再考虑风力发电机和太阳能电池配置容量比系数，最后确定太阳能电池和风力发电机的容量。

3）风力发电机组功率与太阳电池组件功率的匹配设计：

a）匹配结果应使发电量最低月份的日平均发电量 Q 大于或等于系统总用电量。

b）风力发电机功率与太阳能电池组件功率按 3∶7～7∶3 的范围进行匹配设计，即风能不超过系统容量的 50%。

c）以风力发电、太阳能光伏发电单独为用户提供日最低用电量估算风力发电机与太阳电池组件的功率。

d) 按照当地月平均风速值和月平均太阳总辐照量进行经济合理的匹配调整，取发电量最少月能满足月用电量要求，且投资效益最高的配比方案为最终设计方案。

4) 系统产品的性能和质量要求。风光互补发电系统包括风力发电机、太阳能电池、蓄电池、系统控制器和逆变器等部件，每个部件的故障都会导致发电系统不能正常供电，所以，选择性能和质量好的部件产品是保证风光互补发电系统正常供电的关键。

例如，风力发电机选用 50～200W 系列产品，太阳能电池组件选用 3～120W 非晶硅系列，其转换效率取 6%，寿命 20 年。蓄电池选用铅酸蓄电池，寿命 3～5 年，放电率 30%。根据资料对当地风力发电机与太阳能电池组件的年发电量及二者互补的发电量进行测算，根据负载要求，选择可能的发电方式，设负载功率 130W，每天工作 5h，年需要 240kWh。可以选择 100W 风力发电机单独发电，或者 100W 太阳能电池组件单独发电，或者 50W 风力发电机加 50W 太阳能电池组件互补发电。在不需要连续供电的场合，如生活用电，为了降低成本，可以只根据负载每日所需的能量来确定蓄电池的容量。

某地区一年内三种发电方式对比如图 6-4 所示，另外，当负载需要量大时，风光互补发电可以有多种配置方案。此时，可以按照上述原则分别计算，然后比较优劣，求得最佳匹配方案。

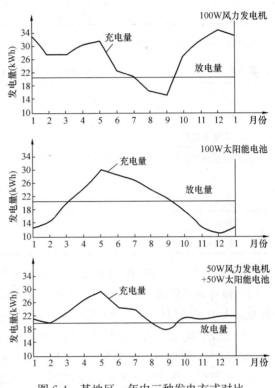

图 6-4　某地区一年内三种发电方式对比

风光互补发电系统的优点是可以同时利用当地的风力资源和太阳能资源，实现两种可再生能源的互补。例如：在我国多数地区夏季风力资源较弱，但太阳能资源较强；在冬季太阳能资源较弱，而风力资源较强。采用风光互补发电系统能够保证用户均衡充足的用电需求。由于太阳能电池的价格较贵，目前，户用风光互补发电系统中风力发电与光伏发电部分的容量匹配比例一般为 3:1 左右。例如：300W 的风力发电机可以配用 100W 的太阳能电池组件；500W 的风力发电机可以配用 150～200W 的太阳能电池组件；1kW 的风力发电机可配用 300～350W 的太阳能电池组件。

6.2.2　风光互补发电系统配置方案

1. 300W+80W 风光互补发电系统配置方案

(1) 设计参考依据。年平均风速 3m/s 以上，太阳能资源属Ⅲ类可利用地区（太阳能年辐射总量 4500～5500MJ/年）。供电量：1kWh/天（相当于 200W 用电设备每天工作 5h）。

(2) 可靠性。系统可在连续没有风能、没有太阳能补充能量的情况下能正常供电 3 天。

(3) 220VAC/50Hz 用电负载见表 6-1。

表 6-1　　　　　　　　　　用 电 负 载

名称	规格	标称功率（W）	平均日使用时间（h）	日用电量（kWh）
电灯（照明）	20 W×3 个	60	5	0.3
卫星接收设备		30	5	0.15
彩色电视机	54in	80	5	0.4
电风扇		60	2.5	0.15
总用电量				1

300W＋80W 风光互补发电系统配置见表 6-2。

表 6-2　　　　　　**300W＋80W 风光互补发电系统配置**

部件	型号及规格	数量	备注
垂直轴风力发电机	FD-300W/24V	1 台	永磁，低速
太阳能电池组件	80W	1 块	多晶硅（天威英利）
风光互补控制逆变器	24V 300～500W	1 台	正弦波
塔杆		1 套	高 6、8m 自选
蓄电池	200AH/12V	2 只	铅酸阀控免维护式
太阳能支架		1 套	
控制箱		1 只	

2.4×500W＋4×150W 风光互补发电系统配置方案

（1）设计参考依据。年平均风速大约为 4m/s，太阳能资源属Ⅲ类可利用地区（太阳能年辐射总量大于 4500MJ/年），此资源情况是在风资源比较一般能利用地区，普遍能满足。

（2）系统供电量。风力发电机平均日发电量为 6.18kWh/天，太阳能电池的平均日发电量为 1.3kWh/天，平均日用电量为 5.68kWh/天，发电量是用电量的 1.32 倍，供电系统可靠。

（3）可靠性。在连续没风能、没太阳能补充能量的情况下能正常供电 3 天。

（4）220VAC/50Hz 用电负载见表 6-3。

表 6-3　　　　　　　　　　用 电 负 载

名称	规格	标称功率（W）	平均日使用时间（h）	日用电量（kWh）
电灯（照明）	30W×6	180	6	1.08
卫星接收设备		30	6	0.18
彩色电视机	54cm	80	6	0.48
电风扇	40W×3	120	6	0.72
音响		150	3	0.45
电冰箱		120	12	1.44
电饭煲		300	1.5	0.45
小功率用电器		80	10h	0.88
总用电量				5.68

4×500W＋4×150W 风光互补发电系统配置见表 6-4。

表 6-4　　　　　　　　　　**4×500W＋4×150W 风光互补发电系统配置**

部件	型号及规格	数量	备注
垂直轴风力发电机	FD-500W/48V	4 个	4 台联网
太阳能电池组件	150W	4 个	与风力机联网
蓄电池	200AH/12V	12 个	铅酸阀控免维护式
控制逆变器	2000W/48V	1 个	正弦波
风力机塔杆	10m	4 套	
太阳能支架		1 个	
控制箱		1 个	

3.3×2000W＋16×125W 风光互补发电系统配置方案

（1）设计参考依据。年平均风速大约为 4m/s，太阳能资源属Ⅲ类可利用地区，太阳能年辐射总量大于 4500MJ/年，此资源情况是在风资源比较一般能利用地区，普遍能满足。

（2）系统供电量。风力发电机平均日发电量为 12kWh/天，太阳能电池的平均日发电量为 7.8kWh/天，平均日用电量为 17.16kWh/天，发电量是用电量的 1.15 倍，供电系统可靠。

（3）可靠性。系统在连续没风能、没太阳能补充能量的情况下能正常供电 3 天。

（4）220VAC/50Hz 用电负载见表 6-5。

表 6-5　　　　　　　　　　　　　　**用 电 负 载**

名称	规格	标称功率（W）	平均日使用时间（h）	日用电量（kWh）
电灯（照明）	30W×30	900	6	5.6
卫星接收设备		30	6	0.18
饮水机	26 升	450	16	7.2
收音机	5W×30	150	10	1.5
电风扇	20W×30	600	3	1.8
小功率用电器		80	10	0.88
总用电量				17.16

3×2000W＋16×125W 风光互补发电系统配置见表 6-6。

表 6-6　　　　　　　　　　**3×2000W＋16×125W 风光互补发电系统配置**

部件	型号及规格	数量	备注
垂直轴风力发电机	FD-2000W/48V	3 台	3 台联网
太阳能电池组件	125W	16 块	与风力机联网
蓄电池	200Ah/12V	24 节	铅酸阀控免维护式
控制逆变器	5000W/48V	1 台	正弦波
风力机塔杆	10m	3 套	10m
太阳能支架		1 套	订做
控制箱		1 个	订做

4. 600W＋2×90W 风光互补发电系统配置方案

(1) 负载情况：节能灯 3 盏（10W 盏）、21in 彩电一台、DVD 放映机一台。

(2) 全天用电情况：每天供节能灯、彩电、DVD 用电 5h，电冰箱全天供电，全天用电量为 2kWh；考虑阴雨、无风天气 3 天连续供电。600W＋2×90W 风光互补发电系统配置方案见表 6-7。

表 6-7 　　　　　　　　　**600W＋2×90W 风光互补发电系统配置方案**

配置	规格	单位	数量	备注
风力机	600W	台	1	设计寿命 20 年
风力机控制器	WD2440	台	1	设计寿命 15 年
风力机杆塔	9	m	1套	
光伏电池	90W	块	2	
光伏电池支架	—	套	1	防腐支架
蓄电池	12V150Ah	只	2	阀控，免维护（设计寿命 3～5 年）
智能控制器	SD2408 只	只	1	设计寿命 5～8 年
逆变器	SN242K	台	1	一体机设计寿命 5～8 年正弦波输出
连接导线	—	套	1	防腐、防紫外线

5. 2×1000W＋8×100W 风光互补发电系统配置方案

(1) 负载情况：电视、风扇等负载功率共 600W，一天累计运行 4h。

(2) 应用地环境资源情况：年平均风速 4m/s 以上，年日照时间 2000h 左右。考虑阴雨、无风天气 3 天连续供电。

2×1000W＋8×100W 风光互补发电系统配置方案见表 6-8。

表 6-8 　　　　　　　　　**2×1000W＋8×100W 风光互补发电系统配置方案**

配置	规格	单位	数量	备注
风力机	1kW/48V	台	2	设计寿命 20 年
风光互补控制器	1kW＋400W/DC48V	台	2	设计寿命 15 年
风力机杆塔	6	m	2套	
光伏电池	100W/DC12V	块	8	
光伏电池支架	—	套	1	防腐支架
蓄电池	12V/120Ah	只	8	阀控，免维护（设计寿命 3～5 年）
逆变器	DC48V/AC220V（50Hz）－2kW	台	1	一体机设计寿命 5～8 年正弦波输出

6. 300W＋30W 风光互补发电系统配置方案

(1) 负载情况：AC220V/21W 每天工作 10h。

(2) 应用地环境资源情况：年平均风速 3.5m/s 以上，年日照时间 1920h 左右，考虑阴雨、无风天气 3 天连续供电。300W＋30W 风光互补发电系统配置方案见表 6-9。

表 6-9 **300W＋30W 风光互补发电系统配置方案**

配置	规格	单位	数量	备注
风力机	300W/12V	台	1	设计寿命 20 年
风光互补控制器	300W＋30W/DC12V	台	1	设计寿命 15 年
风力机桁架塔	6	m		
光伏电池	30W/DC12V	块	1	
光伏电池支架	—	套	1	防腐支架
蓄电池	12V/100Ah	只	1	阀控，免维护（设计寿命 3～5 年）
逆变器	DC12V/AC220V（50Hz）－100W	台	1	一体机设计寿命 5～8 年正弦波输出

7. 400W＋2×50W 风光互补发电系统配置方案

（1）负载情况：LVD35W/DC24V 每天工作 10h。

（2）使用环境资源情况：年平均风速 3.5m/s 左右，年日照时间 1900h 左右，考虑阴雨、无风天气 3 天连续供电。400W＋2×50W 风光互补发电系统配置方案见表 6-10。

表 6-10 **400W＋2×50W 风光互补发电系统配置方案**

配置	规格	单位	数量	备注
风力机	400W/DC24V	台	1	设计寿命 20 年
风光互补控制器	400＋100W/DC24V	台	1	设计寿命 15 年
光伏电池	50W/DC12V	块	2	
光伏电池支架	—	套	1	防腐支架
蓄电池	100Ah/DC12V	只	2	阀控，免维护（设计寿命 3～5 年）

8. 600W＋60W 风光互补发电系统配置方案

（1）负载情况：彩电、DVD、功放、电脑、小型新式冰箱、卫星接收机、照明等。每天可用电量：3kWh。

（2）使用环境资源情况：年平均风速 3.5m/s 左右，年日照时间 1960h 左右，考虑阴雨、无风天气 3 天连续供电。600W＋60W 风光互补发电系统配置方案见表 6-11。

表 6-11 **600W＋60W 风光互补发电系统配置方案**

配置	规格	单位	数量	备注
风力机	600W/DC12V	台	1	设计寿命 20 年
风光互补控制器	600＋60W/DC12V	台	1	设计寿命 15 年
光伏电池	60W/DC12V	块	1	
光伏电池支架	—	套	1	防腐支架
数控逆变电源	200W/12V/220V	台	1	设计寿命 15 年
蓄电池	100Ah/DC12V	只	2	阀控，免维护（设计寿命 3～5 年）

9. 2×600W＋120W 风光互补发电系统配置方案

（1）负载情况：彩电、DVD、功放、电脑、小型新式冰箱、卫星接收机、照明等。每天可用电量：6kWh。

(2) 使用环境资源情况：年平均风速 3.5m/s 左右，年日照时间 1947h 左右，考虑阴雨、无风天气 3 天连续供电。2×600W＋120W 风光互补发电系统配置方案见表 6-12。

表 6-12　　　　　　　2×600W＋120W 风光互补发电系统配置方案

配置	规格	单位	数量	备注
风力机	600W/DC12V	台	2	设计寿命 20 年
风光互补控制器	2×600W＋120W/DC12V	台	1	设计寿命 15 年
光伏电池	120W/DC12V	块	1	
光伏电池支架	—	套	1	防腐支架
数控逆变电源	500W/12V/220V	台	1	设计寿命 15 年
蓄电池	100Ah/DC12V	只	4	阀控，免维护（设计寿命 3～5 年）

10. 3×600W＋180W 风光互补发电系统配置方案

(1) 负载情况：彩电、冰箱、DVD、电脑、照明、卫星接收机、电风扇、电饭煲等。每天可用电量：9kWh。

(2) 使用环境资源情况：年平均风速 3.5m/s 左右，年日照时间 1950h 左右，考虑阴雨、无风天气 3 天连续供电。3×600W＋180W 风光互补发电系统配置方案见表 6-13。

表 6-13　　　　　　　3×600W＋180W 风光互补发电系统配置方案

配置	规格	单位	数量	备注
风力机	600W/DC12V	台	3	设计寿命 20 年
风光互补控制器	3×600W＋180W/DC12V	台	1	设计寿命 15 年
光伏电池	180W/DC12V	块	1	
光伏电池支架	—	套	1	防腐支架
数控逆变电源	1000W/12V/220V	台	1	设计寿命 15 年
蓄电池	100Ah/DC12V	只	6	阀控，免维护（设计寿命 3～5 年）

11. 5×600W＋2×150W 风光互补发电系统配置方案

(1) 负载情况：电脑 1 台，彩电 2 台，卫星接收机 1 台，DVD2 台，40W 照明灯泡 8～10 只，短时使用电饭煲，可以满足 8h 的正常用电。每天可用电量：15kWh。

(2) 使用环境资源情况：年平均风速 3.5m/s 左右，年日照时间 2000h 左右，考虑阴雨、无风天气 3 天连续供电。5×600W＋2×150W 风光互补发电系统配置方案见表 6-14。

表 6-14　　　　　　　5×600W＋2×150W 风光互补发电系统配置方案

配置	规格	单位	数量	备注
风力机	600W/DC12V	台	5	设计寿命 20 年
风光互补控制器	5×600W＋300W/DC12V	台	1	设计寿命 15 年
光伏电池	150W/DC12V	块	2	
光伏电池支架	—	套	2	防腐支架
数控逆变电源	2000W/12V/220V	台	1	设计寿命 15 年
蓄电池	100Ah/DC12V	只	10	阀控，免维护（设计寿命 3～5 年）

6.3　家庭风光互补发电系统的安装及调试

6.3.1　风力发电机选址

1. 地形和气象因素对风力发电机选址的影响

风力发电机安装地址的选择非常重要，性能很高的风力发电机，假如没有风，它也不会工作，而性能稍差一些的风力发电机，如果安装地址选择得好，也会使它充分发挥作用。风力发电机的选址条件包含着非常复杂的因素，原则上，在一年之中极强风及紊流少的地点应为最好的安装风力发电机的地点，但受用电负荷所处地理位置的限制，有时很难选出这样的地点。

风力发电机的装机地点对于发电量以及安全运行是非常重要的，一个好的装机地点应该具有两个基本的要求：较高的平均风速和较弱的紊流。选择安装场地对今后风力发电机安全经济运行十分重要，风力发电机的选址往往需要了解安装地点的气象数据，并经过实测，考虑其他综合因素，才能最终确定风力发电机的安装地点。

（1）地形影响。由于风力机的能量输出与风速三次方成正比，所以应因地制宜的选择风力机的安装地点。因为当风吹过地表时，气流会产生剪切和加速。剪切的作用会使地面上风速比高空的风速低得多，而不受剪切影响的高度比气象站测量高度（10m）要大得多。由于风的剪切受地形影响，因此有效风能也受地形影响。也就是说，建筑物、树及其他障碍物对风的剪切和有效风能有影响。当气流通过山丘或窄谷时，气流产生加速作用，利用这一特点，可以将风力机安装在这样的有利地形上以增加风力发电机的功率输出，有关地形对风的影响如图 6-5 和表 6-15 所示。

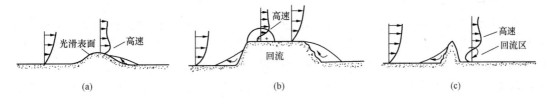

图 6-5　地形对风的影响

（a）回滑山丘（理想风场）；（b）具有陡壁的山丘（非理想风场）；（c）尖峰

表 6-15　　　　　　　　　　　　　　　地形对风的影响

风特性	对风力机影响
不稳定	功率不稳定，有时为零，要求蓄能或备用设备
风向稳定	输出最大功率，螺旋桨风轮总对准风
由于地表面的粗糙不平和地形变化引起的风空间分布不均匀（风剪切）	必须增加桁架塔高度，增加强度，以防阵风和大风产生的大载荷

风洞试验表明，对风力机之间的安装距离应有一定的要求，以免风力发电机的风轮之间产生干扰。试验证明，风力机之间的距离不应小于六个风轮直径。适合安装风力机地点的综合特性如下：

1）具有较高的平均风速。

2）在风力机来风的方向上没有高大建筑物（其距离与高度有关）。

3）在平地的光滑山顶或湖、海中的岛上。

4）开阔的平坦地，开阔的海岸线。

5）能产生烟筒效应的山谷。

（2）气象因素的影响。

1）紊流。所谓紊流是指气流速度的急剧变化，包括风向的变化。通常这两种因素混在一起出现。紊流也影响风力发电机功率的输出，同时使整个风力发电机组振动，严重影响风力发电机组的安全运行，甚至损坏风力发电机。小型紊流多数是因地面障碍物的影响而产生的，因此在安装风力发电机时，必须躲开这种地区。

2）极强风。海上风速可达 30m/s 以上，内陆的风速大于 20m/s 时称为极强风。风力发电机的安装地址应选择在风速大的地方，但在易出现极强风的地区使用风力发电机，要求风力发电机组具有足够的机械强度，因一旦遇有极强风，风力发电机便成为被袭击的对象。

3）结冰和粘雪。在山地和海陆交界处设置的风力发电机，容易结冰和粘雪。叶片一旦结了冰，其质量分布便会发生变化，同时翼形的改变，又会引起激烈的振动，甚至引起风力发电机损坏。

4）雷电。因为风力发电机在没有障碍物的平坦地区安装得较高，所以经常发生雷击事故，为此风力发电机应有完善的防雷装置。

5）盐雾损害。在距海岸线 10～15km 的地区安装风力发电机，必须采取防盐雾损害措施。因为盐雾能腐蚀风力机的叶片等金属部分，并且会破坏风力发电机内部的绝缘体。

6）尘砂。在尘砂多的地区，风力发电机叶片寿命明显缩短。其防护的方法通常是防止桨叶前缘的损伤，对前缘表面进行处理。可是尘砂有时也能侵入机械内部，使轴承和齿轮机构等机械零件受到损坏。在工厂区，空气中浮游着的有害气体，也会腐蚀风力发电机的金属部件。

2. 风力机安装地址选择原则

在进行风力发电机安装场址选择时，首先应该考虑当地的能源市场的供求状况、负荷的性质和每昼夜负荷的动态变化；在此基础上，再根据风资源的情况选择有利的场地，以获得尽可能多的发电量。另外，也应考虑到风力发电机运输、安装和维护等方面，以尽可能地降低风力发电成本。如果场地选择不合理，即使性能很好的风力发电机也不能很好地发电运行；相反，如果场地选择的合理，性能稍差的风力发电机也会很好地发电运行。因此，为了获得多的发电量，应该十分重视风力发电机安装场址的选择。

风力发电机场址选择的好坏，对风力发电机组预期输出能力能否达到起着关键的作用，此外，风力发电机场址直接关系到风力机的设计或风力机型的选择。风力发电机场址选择的技术原则如下：

1）由风能公式 $E=1/2\times\rho\times v^3\times A$ 可知，风能与空气密度、叶轮扫风面积成正比，与风速的立方成正比，此公式说明提高风速则风能增加很大，例如：风速提高一倍，风能就提高八倍。提高风速的途径有：一种途径是选择年平均风速比较大的场址安装风力发电机。另一种途径是使风力发电机风轮转子安装在尽可能高的安全高度和合理的位置。

2）风力发电机一般应安装在用电负载的附近，在风的主要来向上最好不要有建筑或树木等障碍物，如难以避免障碍物的话，可以适当增加风力发电机的架设高度。风力机应安装在使风能充分利用的地方，如在障碍物之上架设风力发电机，风力机的安装高度应使风轮的下缘至少高出障碍物的最高点 2m，风力机安装中心点 10H 之内，应没有人畜活动（H 为风力机高度）。常风方向场址的上风向 100m 以内无 8m 以上高的树木，在 30～35m 内无高度 3m 以上的房屋、高墙等障碍物。风力发电机离障碍物的距离要求，如图 6-6 所示。

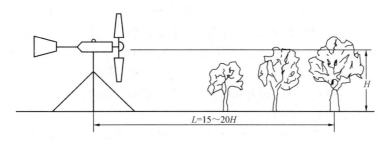

$L=15\sim20H$

图 6-6　风力发电机离障碍物的距离要求

3）选择地势相对平坦、盛行风向地势起伏少、盛行风向比较稳定、季节变化比较小、障碍物少的场址，以减少风场的湍流强度。风力机安装地址应具有较稳定的盛行风向，便于利用地形的有利影响。盛行风向是指出现频率最高的风向，在气象学上风向一般用 16 个方位表示。盛行风向为西南风（平均风速 11.7m/s）、南西南风（平均风 11.5m/s）和东北风（平均风速 5.9m/s）。我国是季风较强的国家，不同季节盛行风向还要变化。风力机安装地址的盛行风向应较稳定，便于考虑地形的有利影响。风向稳定不仅可以增大风能利用率，而且还可以提高风力机风轮的寿命。风速的年、月、日变化小，连续无有效风速时数少，场地风速变化小、有效风速持续时间长会降低风力发电系统对蓄能装置的要求，从而降低蓄电池投资。

风力发电机安装场地应该选风速稳定、风力流畅、年平均风速较高、有效风速时间长、地形平坦、周围没有高大建筑物（山包、建筑房屋、树木等）的地方。装机地点的气流不平稳、紊流严重，风力机受到的破坏力就大，不利于风力机长年安全运行；而且紊流还会大幅度减少发电量。安装风力机应避开紊流区，最好在上风向。树木及各类建筑物对气流形成障碍，气流在这些障碍的前方与后方均会形成一个很宽的滞缓而紊乱的气流区域，应该避免将风力机装在这个区域内。紊流区延伸长度与障碍物的跨度（宽度）有关，通常紊流长度可达障碍物高度的 20 倍，紊流区的高度为障碍物高度的 2 倍。

4）风力发电机的场址应选择在风能资源丰富区和较丰富区内的地形对气流无阻碍或有增速作用的地点，评价风能资源丰富与否的 3 个最主要的指标是年平均风速、年平均有效风能密度和年有效风速时数。这 3 个指标越大，当地的风能资源就越丰富。根据我国气候部门的有关规定，当某地域的年有效风速时数在 2000～4000h、年 6～20m/s 风速时数在 500～1500h，该地域即具备安装风力发电机的资源条件。

5）风力发电机安装地点的年平均风速越大越好，平均风速越高，风力机的发电功率和发电量就会越大。针对风力机的选址，往往是已经有了用电负载（工艺厂房和居民房屋），再选择场地安装风力机，在这种条件限制下选择风力机安装场地应注意以下几点：

a）确定当地的主风向，风力机应安装在主风向的上风头。例：内蒙古大部分地区盛行西北风，那么风力机应安装在房屋的西北方向，以减少房屋对风的遮挡作用。

b）同时要求在风力机的上风头尽量没有其他房屋或树木等障碍物。

c）尽量避免风的紊流影响，紊流将造成风力机输出功率减小并引起风力机振动，造成噪声和影响风力机使用寿命。为了避免紊流的影响，风力机应安装在相对开阔无遮挡地方，离开房屋一定距离。

d）在风力机风轮高度范围内的风速垂直切变要小，风速的垂直切变是指在高度方向各个层面的风速不同，这是由于地形和地面粗糙度引起的，垂直切变使风轮叶片受到分布不均匀的力作用，容易造成风轮损坏。应尽量避开气流速度频繁急剧变化的区域，防止整个风力机振动，损坏风力机。为了避免风速垂直切变对风轮的影响，应选择合适的风力机安装高度。在障碍物较多较近的地方，风力机必须安装在距房屋较近地点时，应考虑加高风力机的安装高度。

e) 风力机高度范围内风速、风向的变化要小。风力机如安装在风速、风向变化较大的地方，叶片将在不等速风中旋转，叶片受载不均匀，降低性能，缩短风力机使用寿命，有时还会使整个风力机振动，损坏风力机。因此在安装风力发电机时，必须躲开风速、风向变化较大的地区，实在不行可以提高塔架高度。

f) 风力发电机安装地尽量避开暴风、龙卷风、冰雹、雷暴和地震多发区，在易出现暴风、龙卷风的地区使用，风力发电机很容易被袭击损坏，因暴风、龙卷风对风力发电机的破坏力很大，要求风力发电机有很好的抗大风性能和牢固的基础。

6) 风力发电机安装地应尽量避开冰雪、盐雾严重的地域，风力发电机叶片结冰或着雪后，其质量分布和翼型会发生显著的变化，致使风轮和风力机产生振动，甚至发生破坏现象。气流中含有大量盐分，致使金属腐蚀，引起风力发电机内部绝缘破坏和塔架腐蚀。

7) 安装场地应比较平整，安装场地不应选择松软的沙地，容易受气候影响而发生改变的场地。如在山区安装的话，土层厚度应大于 1.5m。选择场址应有利于用户对风力机的观察，场址土质应坚硬，保证风力发电机固定可靠。受安装场地的限制，多台风力发电机排列时，应根据常年主风向的实际地形情况，因地制宜优化布置。

8) 为了充分利用当地的风力资源，风力发电机应安装在尽量高的地方，以得到较大的风速，使风力发电机四面临风，或立于小山包之上，或虽处凹地，但形如走廊或是屋顶之上，以使得总有较大的风力吹过风力机。

9) 风力机的塔架应尽可能的高，因为离地面越高，风速越大，气流更平稳。风力机安装的高度应使风轮高于障碍物高度＋风轮直径，如果在障碍物之后安装风力机，风力机在避开紊流区后尚需 2 倍于障碍物的高度。有的地方在盛行风向上，地形地物可能会形成类似山谷风形态的风，可以因地制宜的充分利用。在建筑物楼顶的中央安装风力发电机，为避开建筑物屏蔽形成的紊流，风力机风轮在高于障碍之后应再提升 2~3 倍风轮直径的高度，或在建筑边际的非紊流区安装。

10) 选择场地也要考虑从风力发电机到用电负载的距离，距离越短，不仅成本降低，所用传输电缆越短，因而传输过程中的耗能也越少，如果必须有较长的距离，则尽量选用大一级规格的标准电缆。对于小型风力发电机，风力发电机到蓄电池组的距离不大于 40m，如必须大于 40m，则应选择线芯截面更大的电缆。但风力发电机到蓄电池组的最大距离不超过 80m。

(1) 平坦地形的场址选择。如果在风向最多的上风侧没有障碍物，一般都可以认为这个地点为平坦地。在平坦地上安装风力发电机，应考虑以下两个条件：

1) 以设置地点为中心，在半径为 1km 的圆内，应没有障碍物。在平坦的地区，风力机的推荐安装高度不低于 6m。

2) 若有障碍物，风力机的高度应为障碍物最高处高度的三倍以上，此条件极为严格，但对小型风力发电机可以放宽些（例如也可以把半径定为 400m）。

(2) 山脊或山顶地形的场址选择。山脊和山顶有自然的高塔作用，并且气流随着靠近山脊，由于风洞效应，气流近似为流线而得到加速，能量也随之增大。风向和山脊构成的方向对风的加速有很大的影响，主风向和山脊构成的方向成直角的情况最理想。随地形的变化风的加速作用逐渐变小，风速通常在山脊的根部减到相当小，随着往山顶移动而逐渐增大，到山顶最大。因而，安装风力发电机时，如不是在山脊的中点以上，便不会得到增大风速的效果。

（3）建筑物上面或附近地形的场址选择。虽然人们都希望把风力发电机安装在平坦开阔地方，但在住宅附近、城市中心及其周围，有时需要把风力发电机安装在建筑物的上面。在这种情况下，必须了解建筑物对气流有什么影响，使风力发电机的输出功率发生什么变化。气流在建筑物的后面会形成小的紊流，而在建筑物的周围形成马蹄形的气流。在建筑物的上风侧设置风力发电机时，至少也要保持具有建筑物高度 2 倍的间距；在下风侧设置时，至少要离开建筑物高度 10 倍以上的间距；在建筑物上面设置时，风力发电机的高度必须是建筑物高度的 2 倍。塔架高度至少应比 200m 远处的最高障碍物高出 6m，如果必须紧挨障碍物设置风力发电机，塔架高度至少应为障碍物的 2 倍。

6.3.2　风力发电机基础施工

1. 地基要求

根据风力发电机组型号与容量自身特性，要求基础承载的载荷也各不相同，风力发电机基础均为现浇钢筋混凝土独立基础。根据风电场场址的工程地质条件和地基承载力以及基础荷载、尺寸大小不同，从结构的形式看，常用的可分为块状基础和框架式基础两种。

（1）块状基础，即实体重力式基础，应用广泛，对基础进行动力分析时，可以忽略基础的变形，并将基础作为刚性体来处理，而仅考虑地基的变形。按其结构剖面又可分为"凹"形和"凸"形两种；"凹"形基础整个为方形实体钢筋混凝土，"凸"形与"凹"相比，均属实体基础，区别在于扩展的底座盘上回填土也成了基础重力的一部分，这样可节省材料降低费用。

（2）框架式基础实为桩基群与平面板梁的组合体，从单个桩基持力特性看，又分为摩擦桩基和端承桩基两种；桩上的荷载由桩侧摩擦力和桩端阻力共同承受的为摩擦桩基础；桩上荷载主要由桩端阻力承受的则为端承桩基础。

根据基础与塔架（机身）的连接方式又可分为地脚螺栓式和法兰式两种类型基础。前者塔架用螺母与尼龙弹垫、平垫固定在地脚螺栓上，后者塔架法兰与基础段法兰用螺栓对接。地脚螺栓式又分为单排螺栓、双排螺栓、单排螺栓带上下法兰盘等。

风力发电机组的基础用于安装、支承风力发电机组，平衡风力发电机组在运行过程中所产生的各种载荷，以保证风力发电机组安全、稳定地运行。因此，在设计风力发电机组基础之前，必须对风力发电机组的安装现场进行工程地质勘察。充分了解、研究地基土层的成因及构造，它的物理力学性质等，从而对现场的工程地质条件作出正确的评价。这是进行风力发电机基础设计的先决条件。同时还必须注意到，由于风力发电机组的安装，将使地基中原有的应力状态发生变化，故还需应用力学的方法来研究载荷作用下地基的变形和强度问题。以使地基基础的设计满足以下两个基本条件：

（1）要求作用于地基上的载荷不超过地基容许的承载能力，以保证地基在防止整体破坏方面有足够的安全储备。

（2）控制基础的沉降，使其不超过地基容许的变形值。以保证风力发电机组不因地基的变形而损坏或影响机组的正常运行。

小型风力发电机的地基包括混凝土塔基、混凝土拉线地锚基础，地基的体积和尺寸应根据风力机功率和安装地点的土质条件确定。小型风力发电机支撑结构通常采用有拉索式塔管结构，因此，要求塔管座及拉索座应以混凝土或胶合岩石作为基础，在基础施工时按照防雷要求考虑避雷设施与其同步施工，150W～20kW 风力发电机的塔基、拉线地锚基础尺寸见表 6-16

及图 6-7。

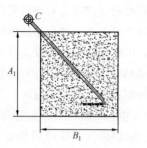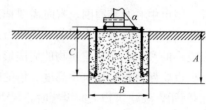

图 6-7　150W～20kW 风力发电机的塔基、地锚地基基础尺寸

表 6-16　　　　　　　　　　　　塔基、地锚地基基础尺寸

型号	150～300W	600W～2kW	3～5kW	10～20kW
地坑深度 A（m）	0.7	0.7	1.0	2.0
地坑直径 B（m）	0.7	0.7	1.0	2.0
底座地锚长度 C（m）	0.5	0.5	0.9	1.2

小型风力发电机的拉线型号以及安装尺寸见表 6-17。

表 6-17　　　　　　　　　　　　拉线型号以及安装尺寸

项目/型号	150～300W	600W～1kW	2kW	3kW	5kW	10kW	20kW
桁架塔高度 ac（m）	6	6	6	8	9	12	18
桁架塔顶端到拉线环的距离 cd（m）	1.3	1.5	2	2.5	3.0	4	6
底座地坑中心到拉线坑中心的距离 $M=ab$（m）	5	5	5	5.5	6	8	12
拉线尺寸	$\phi6mm×30m$	$\phi8mm×30m$	$\phi10mm×30m$	$\phi10mm×45m$	$\phi10mm×45m$	$\phi12mm×50m$	$\phi16mm×76m$
拉线地坑的直径 B_1（m）	0.7	0.7	0.7	1.0	1.0	1.5	2.0
拉线地坑的深度 A_1（m）	0.7	0.7	0.7	1.0	1.0	1.5	2.0
拉线地锚的尺寸（mm）	$\phi10×45$	$\phi12×50$	$\phi16×50$	$\phi20×80$	$\phi20×80$	$\phi20×125$	$\phi20×125$

注　四根拉线不得直接拉在拉线环上，防止造成倒机事故。

2. 基础开挖

开挖基础的要点有：

（1）在距离风力机使用地点附近，确定风力机基础坑及拉线地锚基础中心点，按照厂家提供的地基图的尺寸开挖基础。

（2）对于土质松软的地方，挖坑时应适当加大基础坑的尺寸。

（3）对于有岩石导致基础坑深度不够的地方，应预制基础坑。

3. 地脚螺栓、地锚布置

地脚螺栓、地锚布置的要点有：浇注混凝土前将地脚螺栓、地锚等除锈后置于基础坑中，把 4 根地锚用螺丝固定在底座上，把装好的底座平置坑内，销轴孔连线要对准两个拉索地基，两个边地锚的连线要和地脚上两个销孔的连线平行。底座有两个螺纹孔的一边朝向另一拉索地基，底脚螺栓应高于底座上平面，用油布纸保护好地脚螺栓，并将预埋出线管放置于基础坑内，应保证出线管两端不堵塞。

4. 基础浇制

基础浇制要点是：

（1）浇注中应保证地脚螺栓、地锚处于正确的位置，浇注后地脚螺栓、地锚应位置准确、牢固。浇灌拉索地基时，地锚高度和塔架底座高度必须一致。这样才能保证固定钢索间的拉力平衡，易于调整。否则在竖立塔架时，可能使固定钢索的拉力太紧或太松，导致塔架弯曲甚至倒塌。

（2）浇注基础使用的水泥标号不得低于安装使用说明书中要求的标号，水泥、碎石和沙子的配合比应符合安装使用说明书的要求。在冬季施工，基础表面应加覆盖物保温。中心底座放入的四根地脚螺栓应与底座孔相一致，用螺栓将底座固定在事先浇好的水泥座上，如图 6-8 所示。

（3）拉索式塔架的底座基础应处于同一水平面上。

（4）环形地锚向着底座 $60°\sim80°$ 放置，检查地锚的环勾与底座中心的距离，各地锚应基本水平。

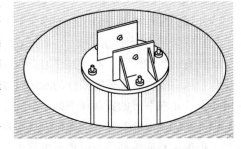

图 6-8　底座安装示意图

5. 基础的养护

基础的养护要点是：基础浇注 12h 后开始淋水养护（炎热和干燥有风天气为 3h），养护时应在基础表面加覆盖物，淋水次数以保持基础表面湿润为好，基础养护时间为 5 天。在寒冷天气情况下，应更长一些；在炎热天气时，混凝土应盖上防水油布，以防干燥，经常保持混凝土潮湿，以使基础能合理养护。

6.3.3　风力发电设备安装

风力发电机的安装是项细致、认真严谨的工作，故在安装时须遵守有关安全操作规程，竖立风力发电机的工作只能在风速不超过 8m/s（四级风）的情况下进行。百瓦级风力发电机多采用拉索式钢管塔架，安装一般包括：立柱拉索式支架的安装、回转体的安装、尾翼和手刹车的安装、机头的安装、竖立风力发电机、电器连接等内容。

1. 安装准备

（1）安装前应按风力发电机的装箱清单逐一进行清点验收，清点验收合格后可进行下步工作。

（2）安装前仔细阅读风力发电机使用说明书，熟悉图纸，掌握有关安装尺寸和全部技术要求。

（3）在组织风力发电机组安装工作时，应聘请生产厂方技术人员或有关技术人员予以指导，必要时成立安装小组，一切安装、施工活动，由安装组长统一指挥。

（4）百瓦级风力机因结构小巧，质量也轻，一般 3～5 人便能竖起。千瓦级风力机因结构质量较大，安装时一般需用吊车吊装。

（5）安装时应严格按照使用说明书的要求和程序进行。

（6）安装完后要组织验收，经全面检查，认为符合安装要求和标准后，才能进行试运转，在达到相关技术要求时，才能投入使用。

（7）安装前按使用说明书的要求准备安装器材和必要的工具，如 5～6 根杉木、30m 卷尺用于勘测地基或测量设备、长 1m 直径 3cm 的固体金属棒或管子、铁铲或者其他挖土工具、成套盒装扳手、30cm 活扳手、套筒扳手、黄蜡管、绝缘胶带、万用表、螺钉旋具、线钳、导线若干。

（8）准备好 3 套拉索杆、地锚和立杆地脚螺栓，还应准备好一段直径 20～25mm、长约1500mm 的"L"型 PVC 绝缘套管，以及适量的水泥、砂子、石子等，按水 0.5：水泥 1：砂1.4：石子 3.2 的配合比配制足够数量的 C25 混凝土。

2. 安装工作技术规程

为使风力发电机的安装工作安全地顺利进行，在安装中应遵守以下技术规程。

（1）安装塔架所使用的杉木，质地要结实。绳索的强度要符合要求，安全系数一定要大，其长度要有适当的余量。起吊操作时要规定信号，做到统一指挥。

（2）风力发电机主要零部件的安装（如起吊零部件等）要听从统一指挥，操作人员不准站在塔架下或正在举升的零部件下面，以防意外。

（3）在塔架顶部安装时，操作人员必须系好安全带或加装其他保护装置。另外，不许手中或身上携带工具或零部件，以免不慎落下打伤人或造成部件损坏，塔架上部安装人员所使用的工具和零件，应统一用绳索吊上。

（4）安装风力发电机的工作，只能在风速不超过 4m/s（三级风）的情况下进行，以保证安装过程人和设备的安全。

（5）用绞盘起吊时，应一圈挨一圈地均匀地盘绕，否则外圈绳索容易从内圈滑下，致使吊件突然下落。起重绳绕在绕盘上时，也不要使绳做纵向扭曲，因为绳子扭曲后，一是通过滑轮时不容易通过，二是会降低其抗拉强度。

（6）安装风轮时，必须事先用绳索将风轮叶片牢固地绑在塔身上，以免风轮被风吹动旋转而碰伤安装操作人员。

（7）功率为 100W 和 200W 的风力发电机只将风力机底座放在中心位置上，并用两个铁钎将底座钉牢即可。功率为 300W 和 750W 的风力发电机底座的安装必须开挖地基并浇灌混凝土，底座螺栓应高于底座上平面 30～35mm，螺扣要予以保护。

3. 塔基施工

FD1.1-300 风力发电机按图 6-9 所示的塔基、拉索基础布置图开挖塔基的地基坑，在场地中央挖掘长 80cm×宽 60cm×深 80cm 的塔架基础坑，如果地基为软松沙层，深挖 0.6m，底层铺上 40cm 厚的黏土层并踏实，然后铺上 20cm 厚的混凝土。

由于风力发电机的电缆是从塔架的最下端引出，因此在挖塔架基础坑时，还应该挖一条从塔架地基坑到放蓄电池组房间的地沟，地沟宽 200mm，深度可根据具体情况自行确定，但至少应在 300mm 深以上。将塔架底座穿上四根地脚螺丝，分别旋上 M16 螺母（旋至螺栓端部露出约 15mm），底板高于地面 40～50mm 的位置上摆平底座。将准备好的"L"型 PVC 绝缘套

管的两端用布堵好，防止混凝土和泥土进入，
之后将套管放入地基坑和地沟中并固定好，使
套管垂直的一端处于地基坑的中心并高出地面
约 10mm。使塔架座底盘中心上的孔对准 PVC
套管。将制好的混凝土倒入塔架座地基坑中，
使混凝土表面与地沟基本平起，并抹平混凝土。
按混凝土养护要求进行养护，混凝土完全硬化
后，再用泥土填平地坑并夯实。

4. 拉索地基施工

四根拉索的方位确定方法是通过塔架底座
中心用米尺打好十字交叉标线，三根拉索的方
位确定方法是通过塔架底座中心划出一条基准
线，然后找出互成 120°角的另外两条线，每条

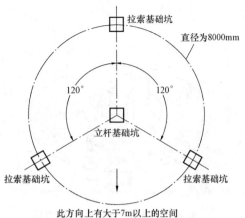

图 6-9　风力发电机塔基、拉索基础布置图

线从中心量出 3.5～4m 的距离，即是拉索地锚位置。FD1.1-300 风力发电机按上图 6-9 所示的
塔基、拉索基础布置图，以 450cm 为半径，以 120°均分三点 A、B、C、挖深度 600mm×
600mm×1000mm 的拉索基础坑。挖 3 个拉索基础坑时，应注意保证在其中 2 个拉索基础坑中
间、逆向塔架基础坑的方向上至少有 7m 以上的空间，以保证以后安装架设能够顺利进行。

拉索基础坑挖好后，将拉索杆和地锚放入基础坑的中央，拉索环向上、弯钩向下，并将两
个地锚呈 90°放在拉索杆弯钩中。先向拉索基础坑底部投放碎石一层，然后浇灌混凝土，投放
石块（重约 2～5kg），再浇灌混凝土，这时应注意保证拉索杆上端高出地面约 70mm。扶正拉
索杆，浇注混凝土的数量以混凝土表面比地面低 200～300mm 为宜。最后将链节倾向场地中央
并与水平面成 45°夹角。按混凝土养护要求进行养护，待混凝土完全硬化后，再用泥土填平地
坑并夯实。

5. 塔架组装

考虑到便于运输，风力发电机塔架制造时一般都设置为二或三节（根据风力发电机安装高
度不同）。其连接方法一种是 45°角插接，另一种是法兰盘对接。安装时打开包装箱，如为 45°
角的插接塔架，将插头处涂上防腐油，逐个插好，如是法兰盘对接塔架，将每组塔架的法兰盘
对准上好螺栓，放好弹簧垫拧紧即可。依次连接塔架各节段，组装好放置在支架上。

6. 竖起塔架前准备工作

（1）用直径 2～3mm 的钢丝将电缆从塔架底部引进管内，拉至顶端外露 200～500mm，
将电缆线固定在上塔架内部的固定螺栓上，以防止电缆线下坠造成断路。同时把电缆线下端的
三个接头拧在一起，并将连接电缆从地沟中的 PVC 绝缘套管中穿入，从塔架座的孔中穿出
约 8m。

（2）把塔架底座调整成水平，在地脚螺栓上放置垫圈，拧紧螺母。

（3）将组装好的塔架倒伏在一个高约 1.8m 的简易支架上，与地面成 10°角。塔架下端上
部圆孔与底座上部第一个圆孔以 M18 螺栓固定住。

（4）然后将安装好的塔架下部顺着底座的方向放入底座的两个连接耳内，并用销轴将塔架
与底座连接好，销轴两端上好开口销。如图 6-10 所示，适当拧紧连接螺母。

（5）若为三根拉索，将三条拉索分别用钢丝绳卡固定在塔架上端拉线环内（拉线绕塔架一
圈，不得直接套在拉线环上，以防造成倒机事故）。分三个方向理顺钢丝拉绳，若为四根拉索，

图 6-10 塔架与底座安装示意图

把四条钢索的一头穿进塔架上端的拉索孔并用夹具锁死。除了对应最远一个地锚的钢索外其他三条钢索的另一头连接地锚但无须锁死，待风力机塔架竖起后调节拉力。把固定钢索中的最后一根"拉起"钢索连接到一根至少 16m 长的拉索（粗绳/链索或钢索）上，拉索一头连着绞车或拖拉机。将此"拉起"钢索和拉索穿过 2×4 或 2×5 的梯子的一头，这梯子起辅助吊杆的作用。

（6）拉索长度确定。准确测量地坑中的拉索杆到塔架座底距离，并按下面的公式确定拉索的长度，该长度就是塔架上的拉索环到地坑中拉索杆的距离

$$L_1 = \sqrt{23 + L_A^2} \tag{6-1}$$

$$L_2 = \sqrt{11 + L_A^2} \tag{6-2}$$

式中：L_1 为长拉索长度，m；L_2 为短拉索长度，m；L_A 为拉索杆到塔架座的距离。

先将拉索的螺旋扣的两个螺杆都旋出到最大程度并在地面上拉直，按计算的结果，确定好拉索长度，将拉索较长的一段钢丝绳通过绳夹分别连接到塔架的拉索环上并上紧绳夹，注意长拉索连接到塔架的上拉索环上、短拉索连接到塔架的下拉索环上，然后将与拉索杆地坑相对应的 2 根长拉索和 2 根短拉索的较短的一段钢丝绳通过绳夹分别连接到地坑中的拉索杆上并上紧绳夹。为了更安全，在用扎头夹具锁死钢丝绳前，把钢丝绳在塔架上缠绕一圈，每条钢丝绳均用两个扎头固定，且钢丝绳的末端留有 10～20cm 的余量。四根拉线不得直接拉在拉线环上，防止造成倒机事故。

（7）把从发电机回转体引出的 3 线头连接到电缆线的三根线头上，并将发电机输出线短路连接。将发电机连同回转体移到塔架顶端与上塔架插接，紧固螺栓。

7. 回转体的安装

有的风力发电机的回转体与发电机在出厂时已装配好，可直接和塔架连接。风力发电机如果是分体回转体，分为带有外滑环和手刹车型回转体和不带外滑环和手刹车型回转体两类。其具体安装步骤分布如下：

（1）带有外滑环和手刹车型回转体的安装。

1）将塔架上端的光轴位置涂上黄油脂，并将压力轴承放在顶端轴承座内涂好油。

2）将外滑环套接在回转体长套的下端止口处，并用螺钉固定好，然后将上好外滑环的回转体的长套从下口套入上塔架的光轴上，套接时同时将刹车钢丝绳也穿入回转体长套里，并从上端中心孔取出固定好。此时注意压力轴承的位置，保证使压力轴承在塔架的上端轴承座与回转体上端轴承盖上的轴承座相吻合，使压力轴承压接在两轴承座中间并运转自如。

3）手刹车的安装。手刹车下部绞轮应在安装塔架拉索式支架时安装，在安装手刹车上部时，首先将刹车绳从回转体上端引出。如 FD2-100 机型在回转体上平面用压夹固定一个较长的弯形弹簧运动轨道，弹簧轨道固定好后，再将手刹车钢丝绳从弹簧里穿过去与尾翼杆上的连接螺丝钉相连接。FD2.1-0.2/8 机型在回转体出口处和上平面右边角处安装二组瓷套作为钢丝绳

的运动轨道，然后再将手刹车钢丝绳从瓷套里穿过去与尾翼杆上的连接螺钉相连接。另外，小型风力机刹车机构还有一种为抱闸摩擦式刹车，如 FD1.5-100 机型为此种刹车，安装时主要是保证刹车带与刹车毂的间隙，并在竖机后对间隙进行检查，以保证刹车动作灵活。

（2）不带外滑环和手刹车型回转体的安装。

1）在安装不带外滑环和手刹车型回转体时，首先将塔架上端的光轴位置涂上黄油脂，并将压力轴承放在顶端轴承座内涂好油。

2）将输电线（防水胶线）穿入回转体中心孔（导线穿孔），然后把回转体套在上塔架的光轴上。根据机型不同，有的回转体上装有限位螺丝或限位弯板，其作用是防止回转体在塔架上窜动。安装时应注意的是不要把限位螺钉拧紧，应保证在限位的同时，能够在塔架光轴上灵活转动，有碳刷的还要把碳刷按好。

8. 风力发电机安装

发电机在出厂时已经是装配好的整体，安装时只需把发电机放在回转体上平面上，对准四个螺栓孔上好螺栓加弹簧垫圈拧紧，再将风力机的连接轴插入到塔架中，并将连接轴上螺纹孔对准塔架的连接孔，然后上紧 2 个连接螺栓。将发电机回转法兰与塔架法兰用螺栓固定。安装时应将风力发电机的轴朝上，以便安装风叶。并把发电机引出线插头与外滑环引出接线插座对接牢固，外滑环出线与输电线（防水胶线）插接好。如没有外滑环的机型须将发电机的引出线与输电线（防水胶线）连接好。抬起风力发电机，同时从塔架座处逐渐拉出连接电缆，将发电机电缆及风向仪电缆穿进塔架，并从下节靠近地脚处的出线孔处引出。

9. 风轮的安装

（1）小型风力发电机风轮安装。小型风力发电机风轮一般分为定桨距风轮和变桨距风轮两类，其安装方法分别如下：

1）定桨距风轮的安装。如果风轮为两片分开的叶片，安装时只把两叶片桨杆轴部插入轮毂上的安装孔中，对准键槽孔，放好弹簧垫，拧紧螺母即可，如 FD1.5-100 型风力机。但要注意两片分开的叶片出厂时都是选配好的，安装时不可与其他风叶混淆，以防破坏风轮平衡和迎风角。

小型风力发电机风轮有出厂即安装好的总成件，安装时只需把风轮轴孔套在发电机轴上，然后放好弹簧垫，拧紧螺母即可。一般的发电机轴都带有 1∶10 锥度，所以不会装错，最后安装迎风帽。

如果是三叶片风轮，风轮出厂时，叶片和前、后夹片为散件包装，三个叶片都是选配好的，每个叶片根部（柄部）有三个螺栓孔，安装时只需与前后夹板相应的三孔对准螺栓并放好弹簧垫拧紧。风轮夹板（轮毂）设有 1，10 的锥套，套在发电机轴上，放好弹簧垫，用螺母拧紧即可。

2）变桨距风轮。目前使用的变桨距风轮出厂时均为装配好的整体，在安装时不要拆卸，只需把风轮的锥形轴套套在发电机轴上，上好弹簧垫，拧紧螺母即可。安装变桨距风轮时应检查叶片是否有卡滞现象，方法是分别扭动两只叶片，如果叶片活动平稳即符合要求。

（2）中型风力发电机风轮安装。

1）从包装箱内依次取出风叶、尾翼连杆、连接螺栓、前罩和尾翼。

2）在发电机的风叶安装槽内安装风叶并上紧固定螺丝，这时一定注意风叶的方向，应使风叶的凹面朝前，切不可装错。安装时先将风叶斜着插入到安装槽内，用橡皮锤适当敲击风叶的端部，使风叶逐渐进入到安装槽内，然后检查连接孔是否对正，再从前、后将 4 个固定螺丝上紧。按同样的方法将所有风叶安装好并上紧固定螺丝。盖上风叶连接片（300W 风力机没有连接片），拧上螺栓。

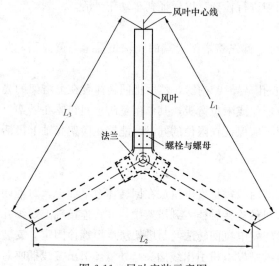

图 6-11　风叶安装示意图

在安装风叶时要注意风叶平衡，首先不要把螺栓拧得过紧，待全部拧上后调整两两叶尖距离相等，如图 6-11 所示。保证 $L_1=L_2=L_3$（允许误差为±5mm）。拧紧风叶螺栓时使用力矩扳手，并达到规定力矩（200、300W：15Nm±1；500W、1kW、2kW：30Nm±1；3、5、10、20kW：50Nm±1）。如果在安装风叶时没有做到以上两点，将有可能导致风叶或法兰损坏。

调整各叶间距离相等后按图 6-12 所示数字顺序拧紧风叶法兰螺栓，盖上导流罩。将发电机（3kW 及 3kW 以上风力机）上面的航空插头插进风向仪下面的插座内，安装风向仪时要注意风向仪的安装方向，必须将五个孔全部对上。

将风轮总成（组装风轮时，要特别注意风轮的转动方向，要用规定的扭矩距将叶片固定到轮毂上）安装到发电机轴上，并牢牢将其固定。

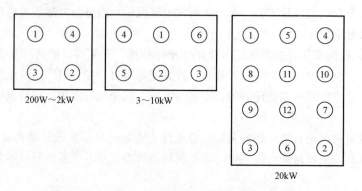

图 6-12　风叶法兰螺栓拧紧顺序

3）将尾翼连杆插入尾翼上的安装孔内并对准连接孔，然后紧固连接螺栓、螺母。将尾翼连杆的另一端插入风力机的连接孔内，并对准连接孔，此时应注意应使尾翼上有圆孔的部位向下，然后紧固连接螺栓、螺母等。

4）把尾翼板安装到尾翼杆上（一般大头在后），使尾翼板和尾翼杆作为一个整体连接在一起的，安装时应检查尾翼板与尾翼杆各连接部位的螺丝钉是否紧固。检查好后，将尾翼杆前端长轴套放入回转体尾翼连接耳内，对准销孔并插入尾翼销轴，销轴下部穿好开口销，使其转动灵活。

风力发电机各部件（桁架塔、风轮、发电机、尾翼等）安装完毕后，在竖立风力机前，应做一次认真的检查：检查各固定部位螺栓、螺母是否拧紧、转动部位是否灵活、刹车杆件和各连接部位是否可靠，输电线（防水胶线）是否连接可靠。

10. 竖起塔架和风力发电机方法及步骤

(1) 使用人力竖起塔架和风力发电机。

1) 竖起功率为 100、200W 的风力发电机（四根拉索），只要两人拉牵引绳（四根拉索的其中一根），另外两个人在塔架下部用双手举塔架，这样四人共同协作，便能很顺利地将风力机立起。

2) 竖起功率为 300、750W 的风力发电机（三根拉索），首先将三根拉索上部与风力机上塔架连接好，再将两根拉索的下部与地锚连接固定，另一根拉索作牵引绳，牵引时可用人拉（小型机可由两人拉线两人扶杆就可立起，稍大机型可有 4～5 个人拉线，4～5 个人扶杆）也可用绞车或小型拖拉机拉起，然后再用 4～5 人支撑塔架。边牵引边扶立，直至立起为止。

在用绞车或小型拖拉机拉起风力发电机塔架时，牵引拉索随着开动的绞车或小型拖拉机前行，塔架即逐渐竖起。塔架每升起 15°，要停下观察左右两边固定钢索的张力情况，避免出现不平衡的情况。

继续开动的绞车或小型拖拉机往前拉动牵引拉索，直到塔架完全竖直，把牵引拉索连接到拉索杆上并固定。检查调整各个固定钢索的张力，太紧会使塔架弯曲，太松会使塔架前后左右晃动。应通过旋转花兰螺栓松紧钢索，张力略微松弛的钢索要比过紧的安全。

3) 从地沟处的 PVC 绝缘套管处适当拉紧连接电缆，使电缆在塔架和塔架座的连接部位没有多余的部分，然后在地沟中的电缆埋好，填平地沟并夯实。

(2) 使用吊车竖起塔架和风力发电机（3 长 3 短 6 根拉索）。

1) 将吊车开到合适的起吊位置，将起吊绳索绑在的风力发电机和塔架的连接处，同时在起吊绳索上应连上当风力发电机竖起后可以将起吊绳索卸下的细绳。

2) 缓慢的开动吊车起吊，随着风力发电机吊起，将吊车的吊臂逐渐向塔架座上端摆动，尽量保证在起吊过程中，吊车的钢丝绳始终垂直。当塔架处于垂直位置时，将 3 根长拉索和 3 根短拉索连接到拉索杆上并上紧绳夹。旋紧 6 根拉索的螺旋扣，使拉索都拉紧，同时适当放松吊车钢丝绳。上紧塔架座和塔架的固定螺母。松开吊车的吊钩，卸下起吊绳索。

3) 从地沟处的 PVC 绝缘套管处适当拉紧连接电缆，使电缆在塔架和塔架座的连接部位没有多余的部分，然后在地沟中的电缆埋好，填平地沟并夯实。

(3) 通过辅助支撑架来竖起塔架和风力发电机（3 根拉索）。

1) 在塔架座的上方利用 2 根 5.5m 长、1 根 3m 长的建筑上使用的脚手架钢管和扣件搭建一个人字形的辅助支撑架，2 根长钢管之间呈约 60°，将 1 根承载能力大于 100kg 的起吊绳索的一端打活结系在塔架的端部，并留出足够的长度以便以后可以将绳索卸下，将绳索由此向后7.5m 处牢固固定在支撑架的交叉处，然后在地面合适的位置上挖两个深约 300mm 的坑，用人力将支撑架垂直立在坑中。首先将三根拉索上部与风力机上塔架连接好，再将两根拉索的下部与地锚连接固定，之后利用人力拉起风力发电机，拉起时应有人适当拉紧已经连接好的 2 根拉索，防止塔架左右摇摆。

2) 当塔架处于垂直位置时，将另外一根长拉索和一根短拉索连接到拉索杆上并上紧绳夹。旋紧 6 根拉索的螺旋扣，使全部拉索都拉紧，同时适当放松拉起绳索，上紧塔架座和塔架的固定螺母。

3) 从地沟处的 PVC 绝缘套管处适当拉紧连接电缆，使电缆在塔架和塔架座的连接部位没有多余的部分，然后在地沟中的电缆埋好，填平地沟并夯实。

4) 解开拉起绳索、拆除支撑架。

（4）使用升降平台架设塔架和风力发电机。

1）在有升降平台或安装场地大小受限时，也可利用升降平台安装塔架和风力发电机。升降平台的举升高度应大于 5m，允许的载荷应大于 250kg。

2）采用升降平台架设塔架和风力发电机，可以不在地面上装配塔架和风力发电机，而从塔架座开始逐段垂直安装各个塔架和套管，并在塔架的最上端安装风力发电机，装配过程与前述在地面上的装配过程相同。

在使用以上方法竖起风力发电机时需要注意以下几点：

1）竖起风力发电机前，应先将风力发电机输出线短路，以避免风叶转动。

2）竖起风力发电机的过程中，塔架和风力发电机的下方及周围严禁站人。

3）竖起风力发电机并将拉索拉紧后，应用吊锤法、至少从 3 个不同的方向检验塔架是否处于垂直状态，并通过调整拉索保证塔架处于垂直，否则可能会影响风力发电机的使用效果。

6.3.4　太阳能电池组件安装

1. 太阳能电池检测

为了判断电池组件是否正常工作，在安装前应对太阳能电池进行检测，测量时安装人员必须比对太阳能电池厂家的技术手册。开路电压的测量必须在太阳能电池组件被日光照热前进行，因为太阳能电池组件的输出电压会随着温度的上升而下降。短路电流的测量直接受日照强度的影响，除非能够准确的测量日照强度，否则只能对太阳能电池组件的输出电流特性做一个大约估计。测量时使太阳能电池组件平面垂直正对阳光，大部分太阳能电池组件的现场测量结果，与产品说明书给出的数据差别在 5%～10%，最好在正午日照最强的条件下测量电池组件。

2. 安装方式

（1）托架安装方式。可以用一个简单的托架装置安装一个单独的太阳能电池方阵，将两根角形电镀钢托架用螺钉固定在建筑的外墙或房顶，另一对与之配合的托架接在太阳能电池组件框架的端部，将这两套托架连接起来，就构成一个简单、耐用而且价格便宜的用于安装太阳能电池方阵的托架装置。托架装置可做成可旋转的，以便随季节变化而调整倾角，从而优化光伏系统的性能。

（2）立柱安装方式。使用一个直接固定在地上的垂直立柱安装太阳能电池方阵，一般来说，5～7cm 直径的钢管很适合作为这种支撑结构的材料。采用这种安装方法，也可以按季节调整倾角，以优化光伏发电系统的性能。

（3）地面安装方式。在地面安装太阳能电池方阵时，应预先在地面制作好基座，然后将金属框架固定在基座上，最后将太阳能电池方阵安装在框架上。安装用的框架通常包括两个平行的槽状梁。用螺钉将横向支撑铝型材固定在槽状梁上，横向支撑铝型材强度要高，以防被风吹坏。将太阳能电池方阵的铝制框架用螺钉固定在上下横向支撑铝型材上（应以预先测算的倾角固定）。也可以购买或制作可调整倾角的支架装置，以便按季节调整电池板倾角。由于混凝土中的石灰成分会腐蚀铝制材料，直接安装在混凝土基座上的金属框架应使用镀锌钢材。此外，螺钉、螺母及垫圈都应该由不锈钢材料制成，以防腐蚀。在最终选定太阳能电池方阵安装位置前，需详细评估当地的气候状况和土壤的承压能力。地面安装方式需要足够强度的基座，以避免因承压过大而造成损坏。基座同时要能经受住风吹造成的切向（横向移动）作用力。参考当地建筑标准可以为确定基座要求提供依据，在安装前，要确保上述支撑构件满足这些标准。

（4）屋顶安装方式。在屋顶安装太阳能电池方阵，有四种常用方法：支架安装、独立安装、直接安装、一体化安装。

a）支架安装。在支架安装方式中，太阳能电池方阵用一个金属框架支撑，并呈现一个预先设定好的倾角。用支架安装的太阳能电池方阵，通过用螺钉将支架固定在屋顶上。这种安装方法会增加屋顶承重及风应力等问题。但是，由于气流通路完全环绕太阳能电池方阵周围，太阳能电池方阵可保持相对较低工作温度，从而提高了效率。有些支架安装方式可以按季节调节倾角，以提高光伏发电系统效率。

b）独立安装。独立安装方式是将太阳能电池方阵直接安装在屋顶上的框架上，这个框架平行于屋顶的倾角，并且离屋顶 10～20cm 高。支撑横杆固定在独立的框架上，太阳能电池方阵固定在这些横杆上。独立安装方式的优点是为太阳能电池方阵提供了空气自由流动的通路，独立安装方式的缺点是维护太阳能电池方阵和更换屋顶材料都比较困难。

c）直接安装。直接安装是指将太阳能电池组件直接安装在普通屋顶的覆盖物上，因此不需支撑框架和横杆。太阳能电池方阵必须保持屋顶覆盖物密封的完整性，因此要经常使用合适的密封剂密封屋顶。直接安装系统的空气流不能在太阳能电池方阵周围流动，这就导致了在这种安装方式中的太阳能电池方阵工作温度比其他安装方式大约高 20℃。由于不能完全观察到太阳能电池方阵的电气连接情况，这给检查和维护都带来困难。

d）一体化安装。一体化安装方式是将太阳能电池方阵直接安装在屋顶的椽子上，并用太阳能电池方阵取代了常规的屋顶覆盖物。太阳能电池方阵使用釉面丁基合成橡胶或装有金属板条的衬垫材料密封。这种安装方式适合于屋顶朝向和倾角都被日光照射的场合使用。这种安装方式很容易通风，因此可以保证太阳能电池方阵运行在效率较高的工作温度下。由于太阳能电池方阵连接线路都暴露在阁楼中，这样很容易检查和维修线路。

3. 太阳能电池方阵支架

太阳能电池方阵支架用于支撑太阳能电池组件，太阳能电池方阵的结构设计要保证太阳能电池组件与支架的连接牢固可靠，并能很方便地更换太阳能电池组件。太阳能电池方阵及支架必须能够抵抗 120km/h 的风力而不被损坏。

在安装太阳能电池方阵支架时，其倾角（可调节的或是固定的）应使太阳能电池方阵在设计月份中（即平均日辐射量最差的月份）能够获得最大的发电量。所有方阵的紧固件必须有足够的强度，以便将太阳能电池组件可靠地固定在支架上。太阳能电池方阵可以安装在屋顶上，但支架必须与建筑物的主体结构相连接，而不能连接在屋顶材料上。对于地面安装的太阳能电池方阵，太阳能电池组件与地面之间的最小间距要在 0.3m 以上。立柱的底部必须牢固地连接在基础上，以便能够承受太阳能电池方阵的质量并能承受设计风速。

在太阳能光伏发电系统的结构设计中，一个需要非常重视的问题就是抗风设计。依据太阳能电池组件厂家的技术参数资料，太阳能电池组件可以承受的迎风压强为 2700Pa。若抗风系数选定为 27m/s（相当于十级台风），根据非黏性流体力学，太阳能电池组件承受的风压只有 365Pa。所以，组件本身是完全可以承受 27m/s 的风速而不至于损坏。所以，设计中关键要考虑的是太阳能电池方阵支架设计、基础设计和支架与基础的连接设计。太阳能电池方阵支架与基础的连接设计应使用螺栓固定连接方式。

太阳能电池方阵支架要经得住风雪等环境应力，安装孔要保证安装调整方便，并要承受一定的机械应力，使用正确的安装结构材料可以使得组件框架、安装结构和材料的腐蚀减至最小。

太阳能电池方阵若安装在风力发电机的塔架上，应将太阳能电池方阵支架与塔架可靠连接，太阳能电池方阵支架应安装在离风力机叶片 30cm 以上位置，太阳能电池方阵与太阳能电池支架用螺栓固定。在吊装塔架前应对太阳能电池方阵输出端电压进行测试，并对连接线路进行检查。

4. 太阳能电池方阵安装注意事项

仔细选择太阳能电池方阵的位置，是完成光伏系统安装工作的第一步。电气设备应避免在室外不必要的暴晒，安装电气设备时应考虑到可以便捷地进行系统维护。太阳能电池方阵应尽可能的接近蓄电池和电能调节设备，以尽量缩短线路距离，以减少线路损耗。

太阳能电池方阵价格贵、质量轻、体积小，容易被偷窃。为此，可以安装保护装置，以提高太阳能电池方阵的安全性。使用特殊的螺钉安装面板，可以防止它被迅速的拆除。在通往固定支撑架的通道安装防盗门，可以提高安全性。

应给太阳能电池组件的支撑框架提供一种简单、结实、耐用的安装结构，制造安装太阳能电池方阵支架的材料，要能够耐受风吹雨淋的侵蚀及各种腐蚀。电镀铝型材、电镀钢材以及不锈钢都是理想的选择。太阳能电池方阵支架质量要轻，以便于运输和安装。在许多光伏系统的安装中，木质支架和框架得到很成功应用。但是，木质材料需要更多的维护，因此一般不推荐使用木材作为太阳能电池方阵支架的安装材料。

6.3.5　蓄电池和控制器及逆变器安装

1. 蓄电池安装

（1）验收。

1）蓄电池到货后应及时进行外观检查，因外观缺损往往会影响产品的内在质量。

2）根据蓄电池的出厂时间，确定是否需要进行补充电，并做端电压检查和容量测试、内阻测试。如果蓄电池到货后只是外观检查一下，不根据蓄电池的出厂时间进行补充电便储存，在常温下储存时间超过 6 个月（温度＞33℃为 3 个月），蓄电池的技术性能指标肯定降低，甚至不能使用。

（2）安装。蓄电池安装工作的质量直接影响蓄电池运行的可靠性，因此必须对安装人员进行培训或由经过培训的人员来完成蓄电池的安装工作。

蓄电池在搬运时，勿提拉极柱以免损伤蓄电池。蓄电池极柱密封处若发生泄漏，将导致蓄电池连接器发生腐蚀，并直接影响蓄电池的使用寿命。在安装蓄电池间连接器前，必须将蓄电池单体排列整齐，不能使用任何润滑剂或接触其他化学物品，以免侵蚀蓄电池壳体，造成外壳破裂和电解液泄露。蓄电池的安装技术条件如下：

1）蓄电池安装前应检查蓄电池的外壳，确保没有物理损坏。对于有润状的可疑点可用万用表一端连接蓄电池端柱，另一端接湿润处，如果电压为 0V，说明外壳未破损，如果电压大于 0V，说明该处存在酸液，要进一步仔细检查。

2）蓄电池应尽可能安装在清洁、阴凉、通风、干燥的地方并避免受到阳光直射。远离加热器或其他辐射热源。在具体安装中应当根据蓄电池的极板结构选择安装方式，不可倾斜。蓄电池间应有通风措施，以免因蓄电池产生可燃气体引起爆炸及燃烧。因蓄电池在充、放电时都会产生热量，所以蓄电池与蓄电池的间距一般应大于 50mm，以便蓄电池散热。同时蓄电池间连线应符合放电电流的要求，对于并联的蓄电池组连线，其阻抗应相等，不使用过细或过长连线用于蓄电池和充电装置及负载的连接，以免电流传导过程在线路上产生过大的电压降和由于

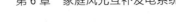

电能损耗而产生热量，给安全运行埋下隐患。

3）蓄电池在安装前，应验证蓄电池生产与安装使用之间的时间间隔。逐只测量蓄电池的开路电压，蓄电池一般要在 3 个月以内投入使用。如搁置时间较长，开路电压将会很低，此时该蓄电池不能直接投入使用，应先将其进行补充电后再使用。

安装后应测量蓄电池组电压，采用数字表直流挡测量蓄电池组电压，U_Σ 大于等于 $N \times 12$（V）（N：串联的蓄电池数，相对于 12V 蓄电池）；如 U_Σ 小于 $N \times 12$（V）应逐只检查蓄电池；如蓄电池组为两组蓄电池串联后在并联连接，在连接前应分别测量两路组电压，即 $U_{\Sigma 1}$ 大于等于 $N \times 12$（V）；$N_{\Sigma 2}$ 大于等于 $N \times 12$（V）（N：并联支路串联的蓄电池数），两路蓄电池组端电压误差应在允许范围内。

4）蓄电池组不能采用新老结合的组合方式，而应全部采用新蓄电池或全部采用原为同一组的旧蓄电池，以免新老蓄电池工作状态之间不平衡，影响所有蓄电池的使用寿命及效能。对于不同容量的蓄电池，绝对不可以在同一组中串联使用，否则作大电流放电或充电将有安全隐患存在。

5）蓄电池安装前要清刷蓄电池端柱，祛除端柱表面的氧化层，蓄电池的端柱在空气中会形成一层氧化膜，因此在安装前需要用铜丝刷清刷端柱连接面，以降低接触电阻。

6）串联连接的蓄电池回路组应设有断路器以便维护；并联组最好每组也设一个断路器，便于日后维护更替操作。

7）要使蓄电池组的正、负极汇流板与单体蓄电池汇流条间的连接牢固可靠。

新安装的蓄电池组，应进行核对性放电实验，以后每隔 2～3 年进行一次核对性放电实验，运行了 6 年的蓄电池，每年作一次核对性放电实验。若经过 3 次核对性放电，蓄电池组容量均达不到额定容量的 80% 以上，可认为此组蓄电池寿命终止，应予以更换。

（3）安装后检测。安装后的检测项目包括：安装质量、容量实验、内阻测试等多个方面。这些方面均会直接影响蓄电池日后的运行和维护工作。

检测时，首先需对被测蓄电池从原理、结构、特性各参数技术指标等作全面了解。为安全准确的完成蓄电池的安装后的检测工作，用户可根据自身现有的设备及技术条件，选择最适合的蓄电池测试仪器进行检查、测试和比较。主要的测试项目有：

1）容量测试。容量测试是将被测蓄电池对负载作规定时间的放电（安时）以确定其容量，新安装的蓄电池必须将容量测试作为验收测试的一部分。

2）掉电测试。用实际在线负载来测试蓄电池，通过测试的结果，可以计算出一个客观准确的蓄电池容量及大电流放电特性。在测试时，尽可能的接近或满足放电电流和时间要求。

3）测量蓄电池内部的欧姆电阻。内阻是蓄电池状态的最佳标志，测试蓄电池内阻方法虽然没有负载测试那样绝对，但通过测量内阻至少能检测出 80%～90% 有问题的蓄电池。

2．控制器安装

控制器安装前应检查控制器各开关初始位置是否正确，断开所有输出、输入开关，风光互补发电系统控制器通常都是专用于某一系统的，除非生产厂有明确说明，否则不可用于其他任何系统。安装风光互补发电系统设备的人员，应遵守生产厂在说明书里详细说明的正确安装程序。在安装控制器时，太阳能电池方阵应用不透明的布料盖上，断开负载以保护设备和安装人。风光互补发电系统控制器的检查安装步骤如下：

（1）打开控制器包装，确保控制器没有因运输而损坏；检查控制器标识，核对规格、型号、数量是否符合设计要求，如不符合应立即调货更换，不能勉强施工。

（2）检查控制器表面是否有破损、划伤，如有应立即更换。

（3）控制器安装位置应通风良好，以防止散热部件温度过高，控制器外壳应可靠接地。

（4）接线前要确认控制器上的太阳能电池组件、风力发电机、蓄电池、负载三者的标识符号、接线位置和正负极符号。

（5）控制器接线时注意"正""负"极性，要求红线接正极，蓝线接负极。接线前应先将蓄电池电源线、风力发电机电源线、太阳能电池组件电源线用剥线钳将各电源线均剥去 30 ± 2mm 塑铜线皮，按以下顺序进行接线：

1）先接蓄电池电源线和控制器上的蓄电池线，使控制器"BATTERY"端子的"+""−"极分别与蓄电池组的正、负极连接。此时控制器面板的"POWER"灯亮（绿），否则，应检查接线是否正确，电缆线是否破损。

2）将控制器面板的"WIND STOP SWITH"处于"OFF"（风力发电机手动停止）状态。使用三芯电缆线将控制器"WIND"的三个端子分别与风力发电机的引出线连接（三相不分极性）。接线后，使"WIND STOP SWITH"处于"ON"状态，此时风力发电机处于运行状态。当风力发电机转动时，控制器面板的"WIND"灯闪亮，当转速上升到可对蓄电池充电时，此时"WIND"灯长亮。

3）将太阳能电池组件与控制面板的"太阳能输入（SOLAR INPUT）"端子相连接，太阳能电池组件的正负极要连接正确。

4）将负载与"直流输出（DC OUTPUT）"端子连接。光控输出型负载连接端子"+"和"−1"。时控输出型负载连接端子"+"和"−2"。

3. 逆变器安装

逆变器安装前应检查逆变器各开关初始位置是否正确，断开直流输入开关和交流输出开关，安装逆变器的注意事项与安装控制器有许多相同之处。需特别指出的是，将直流电缆连接到逆变器输入端时，必须确认正、负极性无误时方可接入。根据风光互补发电系统的不同要求，各厂家生产的逆变器功能和特性均有差别。因此，逆变器的具体接线和调试方法，需参阅随设备携带的技术说明文件。

6.3.6　风光互补发电系统的调试

1. 线路连接

风光互补发电系统接线的顺序为先接蓄电池，再接风力发电机和太阳能电池。拆线时先拆负载接线，然后拆风力发电机接线，再拆太阳能电池接线，最后拆蓄电池接线。

（1）蓄电池的连接。把蓄电池串接达到控制器所需电压，蓄电池电压和逆变器、太阳能电池、发电机电压应一致。先将蓄电池组正负极电缆线与蓄电池组正负极接线柱连接，再将蓄电池组正负极电缆线的另一端与控制逆变器相应接口连接。蓄电池正负极电缆线一定要连接正确、牢固，逆变器与蓄电池的正负极连线不许接反。连接牢固后，将蓄电池的接线柱涂抹上凡士林油以防止接头氧化锈蚀。

（2）发电机输出线连接。风力发电机的三根输出电缆在接入控制器面板的接线端子前，应检查三相永磁交流发电机工作是否正常，可转动风力发电机的风轮转子，用万用表交流电压挡分别测量三根输出电缆端子的其中两根，应均有交流电压显示。风力发电机总成带有一个独立的电连接器，使得控制器和三相永磁交流风力发电机之间的连接更容易和方便。

（3）太阳能电池输出线连接。太阳能电池方阵输出接线盒输出端的两根电缆在接入控制器面板的接线端子前，应检查太阳能电池方阵工作是否正常，用万用表直流电压挡分别测量两根输出电缆端，在有日照的时应有直流电压。

（4）控制器连接。将控制器上的"接蓄电池"接线柱的正极与蓄电池的正极相连，负极与蓄电池的负极相连，连接线应正确牢固。从发电机插接件引下来的电缆，其中一根电缆是信号电缆，包括转向、转速、温度、缠绕、风向传感器信号线。另外一根是发电机输出和控制信号电缆，全部对应的接在控制器相应的接线端子上。

（5）逆变器接线。将逆变器的输入、输出开关置于关闭状态，将逆变器输入端的正负极引出线与蓄电池连接，将逆变器的交流输出端与交流配电系统的输入开关连接。

（6）风速仪必须垂直于地面安装，风速仪的配套电缆一头插在风速仪下面的插座上，另一头连接到风速表端子上。

（7）卸荷器接线。将卸荷器引线接入控制器/逆变器的卸荷器接线端。

（8）用电器的连接。风光互补发电系统的输出配电箱一般都设有控制器、逆变器输出，连接时，将控制器、逆变器输出端用相应规格的导线连接至配电箱的输入开关。将用电器线路按照用电器所要求的电压连接至配电箱上的相应开关。

风光互补发电系统内各部件之间电路的连接应是固定式可靠连接，部件之间不允许使用插头、插座方式互联。风光互补发电系统输出端与外电路的连接应当是固定连接，不应使用双向插头连接风光互补发电系统输出端与用户的外电路。对于风光互补发电系统以外的永久性电路的安装，对有可能由于暴露而受损的导线都应用导线管保护敷设。

2. 风力发电机组现场调试

风力发电机组调试的任务是将风力发电机组的各系统有机的结合在一起，协调一致，保证机组安全、长期、稳定、高效运行。调试必须遵守各系统的安全要求，特别是电气安全要求及整机的安全要求，必须遵守风力发电机运行手册中关于安全的所有要求，否则会有人身、设备安全危险。调试人员必须对风力发电机的各系统的功能有相当的了解，知道在危急情况下必须采取的安全措施。总之，调试必须由通过培训合格的人员进行，因为各系统已经完全连接，叶片在风力作用下旋转作功，必须完全按照调试规程中的要求逐步进行。

现场调试非常重要，应完全按照风力发电机组的操作说明书的安全要求进行，特别注意的是关于极端情况下风力发电机组失去控制时，人没有办法使风力发电机组安全停机的情况下，应遵守人身安全第一的原则紧急撤离所有人员。在雷暴天气、结冰、大风等情况下不能进行风力发电机组的调试。调试人员必须熟悉风力发电机组各部件的性能，知道在危急情况下所应采取的停机措施，熟悉风力发电所有紧急停机按钮的位置及功能。

调试前检查风力发电机组的各部件已经正确安装无误，所有高强度螺栓均已经按照安装要求的力矩值紧固，按照安装质量检查手册逐项检查无误。进行通电前的电气检查，完成电气检查表中的所有内容，确认各系统的接地、雷电保护系统的接地，各电缆的相间绝缘及对地绝缘等均达到要求。严格按照现场调试规程的步骤进行调试，只有每一步已经完成无误后才能进行下一步的调试工作。

调试时风力发电机组应处于刹车状态，风轮安全锁应锁紧。并注意观察风速，如果风速过大，应停止调试，将各叶片转到90°位置。解开风轮安全锁，人员撤离现场。在进行安全系统试验前应完成轮毂系统的调试，在试验时应随时准备按紧急停机按钮。

3. 调整太阳能电池的方位角与倾角

太阳能电池组件的方位角是指太阳能电池方阵的垂直面与正南方向的夹角（向东偏设定为

负角度，向西偏设定为正角度）。一般情况下，太阳能电池方阵朝向正南时（即组件垂直面与正南的夹角为 0°），太阳能电池方阵发电量是最大的。太阳能电池方阵的倾角是指太阳能电池方阵平面与水平地面的夹角，太阳能电池方阵的安装倾角应按照全国主要城市的年平均日照时间及最佳安装倾角安装。

检查太阳能电池方阵是否面对南面，否则需要调整。调整太阳能电池方阵方向时，若太阳能电池安装在风力发电机的塔架上，应采用升降装置将安装人员（1～2 名）送至适当高度，安装人员采用扳手逐一松动紧固太阳能电池方阵支架的螺栓，然后以指南针为依据，扭转太阳能电池方阵支架至合适位置（调整方位角），再调整太阳能电池方阵的倾斜角，最后逐一紧固太阳能电池方阵支架的紧定螺栓，并确保各螺栓受力均匀。

4. 电气系统调试

风光互补发电系统的电气接线完成后，应作一次全面的检测，全面复核各支路接线的正确性，再次确认直流回路正负极性的正确性。一切正常后进入电气系统调试阶段。

（1）光伏发电系统。依次闭合控制器的太阳能电池方阵输入开关和蓄电池输入开关，接入太阳能电池方阵后，若满足太阳能电池方阵发电条件，太阳能电池发电指示灯亮，开始向蓄电池充电。蓄电池充满电后，闭合控制器的负载输出开关，开始向直流负载供电。逐一启动直流负载，直至全部负载工作正常。

确认逆变器直流输入电压极性正确，闭合逆变器直流输入开关。空载下闭合逆变器交流输出开关，检测并确认交流输出电压值正确。逐一启动交流负载，直至全部负载工作正常。

上述调试工作完成后，进入系统运行状态调整，全面调试光伏系统运行状态，试验各项保护功能，调整并设置好控制器充放电的电压阈值。

（2）风力发电系统。将控制器面板上的制动开关拨至"解除制动"的位置上，此时若风力达到风力发电机启动风速，风力发电机风轮开始运转，风轮应为顺时针方向旋转，此时控制器风力发电发电指示灯亮。当风速增大（视蓄电池电压大小不同，相应风速大小不同），发电机对蓄电池组充电，此时控制器充电指示灯亮；当控制器稳压功能故障时，将造成蓄电池的充电电压过高，此时控制器面板的过压指示灯亮；当蓄电池处于过放状态时，其电压低于最低放电电压时，欠压指示灯亮。

通常控制器面板有两只 LED 指示灯，一只为绿色，另一只为红色。绿色 LED 是蓄电池电压指示，常亮表示电蓄电池压正常，慢闪烁并告警表示欠压提醒，但控制器仍有输出；快闪烁并告警表示欠压保护，控制器输出被关闭。红色 LED 是保护指示，慢闪烁并告警表示过载提醒，控制器仍有输出；快闪烁并告警表示过载、浪涌短路保护，控制器输出被关闭；常亮并告警表示过温保护，控制器输出被关闭。

控制器面板上的充电电流表指示风力发电机、太阳能电池方阵当前的充电电流，充电电流可直接从刻度上读出。逆变器面板上的交流电压表指示逆变器的输出电压，电压表指针指示在220V 附近，表示逆变器已进入正常工作状态。

通常逆变器面板上的四个绿色的 LED 指示灯是电量指示，使用过程中应根据显示的用电量来调整接入的负载，如电量到 40%时尽量少用电，大于 40%则可以正常用电。在电量指示下边是发电量状态指示灯，闪烁时表示发电量正常，亮表示蓄电池充满电，分流控制启动，不亮说明发电部分停止工作。

参 考 文 献

1. 周志敏，周纪海 . 阀控式密封铅酸蓄电池实用技术 . 北京：中国电力出版社，2004.
2. 周志敏，周纪海，纪爱华 . 充电器电路设计与应用 . 北京：人民邮电出版社，2005.
3. 周志敏，纪爱华 . 太阳能光伏发电系统设计与应用实例 . 北京：电子工业出版社，2010.
4. 周志敏，纪爱华 . 离网风光互补发电技术及工程应用 . 北京：人民邮电出版社，2011.
5. 周志敏，周纪海 . 逆变电源实用技术——设计与应用 . 北京：中国电力出版社，2005.
6. 严陆光，崔容强 . 21 世纪太阳能新技术 . 上海：上海交通大学出版社，2003.
7. 吴国楚 . 独立光伏电站的防雷设计 . 可再生能源，2010.28（4）：106-108.
8. 周志敏，纪爱华 . 风光互补发电实用技术——工程设计 安装调试 运行维护 . 北京：电子工业出版社，2011.